Winfried Koelzer

Lexikon zur Kernenergie

Lexikon zur Kernenergie

von
Winfried Koelzer

In Zusammenarbeit mit der Abteilung Presse, Kommunikation und Marketing des Karlsruher Instituts für Technologie (KIT)

Ausgabe Juli 2013

Bildnachweis
Argonne National Lab., Argonne
Aulis-Verlag Deubner & Co. KG, Köln
Informationskreis Kernenergie, Berlin
Karlsruher Institut für Technologie, Karlsruhe

Impressum

 Scientific Publishing

Karlsruher Institut für Technologie (KIT)
KIT Scientific Publishing
Straße am Forum 2
D-76131 Karlsruhe

KIT Scientific Publishing is a registered trademark of Karlsruhe Institute of Technology. Reprint using the book cover is not allowed.

www.ksp.kit.edu

Print on Demand 2013
ISBN 978-3-7315-0059-9

INHALT

Lexikon

Anhang

A

Abbrand

Verhältnis der Anzahl der bereits erfolgten Spaltungen und der Anzahl der ursprünglich vorhandenen spaltbaren Kerne. Abbrand ist also ein Maß für das Verhältnis von verbrauchtem zu ursprünglich vorhandenem Brennstoff. In der Kerntechnik wird häufig der Begriff „spezifischer Abbrand" – richtiger: spezifische freigesetzte Energie – benutzt. Für Leichtwasserreaktoren beträgt der spezifische Abbrand 50 000 bis 60 000 MWd/t Uran. Das bedeutet, dass etwa 50 bis 60 kg spaltbares Material pro Tonne eingesetzten Kernbrennstoffes gespalten und bei einem Wirkungsgrad des Kernkraftwerkes von 34 % in etwa 400 bis 500 Mio. kWh elektrische Energie umgewandelt wurden. Wesentlich höhere Abbrände und damit eine bessere Nutzung der Ressourcen sind in Schnellen Brutreaktoren und Hochtemperaturreaktoren möglich.

Abfallaufbereitung

Im →Kernbrennstoffkreislauf, insbesondere im Kernkraftwerk und bei der →Wiederaufarbeitung, fallen feste, flüssige oder gasförmige radioaktive Abfälle an. Sie müssen für die →Endlagerung aufbereitet werden. Man unterscheidet zwischen schwach-, mittel- und hochradioaktiven Abfällen. Ein anderes Unterscheidungskriterium ist die durch den radioaktiven Zerfall bedingte Wärmeentwicklung und die daraus resultierende Einteilung in wärmeentwickelnde und nicht-wärmeentwickelnde Abfälle. Schwach- und mittelradioaktive Abfälle werden mittels chemischer oder physikalischer Verfahren kompaktiert und dann die Konzentrate mit Zement verfestigt. Für hochradioaktive, wärmeentwickelnde Abfälle ist die Verglasung eine geeignete Methode zur Überführung in ein endlagerfähiges Produkt.

Abfälle, radioaktive

Radioaktive Stoffe, die beseitigt werden sollen oder aus Strahlenschutzgründen geordnet beseitigt werden müssen.

Abfälle, radioaktive, Kernkraftwerk

In den Kernkraftwerken fallen einerseits Betriebsabfälle und andererseits ausgediente (abgebrannte) Brennelemente als radioaktive Abfälle an. Die radioaktiven Betriebsabfälle entstehen durch Reinigungsmaßnahmen des Kühlkreislaufes, des aus Kontrollbereichen abzugebenden Wassers und der Luft sowie durch Reinigung der Anlage. Zur Reinigung des Kühlkreislaufes werden z. B. bei Druckwasserreaktoren Ionenaustauscherharze und Filterkerzeneinsätze verwendet. Zur Reinigung des abzugebenden Wassers werden Eindampfanlagen, Zentrifugen und Ionenaustauscherfilter eingesetzt.

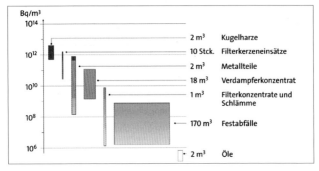

Jährliche Betriebsabfallmengen (Rohabfälle) eines Kernkraftwerks mit 1300-MW-Druckwasserreaktor (VGB, 2004)

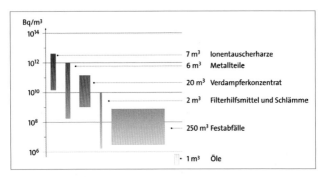

Jährliche Betriebsabfallmengen (Rohabfälle) eines Kernkraftwerks mit 1300-MW-Siedewasserreaktor (VGB, 2004)

	Betriebsabfälle Kernkraftwerk	Entsorgung der abgebrannten Brennelemente	
		direkte Endlagerung	Wiederaufarbeitung
radioaktive Abfälle mit vernachlässigbarer Wärmeentwicklung	50 m³	—	10 m³
Wärme entwickelnde radioaktive Abfälle	—	45 m³	3 m³

Jährliche konditionierte Mengen radioaktiver Abfälle eines 1300-MWe-Kernkraftwerks, Betriebsabfälle und Abfälle aus der Brennelemententsorgung je nach Entsorgungsvariante

Zur Luftreinigung dienen Filter. Bei der Reinigung der Anlage fallen insbesondere brennbare und pressbare Abfälle an. Diese Rohabfälle werden entweder direkt im Kernkraftwerk oder in einer externen Abfallkonditionierungsanlage behandelt. Die Verarbeitungsverfahren wie Trocknen, Pressen oder Verbrennen bringen eine starke Volumenverminderung.

Nach entsprechender Konditionierung ergibt sich eine Menge von etwa 50 m³ radioaktiver Betriebsabfälle mit vernachlässigbarer Wärmeentwicklung. Die Menge der Abfälle aus der Entsorgung der jährlichen Entlademenge der abgebrannten Brennelemente ist vom Entsorgungsweg abhängig: Bei einer Wiederaufarbeitung entstehen rund 10 m³ radioaktive Abfälle mit vernachlässigbarer Wärmeentwicklung und etwa 3 m³ wärmeentwickelnde Abfälle – die verglasten hochradioaktiven Spaltprodukte. Bei der direkten Endlagerung der abgebrannten Brennelemente fallen rund 45 m³ wärmeentwickelnde Abfälle an.

Abfälle, radioaktive, Klassifizierung

In der Vergangenheit wurden in Deutschland die radioaktiven Abfälle aufgrund ihrer Dosisleistung als schwachradioaktiv (LAW: low active waste), mittelradioaktiv (MAW: medium active waste) und hochradioaktiv (HAW: high active waste) unterschieden. Diese Differenzierung gilt zurzeit noch in vielen Ländern. Für sicherheitsanalytische Betrachtungen zur Endlagerung bringt diese Klassifizierung jedoch keinen Sinn, da in diesem Zusammenhang nicht die Dosisleistung die entscheidende Größe ist. Wichtig sind vielmehr das radioaktive Inventar und die beim radioaktiven Zerfall entstehende Wärme. Diese Parameter werden für den Einlagerungsbetrieb, für die technische Auslegung zur Beherrschung von Störfällen und für die Nachbetriebsphase des Endlagers benötigt. Im genehmigten Endlager Konrad sollen aus geologischen Gründen keine wesentlichen Temperaturerhöhungen auftreten. Die Temperaturerhöhung im Wirtsgestein der Einlagerungsstrecke wurde daher auf 3 Kelvin begrenzt. Aus dieser Vorgabe ergibt sich die zulässige Wärmeleistung eines Abfallgebindes.

Abfälle, radioaktive, Mengenanfall

Das Bundesamt für Strahlenschutz ermittelt jährlich den Anfall und den Bestand an unbehandelten radioaktiven Reststoffen und an konditionierten radioaktiven Abfällen. Ende 2011 waren insgesamt 130 900 m³ radioaktive Reststoffe mit vernachlässigbarer Wärmeentwicklung und ca. 2000 m³ wärmeentwickelnde radioaktive Reststoffe vorhanden. In diesem Bestand an wärmeentwickelnden Abfällen sind außer den ausgedienten Brennelementkugeln des Thorium-Hochtemperaturreaktors (THTR) keine abgebrannten Brennelemente aus Leistungsreaktoren enthalten. Die THTR-Brennelementkugeln wurden vom Betreiber als Abfall deklariert und erscheinen deshalb in dieser Abfallstatistik.

Reststoffart	vernachlässigbar wärmeentwickelnd	wärmeentwickelnd
unbehandelte Reststoffe	19 128 m³	3 m³
Zwischenprodukte	10 372 m³	1 251 m³
konditionierte Abfälle	101 415 m³	727 m³

Daten der Abfallerhebung für das Jahr 2011

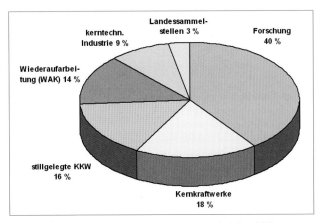

Bestand konditionierter vernachlässigbar wärmeentwickelnder Abfällen, Ende 2011, nach Verursacher

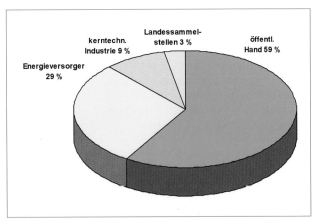

Bestand konditionierter vernachlässigbar wärmeentwickelnder Abfällen, Ende 2011, nach Kostenträger

Abfälle, radioaktive, Volumenreduzierung

Typische Rohabfälle eines 1300-MWe-Kernkraftwerkes sind brennbare und pressbare Abfälle. Die Rohabfälle werden vorsortiert nach brennbaren und nicht brennbaren Stoffen. Die nicht brennbaren, aber pressbaren Rohabfälle werden verpresst. Der Volumenreduktionsfaktor beträgt etwa 2 bis 5. Die brennbaren Abfälle werden verbrannt. Die Aschevolumina aus der Verbrennung betragen nur noch bis zu 1/50 der Rohabfallvolumina. Die Aschevolumina können mit Hilfe einer Hochdruckpresse nochmals um den Faktor 2 reduziert werden.

Abgasreinigung

Die Reinigungsanlage der Abgase aus kerntechnischen Anlagen hat in der Reihenfolge des Durchströmens folgenden grundsätzlichen Aufbau:

- Nasse Gase: Waschen in Kolonnen und/oder Venturiwäschern, Nassfilterung, Trocknen, Absolutfilterung mit Aerosolfilter der Sonderklasse S, Abgasgebläse,
- trockene Gase: Vorfilterung, Absolutfilterung mit Aerosolfilter der Sonderklasse S, Abgasgebläse,
- heiße Abgase aus Verbrennen radioaktiver Abfälle: Nachverbrennen und Staubrückhalten an Sinterkeramik-Filterkerzen (Temperatur bis 1000 °C), Nachfilterung mit Sinterkeramik- oder Sintermetallfilter bei Temperaturen bis 700 °C, weitere Reinigung wie bei trockenen Gasen. Iod und Ruthen erfordern Sondermaßnahmen.

abgereichertes Uran

Uran mit einem geringeren Prozentsatz an U-235 als die im natürlichen Uran vorkommenden 0,7205 %. Es fällt bei der Uranisotopentrennung an. Der übliche Restgehalt an U-235 in abgereichertem Uran beträgt 0,2 %.

Abklingbecken

Mit Wasser gefülltes Becken, in dem Brennelemente nach dem Reaktoreinsatz so lange lagern, bis Aktivität und Wärmeentwicklung auf einen gewünschten Wert abgenommen haben.

Abklingzeit

Die im Brennstoff durch die Kernspaltungen entstandenen radioaktiven Spaltprodukte sind der Grund für die anfänglich hohe Strahlungsintensität und die Wärmeentwicklung des Brennstoffs nach dem Einsatz im Reaktor. Wärmeleistung und Aktivität des bestrahlten Brennstoffs nehmen wegen des großen Anteils kurzlebiger Radionuklide zunächst rasch ab. Die im bestrahlten Brennstoff enthaltene Aktivität ist innerhalb eines Jahres nach der Entladung aus dem Reaktor auf etwa 1/100 des ursprünglichen Wertes zurückgegangen.

Abluftpfad

Modellmäßige Annahmen zur Berechnung der →Strahlenexposition durch die Ableitung radioaktiver Stoffe mit der Abluft einer kerntechnischen Anlage. Das Ergebnis einer solchen Ausbreitungsrechnung liefert ortsabhängige Konzentrationswerte von Radionukliden. Die beim Zerfall dieser Radionuklide entstehende Strahlung kann prinzipiell über folgende Pfade zu einer Strahlenexposition des Menschen führen:

- externe Bestrahlung durch die Betastrahlung innerhalb der Abluftfahne,
- externe Bestrahlung durch die Gammastrahlung aus der Abluftfahne,
- externe Bestrahlung durch die Gammastrahlung der am Boden abgelagerten radioaktiven Stoffe,
- interne Bestrahlung durch Aufnahme radioaktiver Stoffe mit der Atemluft (Inhalation),
- interne Bestrahlung durch Aufnahme radioaktiver Stoffe mit der Nahrung (Ingestion) auf dem Weg
  - Luft – Pflanze,
  - Luft – Futterpflanze – Kuh – Milch,
  - Luft – Futterpflanze – Tier – Fleisch,
  - Luft – Muttermilch,
  - Luft – Nahrung – Muttermilch.

Modelle und Berechnungsannahmen für die Strahlenexposition über den Abluftpfad sind in der Verwaltungsvorschrift „Ermittlung der Strahlenexposition durch die Ableitung radioaktiver Stoffe aus kerntechnischen Anlagen oder Einrichtungen" enthalten.

Abreicherung

Verminderung der relativen Häufigkeit eines Nuklides oder mehrerer Nuklide im Verlauf eines Prozesses.

Abschaltreaktivität

→Reaktivität des durch Abschaltung mit betriebsüblichen Mitteln in den →unterkritischen Zustand gebrachten Reaktors. Sie hängt im Allgemeinen von der Betriebsweise des Reaktors und der Dauer des abgeschalteten Zustandes ab und ist stets negativ.

Abschaltstab

Abschaltstäbe dienen dazu, einen Reaktor schnell abschalten zu können. Zu diesem Zweck müssen sie sehr schnell eingefahren werden können und eine hohe negative Reaktivität haben, die zur sicheren Reaktorabschaltung ausreicht. →Regelstab.

Abschirmung

Schutzeinrichtung um radioaktive Quellen und kerntechnische Anlagen, um deren Strahlung nach außen den Erfordernissen entsprechend zu verringern. →Schild, biologischer; →Schild, thermischer.

Absender/Empfänger-Differenz

Begriff aus dem Bereich der Kernmaterialüberwachung; Differenz
zwischen der Kernmaterialmenge in einer Charge zwischen der
Angabe der absendenden →Materialbilanzzone und der Messung der
empfangenden Materialbilanzzone.

Absorber

Jedes Material, das ionisierende Strahlung „aufhält". Alphastrahlung
wird bereits durch ein Blatt Papier total absorbiert, zur Absorption
von Betastrahlung genügen bereits wenige Zentimeter Kunststoffma-
terial oder 1 cm Aluminium. Für Gammastrahlen werden Materialien
hoher →Ordnungszahl und großer Dichte als Absorber verwendet
(Blei; Stahl; Beton, z. T. mit speziellen Zuschlägen). Neutronenabsorber wie Bor, Hafnium und Kadmium werden in Regelstäben von
Reaktoren eingesetzt.

Absorberstab

→Regelstab.

Abwärme

Der Wirkungsgrad eines Wärmekraftwerkes ist das Verhältnis der gewonnenen elektrischen Energie zur erzeugten Wärme. Er ist aufgrund
physikalischer Gesetze von der Temperatur des Prozessmediums abhängig und beträgt etwa 34 % beim Leichtwasserreaktor und 40 %
bei einem modernen Kohlekraftwerk. Der größte Teil der erzeugten
Wärme wird bei diesen thermischen Kraftwerken über das Kondensa-
torkühlwasser an die Umgebung abgegeben.

Abwasserpfad

Modellmäßige Annahmen zur Berechnung der Strahlenexposition
durch die Ableitung radioaktiver Stoffe mit dem Abwasser einer kerntechnischen Anlage. Die beim Zerfall dieser Radionuklide entstehende
Strahlung kann prinzipiell über folgende Pfade zu einer Strahlenexposition des Menschen führen:
- externe Bestrahlung durch Aufenthalt auf Sediment,
- interne Bestrahlung durch Aufnahme radioaktiver Stoffe mit der
  Nahrung (Ingestion) auf dem Weg
  - Trinkwasser,
  - Wasser – Fisch,
  - Viehtränke – Kuh – Milch,

- Viehtränke – Tier – Fleisch,
- Beregnung – Futterpflanze – Kuh – Milch,
- Beregnung – Futterpflanze – Tier – Fleisch,
- Beregnung – Pflanze,
- Muttermilch infolge der Aufnahme radioaktiver Stoffe durch die Mutter über die oben genannten Ingestionspfade.

Modelle und Berechnungsannahmen für die Strahlenexposition über den Abwasserpfad sind in der Verwaltungsvorschrift „Ermittlung der Strahlenexposition durch die Ableitung radioaktiver Stoffe aus kerntechnischen Anlagen oder Einrichtungen" enthalten.

AGR
Advanced gas-cooled reactor. In England und Schottland werden insgesamt 14 Reaktorblöcke dieses Bautyps betrieben. AGR-Reaktoren benutzen auf 2,5 bis 3,5 % angereichertes Uran als Brennstoff, Graphit als Moderator und CO_2 als Kühlgas.

Airlift
Verfahrenstechnische Förder- und Dosiereinrichtung, bei der Luft als Fördermedium für Flüssigkeiten benutzt wird, z. B. zur Förderung hochradioaktiver Flüssigkeiten. Ein Airlift hat keine beweglichen Teile. Er benötigt das zwei- bis fünffache Förderluftvolumen gegenüber dem geförderten Flüssigkeitsvolumen.

Aktivierung
Vorgang, durch den ein Material durch Beschuss mit Neutronen, Protonen oder anderen Teilchen radioaktiv gemacht wird.

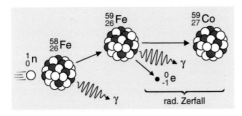

Aktivierung von Eisen

Aktivierungsanalyse
Verfahren zur quantitativen und qualitativen Bestimmung chemischer Elemente in einer zu analysierenden Probe. Die Probe wird durch Beschuss mit Neutronen oder geladenen Teilchen radioaktiv gemacht. Die danach radioaktiven Atome der Probe senden charakteristische Strahlungen aus, durch die die Art der Atome identifiziert und ihre Menge gemessen werden können. Die Aktivierungsanalyse ist häufig empfindlicher als eine chemische Analyse. Sie findet in steigendem Maße in Forschung, Industrie, Archäologie und Kriminalistik Anwendung.

Aktivität

Aktivität ist die Zahl der je Sekunde in einer radioaktiven Substanz zerfallenden Atomkerne. Die Einheit für die Aktivität ist die reziproke Sekunde mit dem besonderen Einheitennamen Becquerel, Kurzzeichen: Bq. 1 Becquerel entspricht dem Zerfall eines Atomkerns pro Sekunde. Die früher übliche Einheit der Aktivität war →Curie, Kurzzeichen: Ci. 1 Ci entspricht 37 000 000 000 Bq.

Anmerkung: „Aktivität" benennt die physikalische Größe der Anzahl von Zerfällen pro Zeit, „Radioaktivität" ist die Eigenschaft bestimmter Nuklide, sich umzuwandeln.

Aktivität, spezifische

Quotient aus der Aktivität eines Stoffes und der Masse dieses Stoffes. Einheit Bq/kg. Bezeichnen A die Aktivität und m die Masse des Stoffes, so ergibt sich die spezifische Aktivität zu: $A_{sp} = A/m$.

Aktivitätskonzentration

Quotient aus der Aktivität eines Stoffes und dem Volumen dieses Stoffes. Einheit Bq/m³. Bezeichnen A die Aktivität und V das Volumen des Stoffes, so ergibt sich die Aktivitätskonzentration zu: $A_{konz} = A/V$.

Aktivitätszufuhr

Die durch Mund oder Nase (Inhalation, Ingestion) oder durch die intakte oder verletzte Haut in den Körper gelangte Menge radioaktiver Stoffe.

AKR-2

Der Ausbildungskernreaktor AKR-2 der Technischen Universität Dresden wurde am 22.3.2005 erstmals kritisch. Der AKR-2 ist ein homogener feststoffmoderierter Reaktor mit einer maximalen Dauerleistung von 2 W. Die Reaktoranlage dient überwiegend zu Ausbildungs- und Lehrzwecken, ist aber auch Instrument für Forschungsarbeiten in nationalen und internationalen Projekten. Die neue Anlage löst den AKR-1 ab, der von Juli 1978 bis März 2004 in Betrieb war.

AKW

Atomkraftwerk, →Kernkraftwerk.

ALARA

Abkürzung von *as low as reasonably achievable* (so gering wie vernünftigerweise erreichbar). Konzept der Internationalen Strahlenschutzkommission zur Dosisbegrenzung, ausführlich erläutert und begründet in der Empfehlung der Internationalen Strahlenschutzkommission von 1990, veröffentlicht 1991 als →ICRP-Veröffentlichung 60.

ALI
Abkürzung von annual *l*imit of *i*ntake. Grenzwert der Jahresaktivitäts-zufuhr.

Allgemeine Verwaltungsvorschrift Strahlenpass
Die Allgemeine Verwaltungsvorschrift zu § 40 Abs. 2, § 95 Abs. 3 Strahlenschutzverordnung und § 35 Abs. 2 Röntgenverordnung („AVV Strahlenpass") vom 14. Juni 2004 legt Form und Inhalt des Strahlenpasses für beruflich strahlenexponierte Personen und die Anforderungen an die Registrierung und das Führen eines Strahlen-passes fest.

Alphateilchen
Von verschiedenen radioaktiven Stoffen beim Zerfall ausgesand-tes, positiv geladenes Teilchen. Es besteht aus zwei Neutronen und zwei Protonen, ist also mit dem Kern des Heliumatoms identisch. Die Ruhemasse des Alphateilchens beträgt $6{,}644657 \cdot 10^{-27}$ kg, das entspricht $3{,}7278 \cdot 10^{9}$ eV. Alphastrahlung ist die am wenigsten durchdringende Strahlung der drei Strahlungsarten (Alpha-, →Beta-, →Gammastrahlung). Alphastrahlung wird durch ein dickes Blatt Papier absorbiert. Sie ist für Lebewesen dann gefährlich, wenn die Alphastrahlen aussendende Substanz eingeatmet oder mit der Nah-rung aufgenommen wird oder in Wunden gelangt.

Alphazerfall
Radioaktive Umwandlung, bei der ein Alphateilchen emittiert wird. Beim Alphazerfall nimmt die →Ordnungszahl um zwei Einheiten und die →Massenzahl um vier Einheiten ab. So entsteht z. B. aus Ra-226 mit der Ordnungszahl 88 und der Massenzahl 226 durch den Alpha-zerfall Rn-222 mit der Ordnungszahl 86 und der Massenzahl 222.

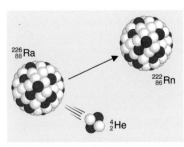

Alphazerfall; im Bild der Zerfall von Radium-226 in Radon-222 unter Aussendung eines Helium-4-Kerns (Alpha-Teilchen, α-Teilchen)

angeregter Zustand
Zustand eines Atoms oder Kerns mit einer höheren Energie als seinem energetischen Grundzustand entspricht. Die Überschussenergie wird im Allgemeinen als Photon abgegeben. Beispiel: Ba-137m geht unter

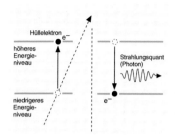 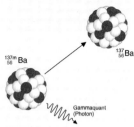

Angeregter Zustand eines Atoms: Durch Strahlung wird ein Elektron aus einer inneren auf eine weiter außen liegende Schale der Elektronenhülle des Atoms angehoben (angeregter Zustand des Atoms). Beim Rücksprung des Elektrons auf eine innere Schale wird die dabei freiwerdende Energie als Photon vom Atom emittiert.

Angeregter Zustand eines Atomkerns: Beim Betazerfall des radioaktiven Cs-137 in Ba-137 kann als Zwischenkern Ba-137m entstehen, der einen höheren Energiezustand hat als der Grundzustand des Ba-137. Dieser Energieüberschuss wird in Form eines Photons – Gammaquant genannt – emittiert.

Emission eines Gammaquants der Energie 662 keV in den Grundzustand des Ba-137 über.

angereichertes Uran
Uran, bei dem der Prozentsatz des spaltbaren Isotops U-235 über den Gehalt von 0,7205 % im Natururan hinaus gesteigert ist. Zur Anreicherung sind verschiedene Verfahren möglich: →Diffusionstrennverfahren, →Gaszentrifugenverfahren, →Trenndüsenverfahren.

Anregungsenergie für Kernspaltung
Die Spaltung eines Atomkerns bedarf grundsätzlich der Zuführung einer Mindestenergie. Wird ein Neutron an einen Atomkern angelagert, so wird eine Energie frei, die sich aus der kinetischen Energie des Neutrons und der Bindungsenergie dieses Neutrons an den Kern zusammensetzt. Ist diese Energie größer als die Anregungsenergie für Spaltung für diesen Atomkern, kann der Atomkern spalten.
Für U-235 beträgt die Anregungsenergie für Spaltung 5,7 MeV, die Bindungsenergie des anlagernden Neutrons 6,5 MeV, sodass auch Neutronen mit sehr geringen kinetischen Energien (z. B. thermische Neutronen mit einer kinetischen Energie von nur 0,025 eV) die Spaltung auslösen können. Ähnlich liegen die Verhältnisse von Anregungsenergie und Bindungsenergie bei den Atomkernen von U-233, Pu-239 und Pu-241. Bei U-238 und Th-232 ist dagegen die erforderliche Anregungsenergie für Spaltung mit 6,5 MeV deutlich höher als die Bindungsenergie des anlagernden Neutrons mit 4,8 MeV, sodass eine Kernspaltung nur möglich ist, wenn das Neutron eine kinetische Energie von mindestens 1,7 MeV besitzt. Bei einigen sehr schweren

Atomkern	Anregungsenergie für Spaltung, MeV	Bindungsenergie des letzten Neutrons, MeV
Th-232	6,5	4,8
U-233	6,2	6,8
U-235	5,7	6,5
U-238	6,5	4,8
Pu-239	5,8	6,5
Pu-240	6,2	5,2
Pu-241	5,6	6,3

Anregungsenergie für Spaltung

Atomkernen ist auch eine spontane Spaltung möglich. →Spaltung, spontane.

Anreicherung
Vorgang, durch den der Anteil eines bestimmten →Isotops in einem Element vergrößert wird.

Anreicherungsfaktor
Verhältnis der relativen Häufigkeit eines bestimmten Isotops in einem Isotopengemisch zur relativen Häufigkeit dieses Isotops im Isotopengemisch natürlicher Zusammensetzung.

Anreicherungsgrad
Anreicherungsfaktor minus 1

Anreicherungsketten
Radioaktive Isotope eines Elementes verhalten sich chemisch wie seine nichtradioaktiven Isotope. Deshalb können sie sich wie diese in Pflanzen, Tieren und im Menschen abreichern oder anreichern. Eine solche Anreicherungskette liegt z. B. beim Iod vor. Über Luft – Gras – Kuh – Milch ist eine Iodanreicherung schließlich in der menschlichen Schilddrüse gegeben. Diese Anreicherungsvorgänge sind bekannt und berechenbar. Um die durch Anreicherungsketten entstehenden höheren Strahlenexpositionen in den betroffenen Organen zu vermeiden, werden die zulässigen Freisetzungswerte für solche radioaktiven Stoffe entsprechend reduziert festgesetzt. Auch durch Anreicherungseffekte dürfen die durch Gesetze und Verordnungen festgelegten →Dosisgrenzwerte nicht überschritten werden.

Anreicherungsverfahren
→Isotopentrennung.

Antimaterie

Materie, in der die Kernteilchen (Neutronen, Protonen, Elektronen) durch die entsprechenden Antiteilchen ersetzt sind (Antineutronen, Antiprotonen, Positronen).

Antiteilchen

Antiteilchen haben die gleiche Masse, die gleiche mittlere Lebensdauer und den gleichen Spin wie die entsprechenden Teilchen, aber entgegengesetzt gleiche Baryonen- und Leptonenzahl. Antiteilchen und Teilchen sind entweder beide elektrisch neutral oder sie besitzen eine elektrische Ladung vom gleichen Betrag, aber entgegengesetztem Vorzeichen.

	Teilchen Proton	Antiteilchen Antiproton
Masse	$1{,}6726 \cdot 10^{27}$ kg	$1{,}6726 \cdot 10^{27}$ kg
mittlere Lebensdauer	stabil	stabil
Spin	1/2 ℏ	1/2 ℏ
Baryonenzahl	+1	−1
Leptonenzahl	0	0
elektrische Ladung	$+1{,}6022 \cdot 10^{19}$ C	$-1{,}6022 \cdot 10^{19}$ C

Wichtige Daten für das Teilchen/Antiteilchen-Paar Proton/Antiproton.

Äquivalentdosis

Produkt aus der Energiedosis D im ICRU-Weichteilgewebe und dem →Qualitätsfaktor Q.

$$H = Q \, D.$$

Die Einheit ist Joule/kg (J/kg). Der besondere Name für die Einheit der Äquivalentdosis ist Sievert, Kurzzeichen: Sv. Das ICRU-Weichteilgewebe ist ein für dosimetrische Zwecke definiertes gewebeäquivalentes Material der Dichte 1 g/cm³, das aus 76,2 % Sauerstoff, 11,1 % Kohlenstoff, 10,1 % Wasserstoff und 2,6 % Stickstoff besteht.
Im angelsächsischen Sprachraum wird diese Größe „dose equivalent" genannt; nicht zu verwechseln mit der Größe „equivalent dose", die in Deutschland →Organdosis genannt wird.

Äquivalentdosisleistung

Quotient aus der Äquivalentdosis in einer Zeitspanne und dieser Zeit, z. B.: Millisievert/Stunde (mSv/h).

Arbeitsverfügbarkeit

Verhältnis der verfügbaren Arbeit zur theoretisch möglichen Arbeit in der Berichtsspanne. Kennzeichnet die Zuverlässigkeit der Anlage. →Zeitverfügbarkeit.

Argonaut

Argonne Nuclear Assembly for University Training; Typ eines Schulungsreaktors.

Asse

Zur versuchsweisen Endlagerung von schwach- und mittelradioaktiven Abfällen hergerichtetes ehemaliges Salzbergwerk 10 km südöstlich von Wolfenbüttel. Es wurden mehr als 120 000 Fässer, das entspricht rund 24 000 m³, mit schwachradioaktiven Abfällen eingelagert. In einer speziellen Lagerkammer für mittelradioaktive Abfälle wurden 1289 Zweihundert-Liter-Fässer eingelagert. Die Genehmigung zur Einlagerung radioaktiver Abfälle ist 1978 abgelaufen. Zur Zeit laufen die Arbeiten zur Schließung vorrangig unter Rückholung der Abfälle.

AtDeckV

→Atomrechtliche Deckungsvorsorge-Verordnung.

AtG

→Atomgesetz.

AtKostV

→Kostenverordnung zum Atomgesetz.

Atom

Kleinstes Teilchen eines →Elementes, das auf chemischem Wege nicht weiter teilbar ist. Die Elemente unterscheiden sich durch ihren Atomaufbau voneinander. Atome sind unvorstellbar klein. Ein gewöhnlicher Wassertropfen enthält etwa 6000 Trillionen (eine 6 mit 21 Nullen) Atome. Der Durchmesser eines Atoms, das aus einem Kern – dem Atomkern – und einer Hülle – der Atom- oder Elektronenhülle – besteht, beträgt ungefähr ein hundertmillionstel Zentimeter (10^{-8} cm). Der Atomkern ist aus positiv geladenen →Protonen und elektrisch neutralen →Neutronen aufgebaut. Er ist daher positiv geladen. Sein Durchmesser beträgt einige zehnbillionstel Zentimeter. Der Atomkern ist also 100 000mal kleiner als die Atomhülle. In der Atomhülle umkreisen ebenso viele negativ geladene →Elektronen den Kern, wie der Kern Protonen enthält. Atome verhalten sich daher nach außen elektrisch neutral. →Nuklid.

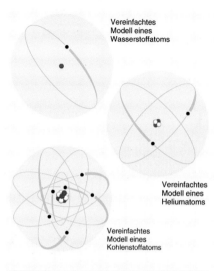

Vereinfachtes
Modell eines
Wasserstoffatoms

Vereinfachtes
Modell eines
Heliumatoms

Vereinfachtes
Modell eines
Kohlenstoffatoms

Das Atom besteht aus dem elektrisch positiv geladenen Kern und der elektrisch negativ geladenen Hülle.	
Bestandteile des Atomkerns:	● Proton (+) ○ Neutron (n) Ausnahme: H–1
Bestandteile der Atomhülle:	● Elektron (–)

Atommodell

Atombombe

Kernwaffe, die die Energiefreisetzung bei der Spaltung von U-235 oder Pu-239 nutzt. Die Sprengkraft einer Kernwaffe wird in Kilotonnen (kt) oder Megatonnen (Mt) TNT-Äquivalenten angegeben (TNT (Trinitrotoluol) ist ein chemischer Sprengstoff). Bei den Bomben auf Hiroshima (U-235-Bombe) und Nagasaki (Pu-239-Bombe) entsprach die Explosionsenergie der von 16 bzw. 22 kt TNT. Dabei wurde jeweils rund 1 kg Spaltstoff in weniger als einer millionstel Sekunde gespalten. →Wasserstoffbombe.

Nach UN-Angaben wurden 504 Kernwaffen (+ 39 Sicherheitstests) mit einer Sprengkraft von 440 Megatonnen TNT-Äquivalent oberirdisch, d. h. mit einer Freisetzung der radioaktiven Stoffe in die Atmosphäre, gezündet. Die nach Zahl und Sprengkraft größten Versuchsserien wurden in den Jahren 1961/62 durchgeführt. Die Zahl der unterirdischen Explosionen beträgt 1879 mit einer Sprengkraft von 90 Mt. Diese unterirdischen Explosionen sind mit keiner relevanten Freisetzung radioaktiver Stoffe in die Atmosphäre verbunden.

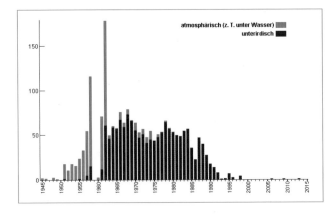

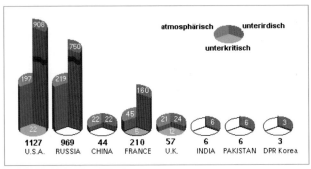

Kernwaffenexplosionen.

Atomgesetz

Das „Gesetz über die friedliche Verwendung der Kernenergie und den Schutz gegen ihre Gefahren" – Atomgesetz – ist am 1. Januar 1960 in Kraft getreten. Es wurde in der Zwischenzeit mehrfach geändert und ergänzt, zuletzt durch Artikel 2 des Gesetzes vom 23. Juli 2013 (BGBl. I S. 2553).

Zweck des Atomgesetzes ist,

1. die Nutzung der Kernenergie zur gewerblichen Erzeugung von Elektrizität geordnet zu beenden und bis zum Zeitpunkt der Beendigung den geordneten Betrieb sicherzustellen,
2. Leben, Gesundheit und Sachgüter vor den Gefahren der Kernenergie und der schädlichen Wirkung ionisierender Strahlen zu schützen und durch Kernenergie oder ionisierende Strahlen verursachte Schäden auszugleichen,
3. zu verhindern, dass durch Anwendung oder Freiwerden der Kernenergie die innere oder äußere Sicherheit der Bundesrepublik Deutschland gefährdet wird,

4. die Erfüllung internationaler Verpflichtungen der Bundesrepublik Deutschland auf dem Gebiet der Kernenergie und des Strahlenschutzes zu gewährleisten.

Atomgewicht
→Atommasse

Atomhaftungsübereinkommen
Übereinkommen vom 29. Juli 1960 über die Haftung gegenüber Dritten auf dem Gebiet der Kernenergie (Pariser Atomhaftungsübereinkommen), Bekanntmachung der Neufassung vom 15. Juli 1985 im Bundesgesetzblatt, Teil II, S. 963. Internationales Übereinkommen, um den Personen, die durch ein nukleares Ereignis Schaden erleiden, eine angemessene und gerechte Entschädigung zu gewährleisten und um gleichzeitig die notwendigen Maßnahmen zu treffen, um sicherzustellen, dass dadurch die Entwicklung der Erzeugung und Verwendung der Kernenergie für friedliche Zwecke nicht behindert wird.

Atomkern
Positiv geladener Kern eines Atoms. Sein Durchmesser beträgt einige 10^{-13} (zehnbillionstel) cm, das ist rund 1/100 000 des Atomdurchmessers. Er enthält fast die gesamte Masse des Atoms. Der Kern eines Atoms ist, mit Ausnahme des Kernes des normalen Wasserstoffes, zusammengesetzt aus →Protonen und →Neutronen. Die Anzahl der Protonen bestimmt die Kernladungs- oder Ordnungszahl Z, die Anzahl der Protonen plus Neutronen – der Nukleonen – die Nukleonen- oder Massenzahl M des Kernes.

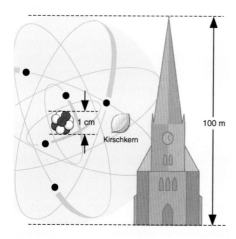

1 cm

Kirschkern

100 m

Größenverhältnis Atomkern zu Atomhülle

Atommasse

Die Atommasse ist die Masse eines bestimmten Isotops eines Elements, üblicherweise angegeben in der atomaren Masseeinheit (Einheitszeichen: u). $1\ u = 1,600\,538\,921 \cdot 10^{-27}$ kg.
Zu unterscheiden ist dieser Begriff von der relativen Atommasse, früher auch relatives Atomgewicht genannt. Die relative Atommasse ist das Verhältnis der durchschnittlichen Masse des Atoms eines Elements zu einem zwölftel der Masse eines Kohlenstoff-12-Atoms.

Atomrechtliche Abfallverbringungsverordnung

Verordnung über die Verbringung radioaktiver Abfälle oder abgebrannter Brennelemente (Atomrechtliche Abfallverbringungsverordnung – AtAV) vom 30. April 2009 (BGBl. I 2009, Nr. 24, S. 1000). Diese Verordnung gilt für die Überwachung und Kontrolle grenzüberschreitender Verbringung radioaktiver Abfälle und abgebrannter Brennelemente. Diese Verordnung dient der Umsetzung der Richtlinie 2006/117/Euratom des Rates vom 20. November 2006 über die Überwachung und Kontrolle der Verbringung radioaktiver Abfälle und abgebrannter Brennelemente.

Atomrechtliche Deckungsvorsorge-Verordnung

Die Verordnung über die Deckungsvorsorge nach dem Atomgesetz (Atomrechtliche Deckungsvorsorge-Verordnung – AtDeckV) vom 25. Januar 1977, zuletzt geändert durch Artikel 9 des Gesetzes vom 23. November 2007, regelt die Deckungsvorsorge für Anlagen und Tätigkeiten, bei denen eine atomrechtliche Haftung nach internationalen Verträgen oder nach dem Atomgesetz in Betracht kommt. Die Deckungsvorsorge kann durch eine Haftpflichtversicherung oder eine Freistellungs- oder Gewährleistungsverpflichtung eines Dritten erbracht werden.

Atomrechtliche Sicherheitsbeauftragten- und Meldeverordnung

Die Verordnung über den kerntechnischen Sicherheitsbeauftragten und über die Meldung von Störfällen und sonstigen Ereignissen (Atomrechtliche Sicherheitsbeauftragten- und Meldeverordnung – AtSMV) vom 14. Oktober 1992, zuletzt geändert durch die Verordnung vom 8. Juni 2010, regelt die Bestellung und den Aufgabenbereich des kerntechnischen Sicherheitsbeauftragten in Anlagen zur Spaltung von Kernbrennstoffen über einer thermischen Höchstleistung von 50 kW und enthält die Vorschriften zur Meldung sicherheitsrelevanter Ereignisse an die Aufsichtsbehörde

Atomrechtliche Verfahrensverordnung

Die Verordnung über das Verfahren bei der Genehmigung von Anlagen nach § 7 des Atomgesetzes (Atomrechtliche Verfahrensverordnung – AtVfV) vom 28. Februar 1977 in der Fassung der Bekanntmachung vom 3. Februar 1995, zuletzt geändert durch Artikel 4 des Gesetzes vom 9. Dezember 2006, regelt das Verfahren bei der Erteilung einer Genehmigung, einer Teilgenehmigung oder eines Vorbescheids für die in § 7 Abs. 1 und 5 des Atomgesetzes genannten Anlagen. Die AtVfV regelt insbesondere die Beteiligung Dritter und den →Erörterungstermin.

Atomrechtliche Zuverlässigkeitsüberprüfungs-Verordnung
Verordnung für die Überprüfung der Zuverlässigkeit zum Schutz gegen Entwendung oder erhebliche Freisetzung radioaktiver Stoffe vom 1. Juli 1999, zuletzt geändert durch Artikel 1 der Verordnung vom 22. Juni 2010. Diese Verordnung regelt die Verfahren und Zuständigkeiten für die Überprüfung der nach dem Atomgesetz geforderten Zuverlässigkeit von Personen zum Schutz gegen Entwendung oder erhebliche Freisetzung radioaktiver Stoffe.

Atomuhr
Gerät, das sich der Atomkern- oder Molekülschwingungen zur Messung von Zeitintervallen bedient. Diese Schwingungen sind äußerst zeitkonstant.

AtKostV
→Kostenverordnung

AtSMV
→Atomrechtliche Sicherheitsbeauftragten- und Meldeverordnung.

AtVfV
→Atomrechtliche Verfahrensverordnung.

Aufbaufaktor
→Dosisaufbaufaktor.

Auflöser
Technische Einrichtung in einer Wiederaufarbeitungsanlage für das Auflösen des Kernbrennstoffes in Säure. →PUREX-Verfahren.

Aufpunkt
Der von meteorologischen Daten abhängige geographische Punkt des Niederganges der Abluftfahne aus einem Kamin auf den Erdboden. Der Aufpunkt ist für die Ermittlung der Strahlenexposition über den Abluftpfad von Bedeutung.

Aufzeichnungschwelle
Wert der Äquivalentdosis oder der Aktivitätszufuhr, bei dessen Überschreitung das Ergebnis der Messung aufgezeichnet und aufbewahrt werden muss.

Ausbreitungsrechnungen
Rechenverfahren zur Ermittlung der Auswirkungen infolge der Abgabe von Radioaktivität mit der Abluft aus Kernkraftwerken. Bei diesen Berechnungen werden die meteorologischen Verhältnisse im Standortgebiet berücksichtigt. Ziel der Ausbreitungsrechnungen ist es, die Strahlenexposition des Menschen durch die Emission radioaktiver Stoffe mit der Abluft zu berechnen. →Abluftpfad.

Ausgangsmaterial
Begriff aus dem Bereich der Kernmaterialüberwachung; Ausgangsmaterial umfasst Uran, welches das in der Natur vorkommende Isotopengemisch enthält, Uran, dessen Gehalt an U-235 unter dem natürlichen Gehalt liegt und Thorium.

Auslaugbeständigkeit
Widerstandsfähigkeit gegen Auslaugen in Flüssigkeiten.

Auslaugrate
Maß für das Auslaugverhalten von Festkörpern in Flüssigkeiten. Beispielsweise gilt für verfestigte radioaktive Abfälle in siedendem destilliertem Wasser:
zementierte Abfälle 10^{-2} bis 10^{-3} g/cm² · Tag,
verglaste Abfälle 10^{-5} bis 10^{-7} g/cm² · Tag.

Auslegungsstörfall
Auslegungsstörfälle – Leitungsbrüche, Komponentenversagen - müssen durch die Sicherheitseinrichtungen so beherrscht werden, dass die Auswirkungen in der Umgebung unter den vorgegebenen Planungswerten der Strahlenschutzverordnung bleiben, also die effektive Dosis weniger als 50 mSv beträgt. →GAU.

Ausnutzungsdauer
Die Ausnutzungsdauer eines Kraftwerkes ist gleich dem Quotienten aus der Gesamtarbeit in einer Zeitspanne und der →Engpassleistung der Anlage. Die Ausnutzungsdauer verschiedener Kraftwerksarten in Deutschland im Jahre 2009 betrug (Quelle: BDEW; angegeben in Volllaststunden pro Jahr):
- Photovoltaik   890 h/a
- Pumpspeicherwasser   950 h/a
- Wind   1520 h/a

– Mineralöl	1870 h/a
– Erdgas	3150 h/a
– Lauf- und Speicherwasser	3530 h/a
– Steinkohle	3580 h/a
– Biomasse	5000 h/a
– Braunkohle	6610 h/a
– Kernenergie	7710 h/a

Autoradiographie
Fotografische Aufzeichnung der Verteilung eines radioaktiven Stoffes in einer Substanz durch die von diesem Stoff emittierte Strahlung.

Autoradiolyse
Dissoziation von Molekülen durch ionisierende Strahlung, die von radioaktiven Stoffen stammt, die in der Substanz oder im Substanzgemisch selbst enthalten sind. Beispiel: Autoradiolytische Dissoziation im flüssigen hochradioaktiven Abfall.

AVM-Verfahren
Französisches Verglasungsverfahren von flüssigem hochradioaktivem Abfall. Von 1978 bis 1999 war eine Anlage in Marcoule/Frankreich in Betrieb. In der Wiederaufarbeitungsanlage La Hague wird dieses Verfahren im industriellen Maßstab genutzt. →Verglasung.

AVR
Atomversuchskernkraftwerk, Jülich; Hochtemperaturreaktor mit einer elektrischen Bruttoleistung von 15 MW. Baubeginn am 1.8.1961, nukleare Inbetriebnahme am 26.8.1966, Leistungsbetrieb ab 19.5.1969, am 31.12.1988 endgültig außer Betrieb genommen. Die kumulierte Stromerzeugung betrug 1,5 Milliarden Kilowattstunden. Der Reaktor wurde nach dem von Prof. Schulten entwickelten Konzept eines Kugelhaufenreaktors errichtet. Mit dem AVR wurden vor allem Betriebserfahrungen für die Entwicklung von Hochtemperaturreaktoren gesammelt. Mit der Stilllegung wurde am 9.3.1994 begonnen.

AVV Strahlenpass
Die Allgemeine Verwaltungsvorschrift zu § 40 Abs. 2, § 95 Abs. 3 Strahlenschutzverordnung und § 35 Abs. 2 Röntgenverordnung („AVV Strahlenpass") vom 20. Juli 2004 legt Form und Inhalt des Strahlenpasses für beruflich strahlenexponierte Personen und die Anforderungen an die Registrierung und das Führen eines Strahlenpasses fest.

B

Barn

In der Kernphysik benutzte Einheit zur Angabe von →Wirkungsquerschnitten von Teilchen für eine bestimmte Reaktion, Kurzzeichen: b. Ein Barn ist gleich 10^{-28} m²; das ist etwa die Querschnittsfläche eines Atomkernes.

Barriere

Der sichere Einschluss des radioaktiven Inventars einer kerntechnischen Anlage erfolgt nach dem Mehrfachbarrierenprinzip, d. h. zur Freisetzung radioaktiver Stoffe müssen diese mehrere verschiedene, hintereinander geschaltete Barrieren passieren. Barrieren eines Kernreaktors:

- Rückhaltung der Spaltprodukte im Kernbrennstoff selbst,
- Einschluss des Kernbrennstoffes in Hüllrohren,
- Einschluss der Brennelemente im Reaktordruckbehälter und Primärkühlkreislauf,
- gasdichter Sicherheitsbehälter um den Reaktordruckbehälter.

Baryon

Elementarteilchen mit der Baryonenzahl 1, das sind: Neutron, Proton, Hyperon. Der Name (βαρύς (barys), griechisch für „schwer") leitet sich von der verhältnismäßig großen Masse dieser Teilchen gegenüber anderen Elementarteilchen (→Leptonen, →Mesonen) ab. →Elementarteilchen.

Becquerel

Einheit der Aktivität eines Radionuklids, benannt nach dem Entdecker der Radioaktivität Henri Becquerel. Das Einheitenkurzzeichen ist Bq. Die Aktivität beträgt 1 Becquerel, wenn von der vorliegenden Menge eines Radionuklids 1 Atomkern pro Sekunde zerfällt. Die Einheit Becquerel ersetzt die früher gebräuchliche Einheit Curie. →Curie.

BEIR

Committee on the Biological Effects of Ionizing Radiation; ein Komitee des National Research Council der USA, das eine Berichtsreihe zur Information der US-Regierung über die Wirkungen ionisierender Strahlen herausgibt.

- 1972 BEIR I: The Effects on Populations of Exposure to Low Levels of Ionizing Radiation
- 1977 BEIR II: Considerations of Health-Benefit-Cost Analysis for Activities Involving Ionizing Radiation Exposure and Alternatives
- 1980, BEIR III: The Effects on Populations of Exposure to Low Levels of Ionizing Radiation

- 1988 BEIR IV: Health Risks of Radon and Other Internally Deposited Alpha-Emitters
- 1990 BEIR V: Health Effects of Exposure to Low Levels of Ionizing Radiation
- 1999 BEIR VI: The Health Effects of Exposure to Radon
- 2006 BEIR VII, Phase 2: Health Risks from Exposure to Low Levels of Ionizing Radiation

BER II
Forschungsreaktor des Helmholtz-Zentrum Berlin. BER II ist ein Schwimmbadreaktor mit einer thermischen Leistung von 15 MW, Inbetriebnahme am 9.12.1973.

Berstschutz
Nicht realisiertes Baukonzept, um durch Umgeben des Reaktordruckbehälters mit einem Stahlbetonmantel ein Bersten des Druckbehälters zu verhindern. Der Nachteil eines Berstschutzes liegt darin, dass Wiederholungsprüfungen des Druckbehälters (z. B. durch Ultraschallmessmethoden) praktisch unmöglich werden.

beruflich strahlenexponierte Person
Beruflich strahlenexponierte Personen sind entsprechend den Bestimmungen der Röntgenverordnung und der Strahlenschutzverordnung Personen, die bei ihrer Berufsausübung oder bei ihrer Berufsausbildung einer Strahlenexposition ausgesetzt sind und der Kategorie A oder B zugeordnet sind und somit im Kalenderjahr eine effektive Dosis (→Dosis, effektive) von mehr als 1 Millisievert (mSv) oder eine Organdosis von mehr als 15 mSv für die Augenlinse oder mehr als 50 mSv für die Haut oder Hände und Füße erhalten können. Personen, die infolge ihrer Beschäftigung einer erhöhten natürlichen Strahlenexposition ausgesetzt sind, zählen dann zu den beruflich strahlenexponierten Personen, wenn eine Abschätzung ergeben hat, dass die effektive Dosis im Kalenderjahr 6 mSv überschreiten kann. Abweichend hiervon gilt das fliegende Personal (in Flugzeugen, für Raumfahrzeuge gibt es keine Regelungen in der Strahlenschutzverordnung) als beruflich strahlenexponierte Person, wenn die effektive Dosis im Kalenderjahr 1 mSv überschreiten kann. Im Jahr 2011 betrug die mittlere effektive Dosis aller überwachten Personen 0,31 mSv, →Strahlenexposition, berufliche.

beschichtete Partikel
Brennstoffkörnchen aus hochangereichertem UO_2 oder aus Mischungen von UO_2 und ThO_2, die mit einer praktisch gasdichten Hülle aus pyrolytisch abgeschiedenem Kohlenstoff umgeben sind. In einer

Graphitmatrix werden sie als Brennelemente in Hochtemperaturreaktoren eingesetzt.

Beschleuniger
Gerät zur Beschleunigung elektrisch geladener Teilchen auf hohe Energien. Zu den Beschleunigern zählen z. B: →Betatron, →Linearbeschleuniger, →Synchrotron, →Synchrozyklotron, →Van-de-Graaff-Generator und →Zyklotron.

bestimmungsgemäßer Betrieb
Von der zuständigen Behörde genehmigter Betrieb einer Anlage gemäß ihrer Auslegung. Zum bestimmungsgemäßen Betrieb gehören:
- Normalbetrieb: Betriebsvorgänge, für die die Anlage bei funktionsfähigem Zustand der Systeme bestimmt und geeignet ist.
- Anomaler Betrieb: Betriebsvorgänge, die bei Fehlfunktion von Anlagenteilen oder Systemen ablaufen, soweit hierbei sicherheitstechnische Gründe einer Fortführung des Betriebes nicht entgegenstehen.
- Instandhaltungsvorgänge.

Beta-Minus-Zerfall
Radioaktive Umwandlung unter Emission eines negativen Elektrons (β^--Teilchen).

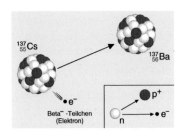

Beta-Minus-Zerfall (Beta⁻-Zerfall, β⁻-Zerfall). Zerfall von Cs-137 in Ba-137 unter Aussendung eines Elektrons (Beta⁻-Teilchen, β⁻-Teilchen)

Beta-Plus-Zerfall
Radioaktive Umwandlung unter Emission eines Positrons (β^+-Teilchen), z. B. Zerfall von Na-22 in Ne-22.

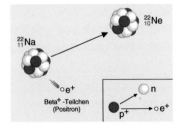

Beta-Plus-Zerfall (Beta⁺-Zerfall, β⁺-Zerfall); Zerfall von Na-22 in Ne-22 unter Aussendung eines Positrons (Beta⁺-Teilchen, β⁺-Teilchen)

Betastrahlung

Betastrahlung bezeichnet die Emission von Elektronen oder Positronen beim radioaktiven Zerfall. Betastrahlen haben ein Energiekontinuum, angegeben wird jeweils die maximale Energie E_{Bmax}, diese beträgt z. B. beim P-32-Zerfall 1,7 MeV. Betastrahlen werden bereits durch geringe Schichtdicken (z. B. 2 cm Kunststoff oder 1 cm Aluminium) absorbiert.

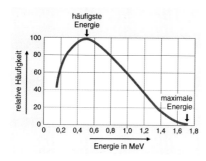

Energieverteilung der beim β⁻-Zerfall des P-32 emittierten Elektronen (β⁻-Teilchen)

Betateilchen

Elektron mit positiver oder negativer Ladung, das von einem Atomkern oder Elementarteilchen beim Betazerfall ausgesandt wird. Entsprechend der Ladung des emittierten Elektrons spricht man auch von Beta-Plus-Strahlung (β⁺-Strahlung) und Beta-Minus-Strahlung (β⁻-Strahlung).

Betatron

Gerät zur Beschleunigung von Elektronen auf Energien bis zu einigen zehn MeV. Die Elektronen laufen in einer ringförmigen Vakuumröhre um und werden durch eine Magnetfeldanordnung auf dieser Bahn gehalten. Die Beschleunigung erfolgt durch elektromagnetische Induktion (Transformatorprinzip).

Betazerfall

Radioaktive Umwandlung unter Emission eines →Betateilchens. Beim Betazerfall ist die Massenzahl des Ausgangsnuklids und des neu entstandenen Nuklids gleich, die Ordnungszahl ändert sich um eine Einheit; und zwar wird die Ordnungszahl beim Betazerfall unter Aussendung eines Positrons – →Beta-Plus-Zerfall – um eine Einheit kleiner und beim Betazerfall unter Aussendung eines negativen Elektrons – →Beta-Minus-Zerfall – um eine Einheit größer.

Betriebserfahrungen mit Kernkraftwerken

Am 1.7.2013 waren in 31 Ländern 436 Kernkraftwerksblöcke mit einer installierten elektrischen Nettoleistung von rund 371 GW in

Betrieb. Die kumulierte Betriebserfahrung bis März 2013 betrug 15 150 Jahre. Die weltweite Stromerzeugung aus Kernenergie betrug im Jahre 2012 netto rund 2346 Milliarden kWh. Insgesamt wurden bis Ende 2012 weltweit netto 72 106 TWh (rund 72 Billionen kWh) elektrische Energie aus Kernkraft gewonnen. Das entspricht einem Einsatz von rund 30 000 Millionen Tonnen Steinkohle in Kohlekraftwerken. →Kernkraftwerke, weltweit.

Betriebshandbuch

Alle zum Betrieb und zur Instandhaltung einer verfahrenstechnischen Anlage notwendigen Anweisungen werden in einem Betriebshandbuch erfasst. Es enthält Hinweise zur Organisation des Betriebes sowie Anweisungen für das Verhalten des Anlagenpersonals bei Betriebsstörungen, Störfällen und anderen Vorkommnissen.

Bewertungsskala

→INES, →Störfallkategorien.

BfS

→Bundesamt für Strahlenschutz.

Biblis A

Kernkraftwerk Biblis Block A in Biblis, Druckwasserreaktor mit einer elektrischen Bruttoleistung von 1225 MW, Baubeginn am 1.1.1970, nukleare Inbetriebnahme am 16.4.1974, Beginn des kommerziellen Leistungsbetriebs am 26.2.1975. Am 18.3.2011 abgeschaltet, Betriebsgenehmigung am 6.8.2011 ausgelaufen, Antrag auf Stilllegung vom 6.8.2012. Kumulierte Bruttostromerzeugung 248 Milliarden Kilowattstunden.

Biblis B

Kernkraftwerk Biblis Block B in Biblis, Druckwasserreaktor mit einer elektrischen Bruttoleistung von 1300 MW, Baubeginn am 1.2.1972, nukleare Inbetriebnahme am 25.3.1976. Beginn des kommerziellen Leistungsbetriebs am 31.1.1977. Am 18.3.2011 abgeschaltet, Betriebsgenehmigung am 6.8.2011 ausgelaufen, Antrag auf Stilllegung vom 6.8.2012. Kumulierte Bruttostromerzeugung 264,3 Milliarden Kilowattstunden.

Bilanzierung

Wichtigste Methode der →Kernmaterialüberwachung einer kerntechnischen Anlage. Ziel der Bilanzierung (Buchführung) ist die quantitative Bestimmung des Kernmaterials zur Aufdeckung von Fehlbeständen (unerlaubten Abzweigungen). Eine Bilanzierung bezieht sich auf einen definierten, begrenzten, umschlossenen Raum, dessen Inhalt sich aus der Differenz aller fortlaufend gemessenen Kernmaterialzu- und -abgänge ergibt. Am Ende eines Bilanzierungszeitraumes wird durch unabhängige direkte Messung das Anlageninventar ermittelt. →MUF.

Bindungsenergie

Mit Bindungsenergie wird die erforderliche Energie bezeichnet, um aneinander gebundene Teilchen (unendlich weit) zu trennen. Eine Energie von gleicher Größe wird freigesetzt, wenn sich aus Einzelteilchen ein gebundenes Teilchen bildet. Im Falle eines Atomkernes sind diese Teilchen Protonen und Neutronen, die infolge der Kernbindungsenergie zusammengehalten werden. Neutronen- und Protonenbindungsenergien sind die Energien, die erforderlich sind, um ein Neutron bzw. ein Proton aus einem Kern zu entfernen. Elektronenbindungsenergie ist die Energie, die benötigt wird, um ein Elektron vollständig aus einem Atom oder einem Molekül zu entfernen. Die Bindungsenergie der Nukleonen in einem Atomkern beträgt für die meisten Atomkerne rund 8 MeV je Nukleon.

Bei den schwersten Atomkernen, wie z. B. Uran, ist die Bindungsenergie je Nukleon deutlich kleiner als bei Atomkernen mit mittleren Massenzahlen. Bei der Spaltung eines Uranatomkerns in zwei Atomkerne mit mittlerer Massenzahl wird daher die Bindungsenergie insgesamt größer, was zur Folge hat, dass Energie nach außen abgegeben wird (→Kernspaltung). Bei den leichten Atomkernen ist die Bindungsenergie der Atomkerne der Wasserstoffisotope Deuterium und Tritium deutlich geringer als die des Heliumkerns He-4. Die Verschmelzung von Deuterium und Tritium zu Helium ist daher ebenfalls mit einer Energiefreisetzung verbunden (→Fusion).

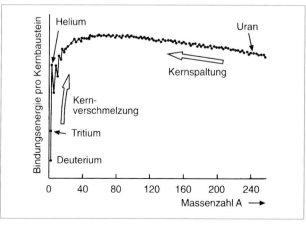

Abhängigkeit der Kernbindungsenergie pro Nukleon von der Massenzahl.

Biosphäre
Lebensbereich aller Organismen der Erde; sie ist in der festen Erde mit Ausnahme für Bakterien wenige Meter tief, in der Luft mehrere Kilometer hoch und im Wasser bis zur größten Tiefe reichend.

Blasenkammer
Vorrichtung zum Nachweis und zur Messung von Kernstrahlung. In einer überhitzten Flüssigkeit (meist flüssigem Wasserstoff) erzeugen geladene Teilchen längs ihrer Bahn eine Spur winziger Dampfblasen, die fotografiert und dann ausgewertet werden kann.

BMU
Bundesministerium für Umwelt, Naturschutz und Reaktorsicherheit.

Bodenstrahlung
→terrestrische Strahlung; daneben auch die Gammastrahlung, die von Ablagerungen radioaktiver Stoffe auf dem Erdboden infolge der Ableitung mit der Abluft aus kerntechnischen Anlagen ausgeht.

Bodenwanne
Auffangwannen, in denen flüssigkeitsführende Apparate und Behälter stehen, zur gezielten Aufnahme eventuell auslaufender Prozessflüssigkeiten zur Verhinderung der Ausbreitung dieser Flüssigkeiten in der Anlage.

Body Counter
Ganzkörperzähler.

Borosilikatglas
Glassorte mit hoher →Auslaugbeständigkeit, geeignet zur Verfestigung des flüssigen hochradioaktiven Abfalls aus der Wiederaufarbeitung von Kernbrennstoffen. →Verglasung.

Borzähler
Detektor, z. B. ein Proportionalzählrohr, der gasförmiges BF_3 enthält, zum Nachweis langsamer Neutronen. Dabei dient das bei der

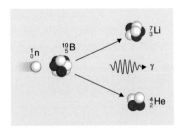

Nachweis von Neutronen durch das bei der Kernreaktion an B-10 entstehende Alphateilchen.

Kernreaktion des Neutrons mit B-10 entstehende Alphateilchen zum Neutronennachweis.

Bq
Kurzzeichen für →Becquerel, dem Namen für die Einheit der Aktivität.

Bremsstrahlung
Elektromagnetische Strahlung, die entsteht, wenn elektrisch geladene Teilchen beschleunigt oder abgebremst werden. Das Spektrum der emittierten Strahlung reicht von einer Maximalenergie, die durch die kinetische Energie des erzeugenden Teilchens gegeben ist, bis herab zur Energie Null. Bremsstrahlung tritt erst dann merklich auf, wenn die Energie des Teilchens vergleichbar mit seiner Ruheenergie ist. Das ist meist nur für Elektronen erfüllt (Ruheenergie des Elektrons 511 keV).

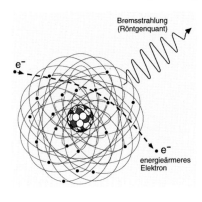

Erzeugung von Bremsstrahlung bei der Abbremsung eines Elektrons bei der Wechselwirkung mit einem Atom.

Brennelement
Aus einer Vielzahl von →Brennstäben montierte Anordnung, in der der Kernbrennstoff in den Kernreaktor eingesetzt wird. Ein Brennelement eines Druckwasserreaktors enthält rund 530 kg, das eines Siedewasserreaktors rund 190 kg Uran. Im Druckwasserreaktor des Kernkraftwerks Emsland sind 193, im Siedewasserreaktor des Kernkraftwerks Grundremmingen 784 Brennelemente eingesetzt.

Brennelement, abgebranntes
Brennelement nach seinem Einsatz im Reaktor; auch ausgedientes oder bestrahltes Brennelement genannt.

Brennelement-Zwischenlager
Lagergebäude zur zeitlich begrenzten Lagerung abgebrannter Brennelemente für den Zeitraum zwischen Entladung aus dem Kernkraftwerk und der Endlagerung. Die Lagerung erfolgt in speziellen für Transport und Lagerung entwickelten Gusseisen-Behältern, insbeson-

dere in sogenannten Castor®-Behältern, die alle Sicherheitsfunktionen wie Strahlenabschirmung, Rückhaltung radioaktiver Stoffe, mechanische Integrität auch bei Erdbeben und Flugzeugabsturz erfüllen. Die Lagerung dieser Behälter erfolgt in Lagerhallen konventioneller Bauweise. Die Kühlung der Behälter im Zwischenlager geschieht durch vorbeistreichende Luft in Naturkonvektion.

In Deutschland bestehen zentrale Zwischenlager für abgebrannte Brennelemente in Ahaus (Nordrhein-Westfalen) mit einer Lagerkapazität von 3960 t abgebrannten Kernbrennstoffs, in Gorleben (Niedersachsen) mit einer Lagerkapazität von 3800 t und in Lubmin (Mecklenburg-Vorpommern) mit einer Lagerkapazität von 585 t. Dezentrale Zwischenlager wurden im Zuge der Novellierung des Atomgesetzes zur Verringerung der Anzahl von Radioaktivitätstransporten an den jeweiligen Standort der Kernkraftwerke für deren eigenen Lagerbedarf an abgebrannten Brennelementen errichtet.

Brennstab

Geometrische Form, in der Kernbrennstoff, ummantelt mit Hüllmaterial, in einen Reaktor eingesetzt wird. Meistens werden meh-

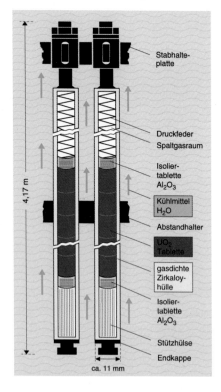

Brennstab.

rere Brennstäbe zu einem Brennelement zusammengefasst. Beim Kernkraftwerk Krümmel mit einem Siedewasserreaktor bilden 72 Brennstäbe ein Brennelement, beim Druckwasserreaktor des Kernkraftwerks Emsland sind 300 Brennstäbe zu einem Brennelement zusammengefasst.

Brennstoff
→Kernbrennstoff.

Brennstoff, keramischer
Hochtemperaturbeständiger Kernbrennstoff in keramischer Form, z. B. Oxide, Karbide, Nitride.

Brennstoffhülle
Den Kernbrennstoff unmittelbar umschließende dichte Umhüllung, die diesen gegen eine chemisch aktive Umgebung (Kühlwasser) schützt und den Austritt von Spaltprodukten in das Kühlwasser verhindert.

Brennstoffkreislauf
→Kernbrennstoffkreislauf.

Brennstoffvergleich
Bei vollständiger Verbrennung bzw. Spaltung lassen sich aus 1 kg Steinkohle ca. 8 kWh, aus 1 kg Erdöl ca. 12 kWh und aus 1 kg Uran-235 rund 24 000 000 kWh Wärme gewinnen. Bezogen auf ein Kilogramm ist im Uran 235 das zwei- bis dreimillionenfache Energieäquivalent gegenüber Öl bzw. Kohle enthalten. In der Grafik ist ablesbar, wie viel Steinkohle, Öl oder Natururan für eine bestimmte

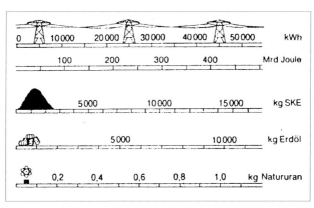

Vergleich der Einsatzmengen verschiedener Primärenergieträger zur Erzeugung einer bestimmten Strommenge.

Strommenge erforderlich sind. So entspricht 1 kg Natururan – nach entsprechender Anreicherung eingesetzt für die Stromerzeugung in Leichtwasserreaktoren – knapp 10 000 kg Erdöl oder 14 000 kg Steinkohle und ermöglicht die Erzeugung von 45 000 kWh Strom.

Brüten
Umwandlung von nicht spaltbarem in spaltbares Material, z. B. Uran-238 in Plutonium-239 oder Thorium-232 in Uran-233. Durch Neutronenbestrahlung in einem Reaktor entsteht z. B. aus Uran-238 durch Einfang eines Neutrons Uran-239, das sich über zwei aufeinanderfolgende Betazerfälle in Plutonium-239 umwandelt.

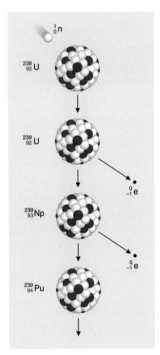 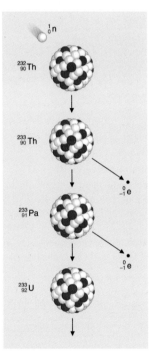

Brutprozess: Entstehen von Pu-239 aus U-238.

Brutprozess: Entstehen von U-233 aus Th-232.

Brutfaktor
→Brutverhältnis.

Brutgewinn
Überschuss der in einem Reaktor gewonnenen Spaltstoffmenge über die verbrauchte Spaltstoffmenge, bezogen auf die verbrauchte Menge. Der Brutgewinn ist gleich dem →Brutverhältnis minus 1.

Brutmantel
Eine Schicht aus Brutstoff rings um den Kern in einem Reaktor.

Brutprozess
Der Vorgang zur Umwandlung von nicht spaltbarem Material in spaltbares Material. →Brutstoff.

Brutreaktor
Ein Reaktor, der mehr Spaltstoff erzeugt als er verbraucht. →Konverterreaktor, →Schneller Brutreaktor.

Brutstoff
Nicht spaltbarer Stoff, aus dem durch Neutronenabsorption und nachfolgende Kernumwandlungen spaltbares Material entsteht. Brutstoffe sind Thorium-232, das in spaltbares Uran-233, und Uran-238, das in spaltbares Plutonium-239 umgewandelt wird.
Th-232 + n $\Rightarrow$ Th-233 $\Rightarrow$ Pa-233 $\Rightarrow$ U-233
U-238 + n $\Rightarrow$ U-239 $\Rightarrow$ Np-239 $\Rightarrow$ Pu-239.

Brutverhältnis
Das Verhältnis von gewonnenem →Spaltstoff zu verbrauchtem Spaltstoff nach dem Einsatz einer Brennstoffmischung aus Spaltstoff und Brutstoff in einem Reaktor.

Brutzone
Reaktorzone, die →Brutstoffe zum Zweck des Brütens enthält.

BTU
British Thermal Unit; Wärmeenergie, die benötigt wird, um ein britisches Pfund Wasser um 1 Grad Fahrenheit zu erwärmen; 1 BTU $\approx$ 252 cal $\approx$ 1055 J.

BWR
Boiling Water Reactor; →Siedewasserreaktor.

C

C-14
→Kohlenstoff 14

Calder Hall
Erstes kommerzielles Kernkraftwerk der Welt, Standort Seascale, England. Die Kernkraftwerksanlage Calder Hall besteht aus vier Gas-Graphit-Reaktoren mit einer elektrischen Leistung von jeweils 55 MW. Der erste Block wurde am 27.8.1956 in Betrieb genommen. Ende März 2003 wurde der Betrieb aus wirtschaftlichen Gründen eingestellt.

CANDU
Kanadischer, schwerwassermoderierter Druckröhren-Natururanreaktor. Der Name setzt sich zusammen aus: „CAN" aus Canada, „D" aus dem fachsprachlichen Namen Deuteriumoxid für Schwerwasser und „U" aus dem Brennstoff Uran.

Castor
Cask for storage and transport of radioactive material. Behältertyp für den Transport und die Zwischenlagerung von abgebrannten Brennelementen und verglasten hochradioaktiven Abfall. Für alle CASTOR®-Typen gilt dieselbe Grundkonzeption. Der Transportbehälter ist ein dickwandiger (ca. 450 mm) Körper aus Gusseisen mit Kugelgraphit. Dieses Material zeichnet sich durch besonders hohe Festigkeit und Zähigkeit aus. In der Wandung des Gusskörpers befinden sich durchgehende axiale Bohrungen, die mit Kunststoffstäben gefüllt sind. Diese Kunststoffeinlagen dienen der Neutronenabschirmung. Auch im Boden- und Deckelbereich befinden sich solche Einlagen. Der Behälter ist durch ein Mehrfachdeckelsystem verschlossen. Die Sicherheit der Brennelementbehälter vom Typ CASTOR® wurde durch folgende Prüfungen nachgewiesen:
- Fall aus 9 m Höhe auf ein praktisch unnachgiebiges Fundament (Betonsockel von 1000 t, abgedeckt mit einer 35 t schweren Stahlplatte. Bei Fallversuchen aus 9 m Höhe auf das praktisch unnachgiebige Beton-Stahl-Fundament werden die Behälter Belastungen ausgesetzt, die in der Praxis bei Transporten äußerst unwahrscheinlich sind. Damit sind die Tests repräsentativ für einen Fall aus weit größerer Höhe auf einen realen Untergrund, z. B. auf Straße oder Erdreich, und für Belastungen bei Verkehrsunfällen.
- Feuertests bei einer Temperatur von mehr als 800 °C über die Zeit von einer halben Stunde,
- Simulation des Aufpralls eines Flugzeuges durch den Beschuss mit einem Flugkörper von ca. 1 t Gewicht mit nahezu Schallgeschwindigkeit.

CEA
Commissariat à l'énergie atomique et aux énergies alternatives, französische staatliche Forschungseinrichtung, die wichtigsten Forschungszentren befinden sich in Grenoble, Cadarache und Saclay.

Čerenkov-Strahlung
Licht mit Intensitätsmaximum im blauen Spektralbereich, das entsteht, wenn geladene Teilchen sich in einem lichtdurchlässigen Medium mit einer Geschwindigkeit v bewegen, die größer ist als die Lichtgeschwindigkeit in diesem Material ($v > c_0/n$, c_0 = Lichtgeschwindigkeit im Vakuum, n = Brechungsindex). Die Schwellenenergie für das Auftreten von Čerenkov-Strahlung beträgt bei Elektronenstrahlung in Wasser (n = 1,33) 260 keV.

Chromatographie
Verfahren zur Abtrennung von Substanzen aus Substanzgemischen, bei der die zwischen einer stationären Phase und einer mobilen Phase (Laufmittel) auftretenden Verteilungsvorgänge trennend wirken. Je nach Anordnung der stationären Phase unterscheidet man Säulen-, Papier- und Dünnschichtchromatographie.

Ci
Einheitenkurzzeichen für →Curie.

COGEMA
Compagnie Générale des Matières Nucléaires; früherer Name des Betreibers der Wiederaufarbeitungsanlage La Hague, jetzt Teil des Areva-Konzerns.

Compton-Effekt
Wechselwirkungseffekt von Röntgen- und Gammastrahlung mit Materie. Compton-Effekt ist die elastische Streuung eines Quants mit einem freien oder quasi-freien Elektron aus der Elektronenhülle eines

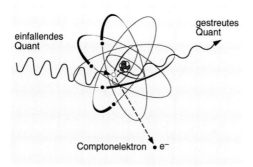

Compton-Effekt, Wechselwirkung eines Gammaquants mit einem Hüllelektron.

Atoms. Ein Teil der Energie und des Impulses des Quants wird auf das Elektron übertragen, der Rest bleibt bei dem gestreuten Quant.

Containment
→Sicherheitsbehälter eines Reaktors.

Core
→Spaltzone eines Kernreaktors.

Corecatcher
Kernschmelzrückhalteeinrichtung, →Kernschmelze.

CP-1
Chicago Pile No. 1, erster Kernreaktor (→Oklo). Die erste sich selbst erhaltende Kettenreaktion gelang einer Wissenschaftlergruppe unter Leitung von Enrico Fermi am 2. Dezember 1942 in Chicago, IL, USA. Als Brennstoff diente Natururan, als Moderator Graphit. Eine besondere Kühlung war wegen der geringen Leistung des Reaktors nicht erforderlich.

CP 1 während des kritischen Experiments zur ersten sich selbst erhaltenden Kettenreaktion am 2.12.1942. (Argonne National Laboratory)

Curie
Name für die frühere Einheit der Aktivität. Die Aktivität von 1 Curie, Einheitenkurzzeichen Ci, liegt vor, wenn von einem Radionuklid $3{,}7 \cdot 10^{10}$ (37 Milliarden) Atome je Sekunde zerfallen. Die Aktivitätseinheit Curie wurde ersetzt durch die Einheit →Becquerel. 1 Curie = $3{,}7 \cdot 10^{10}$ Becquerel.

D

Dampfblasenkoeffizient

Die →Reaktivität eines Reaktors – ein Maß für das Abweichen der
Kettenreaktionsrate vom stabilen Gleichgewichtszustand – ist von
einer Reihe von Betriebsparametern abhängig, in einem Siedewasserreaktor u. a. vom Dampfblasenanteil im Kühlmittel in der Kernzo-
ne. Ein negativer Dampfblasenkoeffizient bewirkt, dass bei einem
Ansteigen der Kettenreaktionsrate und dem damit verbundenen
Leistungs- und Temperaturanstieg die Leistung durch den sich vergrö-
ßernden Dampfblasenanteil automatisch begrenzt wird und wieder
zurückgeht. Im deutschen Genehmigungsverfahren muss nachgewiesen werden, dass der Dampfblasenkoeffizient immer negativ ist.
Beim russischen →RBMK-Reaktortyp ist der Dampfblasenkoeffizient in
bestimmten Betriebszuständen positiv. Eine Leistungs- und Temperatursteigerung bewirkt dann eine immer schneller zunehmende Kettenreaktionsrate, die weitere Leistungs- und Temperaturerhöhungen
zur Folge hat, wenn sie nicht durch andere Maßnahmen begrenzt
werden kann. Dieser Effekt war eine der physikalischen Ursachen für
den Reaktorunfall in Tschernobyl.

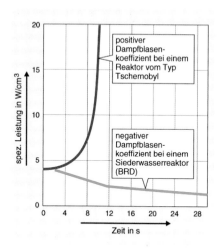

*Verlauf der Reaktor-
leistung unter be-
stimmten Umständen
bei positivem und
negativem Dampfbla-
senkoeffizienten.*

DAtF
→Deutsches Atomforum e. V.

Datierung, radioaktive
Verfahren zur Messung des Alters eines Gegenstandes durch Bestimmung des Verhältnisses verschiedener darin enthaltener Radionuklide
zu stabilen Nukliden. So kann man z. B. aus dem Verhältnis von

Kohlenstoff-14 zu Kohlenstoff-12 das Alter von Knochen, Holz und anderen archäologischen Proben ermitteln.

DBE
Deutsche Gesellschaft zum Bau und Betrieb von Endlagern für Abfallstoffe mbH, Peine.

Deckungsvorsorge
Die Verwaltungsbehörde hat für Anlagen und Tätigkeiten, bei denen eine atomrechtliche Haftung nach internationalen Verpflichtungen oder nach dem Atomgesetz in Betracht kommt, die Höhe der Vorsorge – Deckungsvorsorge – für die Erfüllung gesetzlicher Schadenersatzverpflichtungen festzulegen, die der Antragsteller zu treffen hat. Die Deckungsvorsorge kann durch eine Versicherung oder durch eine Freistellungs- oder Gewährleistungsverpflichtung eines Dritten erbracht werden. Die Regeldeckungssumme beträgt bei Reaktoren mit einer elektrischen Leistung von 1300 MW 2,5 Milliarden Euro. Unbeschadet der Festsetzung dieser Deckungsvorsorge haftet der Inhaber der Anlage aber unbegrenzt. Einzelheiten regelt die Atomrechtliche Deckungsvorsorge-Verordnung.

Dekontamination
Beseitigung oder Verringerung einer radioaktiven →Kontamination mittels chemischer oder physikalischer Verfahren, z. B. durch Abwaschen oder Reinigung mit Chemikalien. Dekontamination von Luft und Wasser erfolgt durch Filtern bzw. Verdampfen und Ausfällen.

Dekontaminationsfaktor
Verhältnis der Aktivität vor und nach der Dekontamination von radioaktiv verunreinigten Gegenständen, Abwässern, Luft usw.

deterministische Strahlenwirkung
Wirkung ionisierender Strahlung, die zu einem Funktionsverlust des bestrahlten Organs oder Gewebes führt, wenn durch die Strahlung genügend Zellen getötet oder an der Vermehrung und der normalen Funktion gehindert werden. Dieser Organfunktionsverlust wird um so schwerwiegender, je größer die Anzahl der betroffenen Zellen ist. Da viele Organe und Gewebe bei einer geringen Verminderung der Zahl der funktionsfähigen Zellen in ihrer Funktion nicht beeinträchtigt werden, besteht für deterministische Strahlenwirkungen eine Schwellendosis, die überschritten sein muss, damit eine Wirkung eintritt. Bei Strahlendosen oberhalb dieser Schwelle steigt der Schweregrad der Erkrankung steil an. Zu den deterministischen Wirkungen ionisierender Strahlung gehören z. B. Hautrötung (Dosisschwelle 3 bis 5 Gray),

Trübungen der Augenlinse (Dosisschwelle 0,5 Gray), bleibende Sterilität (Dosisschwelle 2,5 bis 6 Gray).

Deuterium

Wasserstoffisotop, dessen Kern ein Neutron und ein Proton enthält und infolgedessen etwa doppelt so schwer ist wie der Kern des normalen Wasserstoffes, der nur ein Proton enthält. Man bezeichnet es daher auch als „schweren" Wasserstoff. Deuterium kommt in der Natur vor. Auf 6500 „normale" Wasserstoffatome entfällt ein Deuteriumatom. →Schweres Wasser.

Deuteron

Kern des Deuteriums. Er besteht aus einem Proton und einem Neutron.

Deutsches Atomforum

Das Deutsche Atomforum (DAtF) wurde im Jahr 1959 gegründet. Die Mitglieder des gemeinnützigen Vereins sind Unternehmen aus Industrie und Wirtschaft, Forschungseinrichtungen, Organisationen und Einzelpersonen. Zweck des Vereins ist es, die friedliche Nutzung der Kernenergie in Forschung und Anwendung zu fördern und die Öffentlichkeit auf dem Gebiet der friedlichen Kernenergienutzung zu informieren. Anschrift: Robert-Koch-Platz 4, 10115 Berlin.

DIDO

Schwerwassermoderierter und -gekühlter Forschungsreaktor. Der Name DIDO ist von D_2O, der chemischen Formel für schweres Wasser, abgeleitet. Ein Reaktor vom Typ DIDO war unter der Bezeichnung FRJ 2 im Forschungszentrum Jülich vom 14.11.1962 bis zum 2.5.2006 in Betrieb. Der Antrag zur Stilllegung wurde am 27.4.2007 gestellt und am 20.9.2012 genehmigt.

Diffusionstrennverfahren

Isotopentrennverfahren, das die unterschiedliche Diffusionsgeschwindigkeit verschieden schwerer Atome bzw. Moleküle durch eine poröse Wand zur Trennung nutzt. Der →Anreicherungsgrad der leichteren Komponente nach Durchströmen der Trennwand wird bestimmt durch die Wurzel aus dem Massenverhältnis der Teilchen. Das Diffusionstrennverfahren wird großtechnisch zur Uranisotopentrennung genutzt. Als Prozessmedium wird UF_6 benutzt. Der →Trennfaktor pro Stufe beträgt nur etwa 1,002. Durch Hintereinanderschalten in Form einer Kaskade lässt sich der Trenneffekt vervielfachen. Eine Anlage zur Uranisotopentrennung nach diesem Verfahren wird in Pierrelatte, nördlich von Avignon, betrieben.

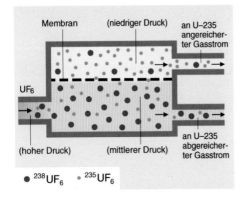

Prinzip des Diffusionstrennverfahrens.

Direktstrahlung

Anteil der aus einer Strahlenquelle emittierten Strahlung, die auf dem kürzesten Wege, u. U. durch vorliegende Abschirmwände geschwächt, zum betrachteten Aufpunkt gelangt. Die Direktstrahlung wird unterschieden von der Streustrahlung, die infolge Streuung an anderen Medien indirekt zum Aufpunkt gelangen kann.

Diversität

Auslegungsprinzip für Sicherheitssysteme kerntechnischer Anlagen. Zur Erhöhung der Ausfallsicherheit werden Sicherheitseinrichtungen nicht nur mehrfach – d. h. redundant –, sondern auch nach physikalisch oder technisch verschiedenartigen Funktionsprinzipien – diversitär – ausgelegt. →Redundanz

Dodekan

n-Dodekan, $C_{12}H_{26}$, Schmelzpunkt –9,6 °C, Siedepunkt 216,3 °C, Dichte 0,7493 g/cm³. Dodekan ist eine Kohlenwasserstoffverbindung (Alkan), geeignet als Lösungsmittel zur Verdünnung des →TBP bei der Extraktion von U und Pu aus bestrahltem Kernbrennstoff. →PUREX-Verfahren.

Dollar

In der Reaktortechnik bei Angaben der →Reaktivität verwendeter Name. Dollar ist die auf den Anteil der verzögerten Neutronen bezogene Einheit für die Reaktivität eines Reaktors.

Dopplereffekt

Veränderung der gemessenen Frequenz einer Wellenstruktur durch die Bewegung des Empfängers oder der Wellenquelle. Der bewegte Empfänger schneidet mehr oder weniger Wellen pro Zeit, je nachdem, ob er sich auf die Quelle der Wellen zu oder von ihr weg bewegt. Analog gilt in einem Reaktor, da Spaltungsquerschnitte von der relativen Geschwindigkeit der Uranatome und Neutronen abhängen, dass die Schwingungen der Uranatome in einem Brennelement aufgrund der steigenden Betriebstemperatur zu einem Dopplereffekt führen. Dieser Dopplereffekt kann die Reaktivität des Reaktors verändern.

Dosimeter

Ein Instrument zur Messung der Personen- oder Ortsdosis (→Ionisationskammer, →Filmdosimeter, →OSL-Dosimeter, →Phosphatglasdosimeter, →Thermolumineszenzdosimeter).

Dosimetrie

Messverfahren zur Bestimmung der durch ionisierende Strahlung in Materie erzeugten Dosis.

Dosis

Maß für eine näher anzugebende Strahlenwirkung. Die Energiedosis gibt die gesamte absorbierte Strahlungsenergie an die bestrahlte Materie an, sie wird in der Einheit Gray (Gy) angegeben. Zentrale Dosisgrößen im Strahlenschutz sind „Organdosis" und „effektive Dosis". Als Sammelbegriff für Organdosis und effektive Dosis wird der Begriff „Körperdosis" benutzt. Organdosis und effektive Dosis sind Schutzgrößen zur Verwendung im Strahlenschutz, einschließlich der Risikoabschätzung. Sie bilden für Energiedosen weit unterhalb der Schwellen für deterministische Strahlenschäden eine Grundlage zur Abschätzung der Wahrscheinlichkeit stochastischer Strahlenwirkungen. Die Einheit dieser Dosisgrößen ist das Sievert, Kurzzeichen Sv. Die Strahlenschutzverordnung fordert zur Ermittlung der nicht direkt messbaren Körperdosis die Messung der Personendosis. Personendosis ist die Äquivalentdosis, gemessen in den Messgrößen der Tiefen-Personendosis und der Oberflächen-Personendosis an einer für die Strahlenexposition repräsentativen Stelle der Körperoberfläche. Die Tiefen-Personendosis $H_p(10)$ ist dabei bei einer Ganzkörperexposition mit durchdringender Strahlung ein Schätzwert für die effektive Dosis und die Organdosen tiefliegender Organe und die Oberflächen-Personendosis $H_p(0,07)$ ein Schätzwert für die Hautdosis.
Im Folgenden ein Überblick über die im Strahlenschutz verwendeten Dosisgrößen. Falls die vielen Dosisbegriffe für verwirrend gehalten werden, so mag es vielleicht ein – geringer – Trost sein, dass selbst die deutsche Strahlenschutzkommission feststellt: *Die Definition der Dosis-Messgrößen im Strahlenschutz ist relativ komplex und begrifflich nicht leicht zu vermitteln.* (SSK-Empfehlung vom 23.5.2003).

- **Äquivalentdosis**

Die Äquivalentdosis ist das Produkt aus der Energiedosis im ICRU-
→Weichteilgewebe und dem →Qualitätsfaktor. Beim Vorliegen mehrerer Strahlungsarten und Strahlungsenergien ist die gesamte Äquivalentdosis die Summe ihrer ermittelten Einzelbeiträge. Die Einheit der
Äquivalentdosis ist das Sievert. Im angelsächsischen Sprachraum wird
die Äquivalentdosis mit „dose equivalent" bezeichnet.

- **effektive Dosis**

Die effektive Dosis ist die geeignete Größe zur Angabe eines einheitlichen Dosiswertes bei unterschiedlicher Exposition verschiedener
Körperbereiche zur Bewertung des Risikos für Strahlenspätschäden.
Die effektive Dosis E ist die Summe der mit den Gewebe-Wichtungsfaktoren w_T multiplizierten mittleren →Organdosen H_T in den einzelnen Organen und Geweben des Körpers durch äußere oder innere
Strahlenexposition.

$$E = \sum_T w_T \, H_T$$

Organ	Gewebe-Wichtungsfaktor, w_T
Keimdrüsen	0,20
Dickdarm	0,12
Knochenmark (rot)	0,12
Lunge	0,12
Magen	0,12
Blase	0,05
Brust	0,05
Leber	0,05
Schilddrüse	0,05
Speiseröhre	0,05
Haut	0,01
Knochenoberfläche	0,01
Bauchspeicheldrüse, Dünndarm, Gebärmutter, Gehirn, Milz, Muskel, Nebenniere, Niere, Thymusdrüse	0,05

Gewebe-Wichtungsfaktoren nach Strahlenschutzverordnung.

- **Energiedosis**

Bei der Anwendung der Größe Energiedosis im praktischen Strahlenschutz wird die mittlere Energiedosis in einem Organ oder Gewebe

benutzt. Die mittlere Energiedosis D_T in einem Organ oder Gewebe ist gegeben durch

$$D_T = \frac{\varepsilon_T}{m_T}$$

Hierbei ist ε_T die mittlere Energie, die auf das Organ oder Gewebe T übertragen wird und m_T die Masse des Organs oder Gewebes. Die Einheit der Energiedosis ist Joule durch Kilogramm ($J \cdot kg^{-1}$), ihr besonderer Einheitenname ist Gray (Gy).

• **Folgedosis**
Die Bestrahlung des Gewebes oder von Organen durch inkorporierte Radionuklide ist über die Inkorporationszeit verteilt. Diese Zeit ist von der physikalischen Halbwertszeit und dem biokinetischen Verhalten des Radionuklids abhängig. Die Folgedosis ist das Zeitintegral der Dosisleistung in einem Gewebe oder Organ über die Zeit. Die Organ-Folgedosis $H_T(\tau)$ bei einer Inkorporation zum Zeitpunkt t_0 ist das Zeitintegral der Organ-Dosisleistung im Gewebe oder Organ T. Wird kein Integrationszeitraum τ angegeben, ist für Erwachsene ein Zeitraum von 50 Jahren und für Kinder ein Zeitraum vom jeweiligen Alter bis zum Alter von 70 Jahren zu Grunde zu legen:

$$H_T(\tau) = \int_{t_0}^{t_0 + \tau} \dot{H}_T(t)\,\mathrm{d}t$$

• **Oberflächen-Personendosis**
Die Oberflächen-Personendosis $H_p(0{,}07)$ ist die Äquivalentdosis in 0,07 mm Tiefe im Körper an der Tragestelle des Personendosimeters.

• **Organdosis**
Die Organdosis $H_{T,R}$ ist das Produkt aus der über das Gewebe/Organ T gemittelten Organ-Energiedosis $D_{T,R}$, die durch die Strahlung R erzeugt wird, und dem Strahlungs-Wichtungsfaktor w_R:

$$H_{T,R} = w_R\, D_{T,R}$$

Besteht die Strahlung aus Arten und Energien mit unterschiedlichen Werten von w_R, so werden die einzelnen Beiträge addiert. Für die Organdosis H_T gilt dann:

$$H_T = \sum_R w_R\, D_{T,R}$$

In Österreich und der Schweiz wird für den Begriff „Organdosis" die Bezeichnung „Äquivalentdosis" und im angelsächsischen Sprachraum „equivalent dose" benutzt. Nicht zu verwechseln mit der in Deutschland benutzten Bezeichnung „Äquivalentdosis" für das Produkt aus Energiedosis und Qualitätsfaktor; für diese Größe wird im angelsächsischen Sprachraum die Bezeichnung „dose equivalent" benutzt.

Strahlenart und Energiebereich	Strahlungs-Wichtungsfaktor w_R
Photonen, alle Energien	1
Elektronen u. Myonen, alle Energien	1
Neutronen	
< 10 keV	5
10 keV bis 100 keV	10
> 100 keV bis 2 MeV	20
> 2 MeV bis 20 MeV	10
> 20 MeV	5
Protonen, außer Rückstoßprotonen, > 2 MeV	5
Alphateilchen, Spaltfragmente, schwere Kerne	20

Strahlungs-Wichtungsfaktoren nach Strahlenschutzverordnung.

● **Ortsdosis**

Ortsdosis ist die Äquivalentdosis für Weichteilgewebe, gemessen an einem bestimmten Ort. Ortsdosis bei durchdringender Strahlung ist die Umgebungs-Äquivalentdosis, Ortsdosis bei Strahlung geringer Eindringtiefe ist die Richtungs-Äquivalentdosis. Die Ortsdosis ist bei durchdringender Strahlung ein Schätzwert für die effektive Dosis und die Organdosen tiefliegender Organe, bei Strahlung geringer Eindringtiefe ein Schätzwert für die Hautdosis einer Person, die sich am Messort aufhält.

● **Personendosis**

Die Strahlenschutzverordnung fordert zur Ermittlung der Körperdosis die Messung der Personendosis. Personendosis ist die Äquivalent-dosis, gemessen in den Messgrößen der Tiefen-Personendosis und der Oberflächen-Personendosis an einer für die Strahlenexposition repräsentativen Stelle der Körperoberfläche. Die Tiefen-Personendosis ist bei einer Ganzkörperexposition mit durchdringender Strahlung ein Schätzwert für die effektive Dosis und die Organdosen tiefliegender Organe und die Oberflächen-Personendosis ein Schätzwert für die Hautdosis.

● **Richtungs-Äquivalentdosis**

Die Richtungs-Äquivalentdosis $H'(0,07, \Omega)$ am interessierenden Punkt im tatsächlichen Strahlungsfeld ist die Äquivalentdosis, die im zuge-hörigen aufgeweiteten Strahlungsfeld in 0,07 mm Tiefe auf einem in festgelegter Richtung Ω orientierten Radius der →ICRU-Kugel erzeugt würde.

- **Tiefen-Personendosis**

Die Tiefen-Personendosis $H_p(10)$ ist die Äquivalentdosis in 10 mm
Tiefe im Körper an der Tragestelle des Personendosimeters.

- **Umgebungs-Äquivalentdosis**

Die Umgebungs-Äquivalentdosis $H*(10)$ am interessierenden Punkt
im tatsächlichen Strahlungsfeld ist die Äquivalentdosis, die im zugehörigen ausgerichteten und aufgeweiteten Strahlungsfeld in 10 mm
Tiefe auf dem der Einfallsrichtung der Strahlung entgegengesetzt
orientierten Radius der ICRU-Kugel erzeugt würde.

Dosisaufbaufaktor

Berücksichtigt bei Abschirmberechnungen den Einfluss der Streustrahlung auf die Dosis.

Dosiseffektkurve

Begriff aus der Strahlenbiologie. Bezeichnet den Zusammenhang
zwischen dem prozentualen Auftreten einer untersuchten Wirkung in
Abhängigkeit von der eingestrahlten Dosis.

Dosisgrenzwert

Wert der Dosis einer ionisierenden Strahlung, der auf der Basis von
Empfehlungen wissenschaftlicher Gremien vom Gesetzgeber als das
Maximum festgelegt wurde, dem eine Person ausgesetzt werden
darf. Für verschiedene Personengruppen sind unterschiedliche Dosisgrenzwerte festgesetzt. In der Strahlenschutzverordnung und in der
Röntgenverordnung sind für beruflich strahlenexponierte Personen
die in der Tabelle angegeben Grenzwerte festgelegt. Für berufstätige
Schwangere und Auszubildende gelten geringere Werte als die für
beruflich exponierten Personen.

Körperdosis	Dosisgrenzwert im Kalenderjahr
effektive Dosis	20 mSv
Organdosis	
Gebärmutter, Keimdrüsen, rotes Knochenmark	50 mSv
Augenlinse, Bauchspeicheldrüse, Blase, Brust, Dickdarm, Dünndarm, Gehirn, Leber, Lunge, Magen, Milz, Muskel, Niere, Nebennieren, Speiseröhre, Thymusdrüse	150 mSv
Schilddrüse, Knochenoberfläche	300 mSv
Haut, Hände, Unterarme, Füße und Knöchel	500 mSv

Dosisgrenzwerte für beruflich strahlenexponierte Personen.

Für Einzelpersonen der Bevölkerung beträgt der Grenzwert der effektiven Dosis 1 mSv im Kalenderjahr; der Grenzwert der Organdosis für die Augenlinse beträgt 15 mSv und der für die Haut 50 mSv im Kalenderjahr.

Bei der Ableitung radioaktiver Stoffe mit Abluft oder Abwasser sind die technische Auslegung und der Betrieb der Anlagen so zu planen, dass folgende Grenzwerte im Kalenderjahr durch diese Ableitungen jeweils nicht überschritten werden:

effektive Dosis sowie Organdosis für Keimdrüsen, Gebärmutter, rotes Knochenmark	0,3 mSv
Bauchspeicheldrüse, Blase, Brust, Dickdarm, Dünndarm, Gehirn, Leber, Lunge, Magen, Milz, Muskel, Niere, Nebennieren, Schilddrüse, Speiseröhre, Thymusdrüse	0,9 mSv
Knochenoberfläche, Haut	1,8 mSv

Die Grenzwerte müssen an der ungünstigsten Einwirkungsstelle unter Berücksichtigung sämtlicher relevanter Belastungspfade, der Ernährungs- und Lebensgewohnheiten der Referenzperson und einer möglichen Vorbelastung durch andere Anlagen und Einrichtungen eingehalten werden.

Dosiskoeffizienten

Koeffizienten zur Ermittlung der Strahlenexposition einzelner Organe und des gesamten Körpers durch inkorporierte radioaktive Stoffe. Dosiskoeffizienten sind abhängig vom Radionuklid, von der Inkor-

Radionuklid	Organ	Dosiskoeffizient in Sv/Bq		
		< 1 Jahr	7 bis 12 Jahre	> 17 Jahre
H-3	effektive Dosis	$6,4 \cdot 10^{-11}$	$2,3 \cdot 10^{-11}$	$1,8 \cdot 10^{-11}$
C-14	effektive Dosis	$1,4 \cdot 10^{-9}$	$8,0 \cdot 10^{-10}$	$5,8 \cdot 10^{-10}$
Sr-90	Knochenoberfläche	$2,3 \cdot 10^{-6}$	$4,1 \cdot 10^{-6}$	$4,1 \cdot 10^{-7}$
	effektive Dosis	$2,3 \cdot 10^{-7}$	$6,0 \cdot 10^{-8}$	$2,8 \cdot 10^{-8}$
I-131	Schilddrüse	$3,7 \cdot 10^{-6}$	$1,0 \cdot 10^{-6}$	$4,3 \cdot 10^{-7}$
	effektive Dosis	$1,8 \cdot 10^{-7}$	$5,2 \cdot 10^{-8}$	$2,2 \cdot 10^{-8}$
Cs-137	effektive Dosis	$2,1 \cdot 10^{-8}$	$1,0 \cdot 10^{-8}$	$1,3 \cdot 10^{-8}$
Ra-226	Knochenoberfläche	$1,6 \cdot 10^{-4}$	$3,9 \cdot 10^{-5}$	$1,2 \cdot 10^{-5}$
	effektive Dosis	$4,7 \cdot 10^{-6}$	$8,0 \cdot 10^{-7}$	$2,8 \cdot 10^{-7}$
Pu-239	Knochenoberfläche	$7,4 \cdot 10^{-5}$	$6,8 \cdot 10^{-6}$	$8,2 \cdot 10^{-6}$
	effektive Dosis	$4,2 \cdot 10^{-6}$	$2,7 \cdot 10^{-7}$	$2,5 \cdot 10^{-7}$

Beispiele für Dosiskoeffizienten für Einzelpersonen der Bevölkerung zur Berechnung der Organdosis oder der effektiven bei einer Aufnahme radioaktiver Stoffe mit der Nahrung (Ingestion).

porationsart (Inhalation/Ingestion), von der chemischen Verbindung des Radionuklids sowie vom Alter der Person. Im Bundesanzeiger Nr. 160a und b vom 28. August 2001 sind umfassend Dosiskoeffizienten für Einzelpersonen der Bevölkerung und für beruflich strahlenexponierte Personen aufgeführt. Sie geben die Dosis in 25 Organen oder Geweben sowie die effektive Dosis für eine durch Inhalation oder Ingestion zugeführte Aktivität an.

Dosisleistung
Dosisleistung ist der Quotient aus der Dosis und der Zeit; z. B. wird die Dosisleistung im Strahlenschutz häufig in Mikrosievert je Stunde (µSv/h) angegeben.

Dosis-Wirkungs-Beziehung
Beziehung zwischen der Dosis eines Organs, Körperteils oder des Gesamtkörpers und der daraus resultierenden biologischen Strahlenwirkung. Aus dem Bereich gesicherter Kenntnis bei hohen Dosen in den für Strahlenschutzzwecke interessanten Bereich von einigen Millisievert sind verschiedene Extrapolationsmöglichkeiten denkbar. Die Internationale Strahlenschutzkommission unterstellt für Zwecke des Strahlenschutzes eine lineare Beziehung zwischen der Höhe der effektiven Dosis und der Häufigkeit von Strahlenspätschäden.

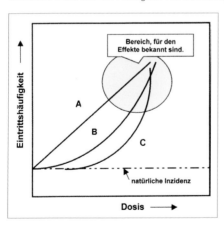

Dosis-Wirkungs-Beziehungen; Verlauf der Extrapolations-möglichkeiten: A: linear, B: linear-quadratisch, C: quadratisch mit Schwellwert

Druckröhrenreaktor
Kernreaktor, bei dem sich die Brennelemente innerhalb zahlreicher Röhren befinden, in denen das Kühlmittel umläuft. Diese Röhrenanordnung ist vom Moderator umgeben. Beim kanadischen CANDU-Reaktortyp dient schweres Wasser (D_2O) als Kühlmittel und Moderator; beim russischen RBMK-Reaktortyp wird leichtes Wasser (H_2O) als Kühlmittel und Graphit als Moderator benutzt.

Druckwasserreaktor

Leistungsreaktor, bei dem die Wärme aus der Spaltzone durch Wasser abgeführt wird, das unter hohem Druck (etwa 160 bar) steht, damit eine hohe Temperatur erreicht und ein Sieden in der Spaltzone vermieden wird. Das Kühlwasser gibt seine Wärme in einem Dampferzeuger an den Sekundärkreislauf ab. Beispiel: Kernkraftwerk Isar 2 mit einer elektrischen Leistung von 1485 MW.

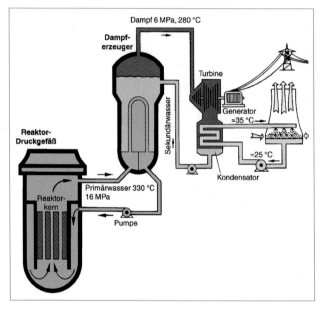

Kernkraftwerk mit Druckwasserreaktor.

DTPA

Diäthylentriaminpentaacetat; Chelatbildner. Chelatbildner sind organische Verbindungen, die in der Lage sind, Metallionen so in das organische Molekül einzubauen, dass das Metallion die für sein biologisches Verhalten wesentlichen chemischen Eigenschaften verliert und so wieder beschleunigt aus dem Körper ausgeschieden werden kann. In Form des Ca-DTPA und des Zn-DTPA stehen damit wirkungsvolle Dekorporationsmittel – speziell auch für Plutonium – zur Verfügung.

DWR

→Druckwasserreaktor.

E

ECCS
Emergency Core Cooling System; →Notkühlung.

Einzelfehler
Ein Fehler, der durch ein einzelnes Ereignis hervorgerufen wird, einschließlich der durch diesen Fehler entstehenden Folgefehler.

elektromagnetische Isotopentrennung
Trennung verschiedener Isotope durch elektrische und magnetische Felder.

elektromagnetische Strahlung
Strahlung aus elektrischen und magnetischen Wellen, die sich mit Lichtgeschwindigkeit fortbewegen. Beispiele: Licht, Radiowellen, →Röntgenstrahlen, →Gammastrahlen. Die elektromagnetische Strahlung pflanzt sich auch im Vakuum fort.

Elektron
Elementarteilchen mit einer negativen elektrischen Elementarladung und einer Ruhemasse von $9,109\,382\,91 \cdot 10^{-31}$ kg (entspricht einer Ruheenergie von 511 keV). Das ist 1/1836 der Protonenmasse. Elektronen umgeben den positiv geladenen Atomkern und bestimmen das chemische Verhalten des Atoms. Gelegentlich wird das negative Elektron auch als Negatron bezeichnet und der Namen Elektron als Oberbegriff für Negatron und →Positron benutzt.

Elektroneneinfang
Zerfallsart mancher Radionuklide, z. B. K-40, Mn-54, Fe-55. Vom Atomkern wird ein Elektron der Atomhülle eingefangen, wobei sich

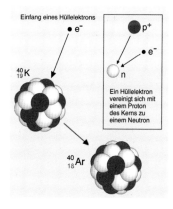

Elektroneneinfang; Einfang eines Elektrons aus der K-Schale der Elektronenhülle beim Zerfall von Kalium-40 in Argon-40.

im Kern ein Proton in ein Neutron umwandelt. Das entstehende Nuklid hat eine um eine Einheit kleinere Ordnungszahl, die Massenzahl bleibt gleich. Beispiel: K-40 + e⁻ ⇒ Ar 40.

Elektronengleichgewicht

Begriff aus der Dosimetrie. Elektronengleichgewicht liegt vor, wenn als Folge von Ionisationsereignissen innerhalb und außerhalb eines Volumenelements in dieses Volumenelement gleich viele Elektronen gleicher Energieverteilung einlaufen wie aus diesem Volumenelement auslaufen.

Elektronvolt

In der Atom- und Kernphysik gebräuchliche Einheit der Energie. Ein Elektronvolt ist die von einem Elektron oder sonstigen einfach geladenen Teilchen gewonnene kinetische Energie beim Durchlaufen einer Spannungsdifferenz von 1 Volt im Vakuum. 1 eV entspricht einer Energie von $1,602 \cdot 10^{-19}$ J. Abgeleitete, größere Einheiten:

Kiloelektronvolt (keV)	=	1 000 eV,
Megaelektronvolt (MeV)	=	1 000 000 eV,
Gigaelektronvolt (GeV)	=	1 000 000 000 eV.

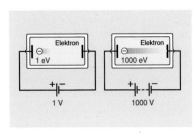

Veranschaulichung der Energieeinheit Elektronvolt.

Element

Chemischer Grundstoff, der sich auf chemischem Wege nicht mehr in einfachere Substanzen umwandeln lässt. Beispiele: Sauerstoff, Aluminium, Eisen, Quecksilber, Blei, Uran. Zur Zeit sind 118 chemische Elemente bekannt. Alle Elemente mit der Ordnungszahl 95 und höher sind künstlich hergestellt. Einige Elemente – Technetium, Promethium, Astat, Neptunium und Plutonium – wurden zuerst künstlich hergestellt und erst danach auch ihr natürliches Vorkommen nachgewiesen.

Element, künstliches

Element, das auf der Erde nicht oder nicht mehr vorkommt, sondern durch Kernreaktionen künstlich erzeugt wird. Zu den künstlichen Elementen gehören die Elemente Technetium (Ordnungszahl Z = 43), Promethium (Z = 61) und die Transurane (Z > 92). Nach ihrer künstlichen Herstellung konnte für einige Elemente – Technetium, Promethium, Neptunium und Plutonium – auch ihr natürliches Vorkommen nachgewiesen werden. So konnten Seaborg und Perlman 1948 nachweisen, dass sehr geringe Spuren von Plutonium als Folge natürlicher Kernspaltungen des Urans in der Natur vorkommen (etwa 1 Plutoniumatom auf 10^{12} Uranatome).

Elementname	Symbol	Ordnungs-zahl	Elementname	Symbol	Ordnungs-zahl
Technetium	Tc	43	Dubnium	Db	105
Promethium	Pm	61	Seaborgium	Sb	106
Neptunium	Np	93	Bohrium	Bh	107
Plutonium	Pu	94	Hassium	Hs	108
Americium	Am	95	Meitnerium	Mt	109
Curium	Cm	96	Darmstadtium	Ds	110
Berkelium	Bk	97	Roentgenium	Rg	111
Californium	Cf	98	Copernicium	Cn	112
Einsteinium	Es	99	noch ohne Namen		113
Fermium	Fm	100	Flerovium	Fl	114
Mendelevium	Md	101	noch ohne Namen		115
Nobelium	No	102	Livermorium	Lv	116
Lawrencium	Lw	103	noch ohne Namen		117
Rutherfordium	Rf	104	noch ohne Namen		118

Liste der künstlichen Elemente.

Elementarladung

Kleinste elektrische Ladungseinheit ($1,6021 \cdot 10^{-19}$ Coulomb). Die elektrische Ladung tritt nur in ganzzahligen Vielfachen dieser Einheit auf. Ein Elektron besitzt eine negative, ein Proton eine positive Elementarladung.

Elementarteilchen

Mit Elementarteilchen bezeichnete man diejenigen Teilchen, die sich nicht ohne weiteres als zusammengesetzt erkennen lassen – etwa im Gegensatz zu den Atomkernen. Innerhalb gewisser Grenzen, die durch die Erhaltungssätze gegeben sind, können sich Elementarteilchen umwandeln.

Die Vielzahl solcher „Elementarteilchen" – neben den in der Tabelle aufgeführten wurden noch über 200 weitere gefunden – führte zur „Erfindung" und schließlich zur Entdeckung der „Quarks" und in der Folge zum heutigen „Standard-Modell" elementarer Teilchen.

Teilchen	Ruhemasse MeV	mittlere Lebensdauer s	häufigste Zerfallsart	%
Photon				
γ	$0 \, (< 1 \cdot 10^{-24})$	stabil	stabil	
Leptonen				
ν_e	$0 \, (< 2 \cdot 10^{-6})$	stabil	stabil	
ν_μ	$0 \, (< 0,17)$	stabil	stabil	
ν_τ	$0 \, (< 15,5)$	stabil	stabil	
e	0,510998928	stabil $(> 4,6 \cdot 10^{26}$ a)	stabil	
μ^-	105,6583715	$2,1969811 \cdot 10^{-6}$	$e^- \, \bar\nu_e \, \nu_\mu$ $e^- \, \bar\nu_e \, \nu_\mu \gamma$	98,6 1,4
τ^-	1776,82	$2,906 \cdot 10^{-13}$	$e^- \, \bar\nu_e \, \nu_\tau$ $e^- \, \bar\nu_\mu \, \nu_\tau$	17,83 17,41
Mesonen				
π°	134,9766	$8,52 \cdot 10^{-17}$	$\gamma \gamma$ $\gamma \, e^+ \, e^-$	98,8 1,2
$\pi^\pm$	139,57018	$2,6033 \cdot 10^{-8}$	(für π^+) $\mu^+ \, \nu_\mu$ $e^+ \, \nu$ $e^+ \, \nu_e$ $\mu^+ \, \nu_\mu \, \gamma$	 99,98 0,01 0,01
η	547,853		$\gamma \gamma$ $\pi^\circ \, \pi^\circ \, \pi^\circ$ $\pi^+ \, \pi^- \, \pi^\circ$ $\pi^+ \, \pi^- \, \gamma$	39,31 32,57 22,74 4,60
$K^\pm$	493,677	$1,2380 \cdot 10^{-8}$	(für K^+) $\mu^+ \, \nu_\mu$ $\pi^+ \, \pi^\circ$ $\pi^+ \, \pi^+ \, \pi^-$ $\pi^\circ \, e^+ \, \nu_e$ $\mu^+ \, \nu_\mu \, \pi^\circ \, \pi^+$ $\pi^\circ \, \pi^\circ$	 63,55 20,66 5,59 5,07 3,18 1,76
K° (50 % K_S^0 50 % K_L^0)	497,614	$K_S \ \ 8,957 \cdot 10^{-11}$ $K_L \ \ 5,293 \cdot 10^{-8}$	(für K_S) $\pi^+ \, \pi^-$ $\pi^\circ \, \pi^\circ$ (für K_L) $\pi^\pm \, e^\pm \, \nu_e$ $\pi^\pm \, \mu^\pm \, \nu_\mu$ $\pi^\circ \, \pi^\circ \, \pi^\circ$ $\pi^+ \, \pi^- \, \pi^\circ$ $\pi^\pm \, e^\pm \, \nu_e \, \gamma$	 69,20 30,69 40,55 27,04 19,52 12,54 0,38
D°	1864,86	$0,4101 \cdot 10^{-12}$		
$D^\pm$	1869,62	$1,040 \cdot 10^{-12}$		
$D_S^\pm$	1968,49	$0,500 \cdot 10^{-12}$		
$B^\pm$	5279,25	$1,641 \cdot 10^{-12}$		

Teilchen	Ruhemasse MeV	mittlere Lebensdauer s	häufigste Zerfallsart	%
B°	5279,58	$1{,}519 \cdot 10^{-12}$		
B°_S	5366,77	$1{,}497 \cdot 10^{-12}$		
$B^\pm_C$	6277	$0{,}453 \cdot 10^{-12}$		
Baryonen				
p	938,272046	stabil ($> 2{,}1 \; 10^{29}$ a)	stabil	
n	939,565379	880,1	$p\, e^-\, \bar{\nu}_e$	100
Λ°	1115,683	$2{,}632 \cdot 10^{-10}$	$p\, \pi^-$ $n\, \pi^\circ$	63,9 35,8
Σ^+	1189,37	$8{,}018 \cdot 10^{-11}$	$p\, \pi^\circ$ $n\, \pi^+$	51,6 48,3
Σ°	1192,642	$7{,}4 \cdot 10^{-20}$	$\Lambda^\circ\, \gamma$	100
Σ^-	1197,449	$1{,}479 \cdot 10^{-10}$	$n\, \pi^-$	99,9
Ξ°	1314,86	$2{,}90 \cdot 10^{-10}$	$\Lambda^\circ\, \pi^\circ$	99,5
Ξ^-	1321,71	$1{,}639 \cdot 10^{-10}$	$\Lambda^\circ\, \pi^-$	99,9
Ω^-	1672,45	$8{,}21 \cdot 10^{-11}$	$\Lambda^\circ\, K^-$ $\Xi^\circ\, \pi^-$ $\Xi^-\, \pi^\circ$	67,8 23,6 8,6

Eigenschaften einiger Elementarteilchen, Daten nach Particle Data Group, 2012.

Die fermionischen Teilchen des Standardmodells sind die Teilchen, die als „Materie" bezeichnet werden, und die bosonischen Teilchen vermitteln nach dem Modell die Wechselwirkungen zwischen den Teilchen, allerdings treten sie auch wie das Photon als eigenständiges Teilchen auf. Die Fermionen des Standard-Modell bestehen aus zwölf

Standard-Modell der Elementarteilchen.

Teilchen – siehe Abbildung – und ebenso vielen Antiteilchen. So besteht das Proton aus zwei „up-Quarks" und einem „down-Quark", das Neutron aus einem „up" und zwei „downs", wobei zur Erfüllung der elektrischen Ladungsbedingungen das up-Quark eine Ladung von +2/3 und das down-Quark von –1/3 elektrischen Elementarladungen hat.

Emission
Die von einem Verursacher, z. B. Industrieanlage, Haushalt, Verkehr ausgehenden Ableitungen (z. B. feste, flüssige oder gasförmige Stoffe, Schall).

Endenergie
Energieform, die dem Anwender nach Umwandlung aus den Primärenergieträgern – Erdöl, Erdgas, Kernenergie, Kohle, regenerative Energien – zur Verfügung steht. Endenergieformen sind z. B. Heizöl, Kraftstoffe, Gas, Strom, Fernwärme.

endlagerfähig
Abfälle, die mit dem Ziel der Volumenreduktion sowie Erhöhung der Auslaugbeständigkeit speziell für eine Endlagerung behandelt wurden.

Endlagerkonzepte
Für hochradioaktive Abfälle und bestrahlte Brennelemente ist weltweit noch kein Endlager in Betrieb. In vielen Ländern werden entsprechende Planungen und Standortuntersuchungen schon seit langem und mit großem Aufwand durchgeführt. Der Stand der Planungen in den Mitgliedsstaaten der Europäischen Union ist in der Tabelle zusammengefasst. (Siehe Tabelle Seite 55.)

Endlagerung
Wartungsfreie, zeitlich unbefristete und sichere Beseitigung von radioaktivem Abfall ohne beabsichtigte Rückholbarkeit. In Deutschland wird die Lagerung radioaktiver Abfälle in tiefen geologischen Formationen als die beste Lösung angesehen. Folgende Endlager werden untersucht oder waren in Betrieb:
- Für die Schachtanlage Konrad wurden 1975 die Eignungsuntersuchungen und 1982 die Genehmigungsverfahren begonnen. Dort ist die Endlagerung solcher Abfälle vorgesehen, die eine vernachlässigbare thermische Einwirkung auf das umgebende Gestein haben. Am 5. Juni 2002 wurde die Genehmigung zur Einlagerung eines Abfallgebindevolumens von 303 000 m³ von radioaktiven Abfällen mit vernachlässigbarer Wärmeentwicklung erteilt. Durch Beschluss des Bundesverwaltungsgericht vom 26. März 2007

Land	Konzept / Planungsstand	Zeithorizont
Belgien	Endlager in Tonschichten, geplant	Baubeginn etwa 2020
Finnland	Endlager im Granit, Standort Olkiluoto	Inbetriebnahme 2020
Frankreich	Endlager in Tongestein falls Untersuchungsergebnisse die Eignung erweisen	Inbetriebnahme 2025
Vereinigtes Königreich	Endlagerung in tiefen geologischen Formationen, Vorbereitung eines Standortauswahlverfahrens	
Niederlande	Machbarkeitsstudie für verschiedene Endlagertypen	
Rumänien	Standortauswahlverfahren	
Russland	geologisches Endlager geplant; Formation und Standort offen	
Schweden	Endlager im Granit; Erkundung der Standorte Östhammar und Oskarshamn	Inbetriebnahme um 2017
Schweiz	Endlagerung in tiefen geologischen Formationen; Standortauswahlverfahren	Inbetriebnahme nach 2020
Slowakische Republik	Standortvorauswahl	Inbetriebnahme um 2030
Spanien	Standortvorauswahl	Inbetriebnahme um 2020
Tschechische Republik	geologisches Endlager geplant	Inbetriebnahme um 2032
Ungarn	Standortauswahl	

wurden die Klagen gegen die Genehmigung abschließend zurückgewiesen und damit die Genehmigung rechtskräftig. Die Arbeiten zum Umbau des Bergwerks in ein Endlager haben begonnen. Mit der Einlagerung radioaktiver Abfälle soll 2019 begonnen werden.

- Der Salzstock Gorleben wird seit 1979 auf seine Eignung für die Endlagerung aller Arten fester radioaktiver Abfälle untersucht, also auch für die Endlagerung wärmeentwickelnder Abfälle. Eine Eignungsaussage für den Salzstock Gorleben wird erst nach der untertägigen Erkundung möglich sein.
- Im stillgelegten ehemaligen Salzbergwerk Asse II bei Wolfenbüttel wurden Verfahren und Techniken zur Endlagerung radioaktiver Abfälle entwickelt und erprobt und bis 1978 schwach- und mit-

telradioaktive Abfälle eingelagert. Zur Zeit laufen die Arbeiten zur
Schließung vorrangig unter Rückholung der Abfälle.

• Die Einlagerung radioaktiver Abfälle im Endlager ERAM bei Morsleben in Sachsen-Anhalt wurde 1999 eingestellt. Gegenwärtig
lagern im Endlager Morsleben rund 35 000 Kubikmeter schwach-
und mittelradioaktive Abfälle. Das Bundesamt für Strahlenschutz
betreibt ein Planfeststellungsverfahren zur Stilllegung.

Endlagerung, direkte

Bei der direkten Endlagerung wird das gesamte Brennelement
einschließlich Uran und Plutonium nach einer Zwischenlagerung zum
Zerfall der kurzlebigen Radionuklide und damit verbundener Reduzierung der zerfallsbedingten Wärmeentwicklung als radioaktiver Abfall
entsorgt. In einer Konditionierungsanlage werden die Brennelemente
zerlegt, in spezielle endlagerfähige Gebinde verpackt und dann als
radioaktiver Abfall endgelagert. In Deutschland wurde dieser Entsorgungsweg seit 1979 in Ergänzung zur Entsorgung mit Wiederaufarbeitung entwickelt. Mit dem Bau einer Pilot-Konditionierungsanlage
in Gorleben sollte die technische Machbarkeit der Konditionierung
ausgedienter Brennelemente nachgewiesen werden. Parallel dazu
wurde in einem Demonstrationsprogramm die sichere Handhabung
und der sichere Einschluss konditionierter Brennelemente in einem
Endlager nachgewiesen. Durch die Änderung des Atomgesetzes
1994 wurden in Deutschland auch die rechtlichen Voraussetzungen
für die direkte Endlagerung geschaffen. Da durch das Atomgesetz
seit dem 1. Juli 2005 Transporte von bestrahlten Brennelementen zur
Wiederaufarbeitung verboten sind, ist die Entsorgung abgebrannter
Brennelemente aus dem Betrieb von Kernkraftwerken auf die direkte
Endlagerung beschränkt.

Endlagervorausleistungsverordnung

Die Verordnung über Vorausleistungen für die Errichtung von Anlagen des Bundes zur Sicherstellung und zur Endlagerung radioaktiver
Abfälle (Endlagervorausleistungsverordnung – EndlagerVlV) vom
28. April 1982 (zuletzt geändert durch Artikel 1 der Verordnung vom
6.7.2004) regelt die zur Deckung des notwendigen Aufwandes für
Planung und Errichtung eines Endlagers im Voraus zu entrichtenden
Beträge. Vorausleistungspflichtig ist der Inhaber einer atomrechtlichen Genehmigung, wenn aufgrund der Genehmigung mit der Ablie-
ferungspflicht radioaktiver Abfälle an ein Endlager zu rechnen ist.

Energie

Fähigkeit, Arbeit zu verrichten oder Wärme abzugeben. Die Einheit
der Energie ist das Joule (J).

Energiebedarf

Berechnungen der Vereinten Nationen haben ergeben, dass die Weltbevölkerung bis zum Jahr 2050 auf etwa 10 Milliarden Menschen ansteigen wird. Parallel zum Bevölkerungswachstum wird sich trotz aller Anstrengungen zur rationellen Energienutzung der globale Energiebedarf deutlich erhöhen. Bis zum Jahr 2020 wird nach Berechnungen des Weltenergierates (WEC) der weltweite Primärenergieverbrauch von heute rund 14 Mrd. t →SKE pro Jahr in Abhängigkeit von den wirtschaftlichen, sozialen und politischen Entwicklungen auf ein Niveau um 24 Mrd. t SKE pro Jahr ansteigen. Dieser Zuwachs wird sich im wesentlichen auf fossile Energieträger stützen.

Energiebilanz

Energiebilanzen stellen den mengenmäßigen Fluss der Energieträger von der Aufkommens- über die Umwandlungs- bis zur Endver-

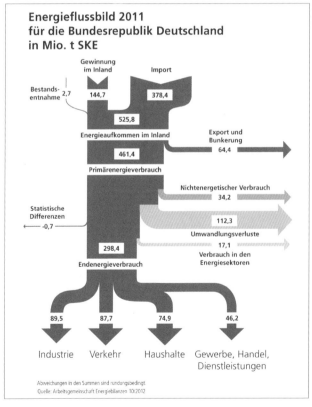

Vereinfachtes Energieflussbild für Deutschland, 2011, Quelle: Arbeitsgemeinschaft Energiebilanzen.

brauchsseite bilanzmäßig dar. Für energiepolitische und energiewirtschaftliche Entscheidungen sowie für Prognosen über die Entwicklung des Energiebedarfs sind sie eine wesentliche Voraussetzung. Für Deutschland werden z. B. Energiebilanzen von der „Arbeitsgemeinschaft Energiebilanzen" zusammengestellt.

Energiedosis

- Energiedosis
  Die Energiedosis D ist der Quotient aus der mittleren Energie d$\bar{\epsilon}$, die durch ionisierende Strahlung auf die Materie in einem Volumenelement übertragen wird und der Masse dm der Materie in diesem Volumenelement:

$$D = \frac{d\bar{\epsilon}}{dm}$$

  Als physikalische Basisgröße ist die Energiedosis als Punktgröße definiert. Im angelsächsischen Sprachraum wird die Energiedosis mit absorbed dose bezeichnet. Die Einheit der Energiedosis ist Joule durch Kilogramm (J · kg^{-1}), ihr besonderer Einheitenname ist Gray (Gy). Der früher gebräuchliche Einheitenname war Rad (Kurzzeichen: rd oder rad).1 Gy = 100 rd; 1 rd = 1/100 Gy.

- mittlere Energiedosis D_T in einem Organ oder Gewebe
  Bei der Anwendung der Größe Energiedosis im praktischen Strahlenschutz werden die Dosen über ein Gewebevolumen, z. B. ein gesamtes Organ, gemittelt. Die mittlere Energiedosis D_T in einem Organ oder Gewebe ist gegeben durch

$$D_T = \frac{\epsilon_T}{m_T}$$

  Hierbei ist ϵ_T die mittlere Energie, die auf das Organ oder Gewebe T übertragen wird und m_T die Masse des Organs oder Gewebes. Dabei wird angenommen, dass bei niedrigen Energiedosen der über ein ganzes Organ gemittelte Wert der Energiedosis mit der stochastischen Strahlenwirkungen in dem betroffenen Gewebe für die Zwecke des Strahlenschutzes ausreichenden genau korreliert ist. Für Bestrahlungsfälle, in denen diese Homogenitätsannahme nicht gegeben ist, z. B. Energiedosen verursacht durch in einem Organ abgelagerte Alphastrahler, werden besondere dosimetrische Modelle zur Berücksichtigung der heterogenen Dosisverteilung angewandt

Energiedosisleistung
Quotient aus der Energiedosis in einer Zeitspanne und dieser Zeit. Einheit: Gy/h.

Energieeinheiten

Die Einheit der Energie ist das Joule, Kurzzeichen: J. Die früher gebräuchliche Einheit Kilokalorie (kcal) wurde bei der Übernahme des internationalen Einheitensystems in Deutschland ab 1.1.1978 durch die Einheit Joule ersetzt. Im Bereich der Kernphysik werden Energiewerte überwiegend in →Elektronvolt (eV) angegeben. 1 eV = $1{,}602 \cdot 10^{-19}$ J. Weithin verbreitet ist die Angabe von Energiewerten in Kilowattstunden (kWh). 1 kWh = $3{,}6 \cdot 10^{6}$ J. Orientiert am Energiein-halt der Kohle ist in der Energieversorgung auch die Steinkohlenein-heit (SKE) gebräuchlich: 1 Tonne SKE entspricht 1 Tonne Steinkohle mit einem Heizwert von 29,3 Milliarden Joule = 7 Millionen kcal.

Energiereserven

Reserven von Energieträgern sind eindeutig identifizierbare Vorräte, die sich unter heutigen oder in naher Zukunft zu erwartenden Be-dingungen technisch und wirtschaftlich abbauen lassen. Ressourcen sind Vorräte, die über Reserven hinaus reichen. Sie sind nachgewiesen oder wahrscheinlich, aber technisch und/oder wirtschaftlich zurzeit nicht gewinnbar. Zu den Ressourcen gehören ferner noch nicht nachgewiesene, geologisch aber mögliche Lagerstätten. So vermu-tet man, dass in Ölsanden und Ölschiefern noch Ressourcen an Öl gebunden sind, deren Abbau beim derzeitigen Preisgefüge jedoch nicht wirtschaftlich ist. Die folgende Tabelle enthält Daten aus der „Energiestudie 2012" der Bundesanstalt für Geowissenschaften und Rohstoffe. Im Jahr 2011 wurden nicht-erneuerbare Energierohstoffe mit einem Energiegehalt von etwa 494 EJ, das entspricht rund 16,8 Mrd. t SKE gefördert.

Energieträger	Reserven		Ressourcen	
	EJ	Mrd. t SKE	EJ	Mrd. t SKE
Kohle	21 942	748	473 893	161 560
Erdgas	7 240	245	11 671	3 978
Erdöl	7 014	239	6 637	226
Uran	1 061	36	6 254	213
1 EJ = 10^{18} J = 34,1 x 10^{6} t SKE				

Reserven und Ressourcen nicht-erneuerbarer Energierohstoffe, weltweit 2011, Quelle: BGR 2012

Energieträger

Öl, Kohle, Gas, Uran, aber auch gestautes oder strömendes Wasser, Sonnenlicht und Wind sind Träger von Energie. In ihnen ist die Ener-gie in unterschiedlichen Formen gespeichert und kann bei Bedarf in eine nutzbare Energieform umgewandelt werden.

Energieumwandlung

Umwandlung einer Energieform in eine andere – z. B. mechanische in elektrische Energie im Generator – oder eines Energieträgers in einen anderen – z. B. Kohle in Koks und Gas. Die Ausgangsenergie kann nie vollständig in die Zielenergie umgewandelt werden. Die Differenz wird als Umwandlungsverlust bezeichnet und tritt meist als Wärme auf.

Engineered Storage

Englische Bezeichnung für eine bestimmte Art der Lagerung, z. B. bei Abfällen. Das zu lagernde Material bleibt zugänglich, zu einem späteren Zeitpunkt kann eine weitergehende Behandlung oder die Verbringung in ein Endlager erfolgen.

Engpassleistung

Die durch den leistungsschwächsten Anlagenteil begrenzte, höchste ausfahrbare Leistung einer Anlage zur Stromerzeugung. Die Engpass-leistung in Deutschland betrug im Jahr 2009 insgesamt 155 494 MW.

Entsorgung

In der Kerntechnik alle Anlagen und Verfahrensschritte, die zur weiteren Behandlung des aus dem Reaktor entladenen abgebrannten Brennstoffs erforderlich sind: Zwischenlagerung, Wiederaufarbeitung mit Rückführung nutzbarer Spaltstoffe oder Konditionierung der abgebrannten Brennelemente und direkte Endlagerung, Behandlung und Endlagerung radioaktiver Abfälle. Das Gegenstück zur Entsor-gung ist die Versorgung des Reaktors mit nuklearem Brennstoff: Uransuche, -förderung, -aufbereitung, -anreicherung, Herstellung der Brennelemente. →Kernbrennstoffkreislauf

EPR

Der EPR™ Reaktor wurde auf der Basis des von Areva in Frankreich gebauten Reaktoren vom Typ N4 und der von Siemens in Deutsch-land gebauten Konvoi-Reaktoren entwickelt und wird von Areva hergestellt. Die Reaktorentwicklung wurde ursprünglich „European Pressurized Reactor" oder „Evolutionary Power Reactor" genannt; heute ist EPR ein Markenname von Areva. Gegenüber den bestehen-den Druckwasserreaktor-Linien wurde der EPR darauf ausgelegt, selbst extrem unwahrscheinliche schwere Störfälle mit Kernschmelzen so zu beherrschen, dass die radiologischen Auswirkungen in der Umgebung der Anlage so begrenzt bleiben, dass eine Evakuierung der Bevölke-rung nicht erforderlich ist und eine dauerhafte Beeinträchtigung der Landwirtschaft in der Umgebung nicht eintritt. Der EPR ist auf eine elektrische Leistung im Bereich von 1650 MW ausgelegt. Zur Zeit sind vier EPR-Reaktoren in der Errichtung – Finnland (Olkiluoto), Frankreich (Flamanville) und China (zwei Anlagen in Taishan).

ERAM

*E*ndlager für *r*adioaktive *A*bfälle *M*orsleben. Die Schachtanlage Bartensleben in Morsleben (Sachsen-Anhalt) wurde Anfang des 20. Jahrhunderts zur Kali- und Steinsalzgewinnung errichtet. In der Zeit von 1971 bis 1991 und von 1994 bis 1998 wurden schwach- und mittelradioaktive Abfälle eingelagert. Insgesamt sind 36 754 m³ feste Abfälle endgelagert. Das Bundesamt für Strahlenschutz hat am 13.9.2005 die Planunterlagen zur Stilllegung des ERAM bei der zuständigen Planfeststellungsbehörde eingereicht. Der gesetzlich vorgeschriebene Erörterungstermin wurde vom 13. bis 25.10.2011 durchgeführt.

Erdbebensicherheit

Auslegung aller sicherheitstechnisch wichtigen Anlagenteile einer kerntechnischen Anlage in einer technischen und bautechnischen Art, dass der Reaktor sicher abgeschaltet, im abgeschalteten Zustand gehalten, die Nachwärme sicher abgeführt und eine unzulässige Freisetzung radioaktiver Stoffe in die Umgebung verhütet werden kann. Als Bemessungserdbeben ist das Erdbeben mit der für den Standort größten Intensität anzunehmen, das nach wissenschaftlichen Erkenntnissen in einer Umgebung bis zu 200 km auftreten kann. Dabei sind alle historisch berichteten Erdbeben, die den Standort betroffen haben könnten, zu berücksichtigen. Die Festsetzung des Bemessungserdbebens wird mit Angaben über zu erwartende Maximalbeschleunigungen und Dauer der Erschütterungen aufgrund der lokalen seismischen Verhältnisse vorgenommen.

Erkennungsgrenze

Auf der Basis statistischer Verfahren festgelegter Kennwert zur Beurteilung der Nachweismöglichkeit bei Kernstrahlungsmessungen. Der Zahlenwert der Erkennungsgrenze lässt für jede Messung bei vorgegebener Fehlerwahrscheinlichkeit eine Entscheidung darüber zu, ob unter den registrierten Impulsen ein Beitrag der Probe enthalten ist. →Nachweisgrenze. Details siehe DIN ISO 11929:2011-01.

Erneuerbare-Energien-Gesetz (EEG)

Ziel dieses Gesetzes vom März 2000 (neugefasst am 25. Oktober 2008, seitdem mehrfach geändert) ist es, im Interesse des Klima- und Umweltschutzes eine nachhaltige Entwicklung der Energieversorgung zu ermöglichen und den Beitrag erneuerbarer Energien an der Stromversorgung deutlich zu erhöhen. Ziel ist es, den Anteil erneuerbarer Energien am gesamten Endenergieverbrauch bis zum Jahr 2020 auf mindestens 18 % und den Anteil erneuerbarer Energien an der Stromversorgung auf 35 % spätestens bis zum Jahre 2020 und auf 80 % spätestens bis zum Jahr 2050 auf zu erhöhen.

Erörterungstermin

Die Genehmigungsbehörde hat bei Erteilung einer Genehmigung für Anlagen zur Erzeugung oder zur Bearbeitung oder Verarbeitung oder zur Spaltung von Kernbrennstoffen oder zur Aufarbeitung bestrahlter Kernbrennstoffe unter den in der Atomrechtlichen Verfahrensverordnung festgelegten Bestimmungen einen Erörterungstermin durchzuführen. Die Genehmigungsbehörde hat die gegen das Vorhaben rechtzeitig erhobenen Einwendungen mit dem Antragsteller und denjenigen, die Einwendungen erhoben haben, mündlich zu erörtern. Der Erörterungstermin dient dazu, die Einwendungen zu erörtern, soweit dies für die Prüfung der Genehmigungsvoraussetzungen von Bedeutung sein kann. Er soll denjenigen, die Einwendungen erhoben haben, Gelegenheit geben, ihre Einwendungen zu erläutern. Der Erörterungstermin ist nicht öffentlich.

Euratom-Grundnormen

Richtlinie des Rates der Europäischen Union vom 13. Mai 1996 zur Festlegung der grundlegenden Sicherheitsnormen für den Schutz der Arbeitskräfte und der Bevölkerung gegen die Gefahren durch ionisierende Strahlungen; veröffentlicht im Amtsblatt der EG Nr. L 159 vom 29. Juni 1996. Die Grundnormen vom 13. Mai 1996 orientieren sich an den in der →ICRP-Veröffentlichung 60 enthaltenen wissenschaftlichen Erkenntnissen im Bereich des Strahlenschutzes. Die Mitgliedstaaten der EU wurden verpflichtet, bis zum 13. Mai 2000 die erforderlichen innerstaatlichen Rechts- und Verwaltungsvorschriften zur Umsetzung der Euratom-Grundnormen zu erlassen.
Die Europäische Kommission hat am 29.9.2011 und nach Stellungnahme durch den Europäischen Wirtschafts- und Sozialausschuss leicht verändert am 30.5.2012 einen „Vorschlag für eine Richtlinie des Rates zur Festlegung grundlegender Sicherheitsnormen für den Schutz vor den Gefahren einer Exposition gegenüber ionisierender Strahlung" *http://eur-lex.europa.eu/LexUriServ/site/de/com/2012/com2012_0242de01.pdf* vorgelegt. Nach Anhörung des Europäischen Parlaments und Zustimmung durch den EU-Ministerrat ersetzt diese Richtlinie u. a. die Euratom-Grundnormen von 1996. Die Umsetzung in deutsches Recht ist frühestens in den Jahren 2016/17 zu erwarten.

Eurochemic

Wiederaufarbeitungsanlage bei Mol/Belgien, Versuchsanlage, die 1957 von den OECD-Staaten errichtet wurde. Von 1966 bis 1974 wurden 181 t Natururan und leicht angereichertes Uran von Leistungsreaktoren und 30 t hoch angereichertes Uran von Materialtestreaktoren wiederaufgearbeitet. Kuriosum: Einzige Wiederaufarbeitungsanlage auf einer Briefmarke.

*6 F Briefmarke von 1966
der belgischen Post
EUROCHEMIC MOL*

Europäischer Druckwasserreaktor
→EPR.

eV
Kurzzeichen für →Elektronvolt.

EVA
Einwirkungen von außen. Im Rahmen des atomrechtlichen Genehmigungsverfahrens für Kernkraftwerke und kerntechnische Anlagen muss nachgewiesen werden, dass die Anlage spezifizierten Lastfällen wie z. B. Erdbeben, Flugzeugabsturz und Explosionsdruckwellen standhält.

Evakuierungspläne
Katastrophenschutzpläne für die Umgebung von Kernkraftwerken und großen kerntechnischen Anlagen enthalten entsprechend den Rahmenempfehlungen für den Katastrophenschutz in der Umgebung kerntechnischer Anlagen auch Pläne für die Evakuierung der Bevölkerung für den Fall katastrophaler Unfälle an der Anlage. Dabei sind Maßnahmen zur Evakuierung nur der extreme Grenzfall einer Vielzahl der in den Katastrophenschutzplänen vorgesehenen Schutzmaßnahmen.

Exkursion
Schneller Leistungsanstieg eines Reaktors aufgrund einer großen Überkritikalität. Exkursionen werden im Allgemeinen durch den negativen →Temperaturkoeffizienten der Reaktivität bzw. durch die →Regelstäbe schnell unterdrückt.

Experimentierkanal
Öffnung in einer Abschirmung eines Versuchsreaktors, durch die Strahlung zu Versuchen außerhalb des Reaktors austreten kann.

Expositionspfad
Weg der radioaktiven Stoffe von der Ableitung aus einer kerntech-
nischen Anlage oder Einrichtung über einen Ausbreitungs- oder
Transportvorgang bis zu einer Strahlenexposition des Menschen

Extraktion
Verfahrensprinzip zur Abtrennung der Spaltprodukte von den Brenn-
stoffen Uran und Plutonium nach dem PUREX-Prozess. Die wässrige
Lösung aus Brennstoff und Spaltprodukten wird in innigen Kontakt
mit einer nicht mischbaren organischen Lösung gebracht. Das organische Lösungsmittel besteht beim →PUREX-Prozess aus einem Gemisch von Tributylphosphat (TBP) und Kerosin. Bei der Extraktion im
PUREX-Prozess macht man von der Tatsache Gebrauch, dass sich die
in der wässrigen Lösung befindlichen Stoffe Uranylnitrat und Pluto-
niumnitrat im Gemisch aus TBP und Kerosin gut lösen, wogegen die
Spaltprodukte in dieser organischen Phase praktisch unlöslich sind.
Die Trennung erfolgt in Extraktoren. Das sind Apparate, in denen
die beiden Phasen im Gegenstrom aufeinander zugeführt, intensiv
gemischt und in Absetzkammern wieder getrennt werden.

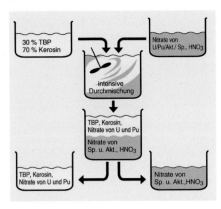

Prinzip der Extraktion.

Extraktor
Extraktionseinrichtung, z. B. Mischabsetzer, Pulskolonne, in der eine
mehrstufige Extraktion erfolgt.

F

fail safe
→folgeschadensicher.

Fallout
Radioaktives Material, das nach einer Freisetzung in die Atmosphäre (z. B. durch Kernwaffentest, Unfall) auf die Erde zurückfällt. Der Fallout tritt in zwei Formen auf: Der Nah-Fallout besteht aus den schwereren Teilchen, die innerhalb von einigen Tagen in der Nähe des Freisetzungsortes und in einem Gebiet, das je nach den Wetterbedingungen bis zu mehreren hundert Kilometer windabwärts liegt, zur Erde fallen. Der weltweite Fallout besteht aus leichteren Teilchen, die in höhere Atmosphärenschichten gelangen und die sich durch atmosphärische Strömungen über einen weiten Teil der Erde verbreiten. Sie gelangen dann hauptsächlich zusammen mit Niederschlägen in Zeiträumen zwischen Monaten und einigen Jahren zur Erde. Die durch den Fallout der Kernwaffentests in Deutschland hervorgerufene Strahlenexposition betrug in den 1960er Jahren 0,1 bis 0,4 mSv pro Jahr, sie liegt zur Zeit bei weniger als 0,005 mSv pro Jahr; die Gesamtdosis im Zeitraum von 1960 bis 2010 wird auf 2 mSv geschätzt. Die Strahlenexposition durch den Fallout infolge des Reaktorunfalls in Tschernobyl beträgt für Personen in Deutschland südlich der Donau 1 bis 2 mSv und im übrigen Deutschland etwa 0,4 mSv im Zeitraum von 1986 bis 2036.

FBR
Fast breeder reactor; →Schneller Brutreaktor.

Filmdosimeter
Messgerät zur Bestimmung der Dosis. Die Schwärzung eines fotografischen Filmes durch Strahleneinwirkung ist das Maß für die empfangene Dosis. Zur Bestimmung der Strahlenart, der Strahlenenergie und anderer für die Ermittlung der Dosis wichtiger Faktoren sind in der Filmkassette verschiedene „Filter" aus unterschiedlichen Materialien angebracht.

Fissium, simuliertes
Stoffgemisch aus nicht radioaktiven Isotopen der Elemente, die bei der Kernspaltung als radioaktive Spaltprodukte entstehen, um Untersuchungen über das chemische und physikalische Verhalten dieses Gemisches ohne Strahlenschutzmaßnahmen durchführen zu können.

Flugzeitanalysator

Gerät zur Bestimmung der Geschwindigkeitsverteilung von Teilchen in einem Teilchenstrahl. Gemessen wird die unterschiedliche Flugzeit über eine gegebene Wegstrecke.

Flugzeugabsturzsicherheit

Kerntechnische Anlagen, wie z. B. Kernkraftwerke, müssen entsprechend den gültigen Sicherheitsvorschriften flugzeugabsturzsicher errichtet werden. Untersuchungen haben gezeigt, dass das Risiko für die Anlagen von schnellfliegenden Militärmaschinen bestimmt wird. Um sicherzustellen, dass das Flugzeug Wände und Decken nicht durchdringt, sind Wandstärken von rund 1,5 m Stahlbeton erforderlich. Den Rechnungen liegt dabei der Absturz einer Phantom RF 4E zugrunde. Es wurde überprüft, dass diese Wandstärke auch für abstürzende Großraumflugzeuge – wie z. B. Boeing 747 – ausreicht, ja sogar wegen der geringeren Absturzgeschwindigkeit und der größeren Auftreffflächen geringere Wandstärken genügen. Die Sicherheitsvorkehrungen berücksichtigen auch die Folgen eines Flugzeugabsturzes wie Treibstoffbrände und -explosionen oder Trümmerwirkungen.

Flüssigszintillationszähler

Szintillationszähler, dessen Szintillator eine organische Flüssigkeit ist (z. B. Diphenyloxazol, gelöst in Toluol). Bevorzugtes Nachweis- und Messgerät für die niederenergetische Betastrahlung von Tritium und Kohlenstoff-14.

FMRB

Forschungs- und Messreaktor Braunschweig der Physikalisch-Technischen Bundesanstalt; Schwimmbadreaktor mit einer thermischen Leistung von 1 MW. Inbetriebnahme am 3.10.1967. Am 19.12.1995 zur Vorbereitung der Stilllegung abgeschaltet. Stilllegungsgenehmigung am 02.03.2001 erteilt, Abschluss der Stilllegung und Entlassung aus der atomrechtlichen Aufsicht im September 2005, Weiternutzung des Reaktorgebäudes als Zentralwerkstatt.

Folgedosis

Die Bestrahlung des Gewebes oder von Organen durch inkorporierte Radionuklide ist über die Inkorporationszeit verteilt. Diese Zeit ist von der physikalischen Halbwertszeit und dem biokinetischen Verhalten des Radionuklids abhängig. Die Folgedosis ist das Zeitintegral der Dosisleistung in einem Gewebe oder Organ über die Zeit. Für die Integrationszeit zur Berechnung der Folgedosis wird für Erwachsene ein Zeitraum von 50 Jahren und für Kinder von 70 Jahren angesetzt.

Die Organ-Folgedosis $H_1(\tau)$ bei einer Inkorporation zum Zeitpunkt t_0 ist das Zeitintegral der Organ-Dosisleistung im Gewebe oder Organ T:

$$H_T(\tau) = \int_{t_0}^{t_0 + \tau} \dot{H}_T(t)\mathrm{d}t$$

mit

$\dot{H}_T(t)$ mittlere Organ-Dosisleistung im Gewebe oder Organ T zum Zeitpunkt t

τ Zeitraum, angegeben in Jahren, über den die Integration erfolgt. Wird kein Wert für τ angegeben, ist für Erwachsene ein Zeitraum von 50 Jahren und für Kinder ein Zeitraum vom jeweiligen Alter bis zum Alter von 70 Jahren zu Grunde zu legen.

folgeschadensicher
Ein System, das so konstruiert ist, dass im Falle eines Versagens eines Teilsystems das ganze System in einen sicheren Zustand übergeht.

FORATOM
Europäisches Atomforum mit Sitz in Brüssel, Dachorganisation der Atomforen von 16 europäischen Ländern, gegründet am 12.7.1960.

Forschungsreaktor
Ein in erster Linie auf die Erzeugung von hohen Neutronenintensitäten zu Forschungszwecken ausgelegter Kernreaktor. Kann auch zu Schulungszwecken, zur Materialprüfung und Erzeugung von Radionukliden dienen. Nach Angaben der Internationalen Atomenergie-Organisation waren im Juli 2013 weltweit 246 Forschungsreaktoren in Betrieb.
In Deutschland sind drei Forschungsreaktoren und fünf Schulungsreaktoren in Betrieb.

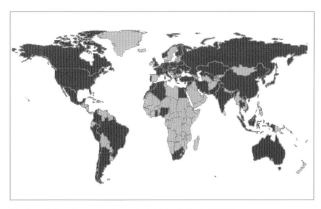

Länder mit Forschungsreaktoren in Betrieb, IAEA, Juli 2013.

Status	Anzahl
in Betrieb	246
in Bau	4
in Planung	6
abgeschaltet	148
abgebaut	306

Forschungsreaktoren, weltweit, IAEA, Juli 2013.

Standort	Reaktortyp	erste Kritikalität
FRMZ Universität Mainz	TRIGA Mark II, 0,1 MW, $4 \cdot 10^{12}$ Neutronen/s	03.08.1965
BER-II Helmholtz-Zentrum Berlin	Schwimmbad, 10 MW, $1,5 \cdot 10^{14}$ Neutronen/s	09.12.1973
FRM-II Technische Universität München	Tank, D_2O-moderiert, H_2O gekühlt, 20 MW, $8 \cdot 10^{14}$ Neutronen/s	02.03.2004

Forschungsreaktoren in Deutschland, 1.7.2013.

Standort	Reaktortyp	erste Kritikalität
SUR Stuttgart Institut für Kernenergetik	fest-homogen, 100 mW, $5 \cdot 10^6$ Neutronen/s	24.08.1964
SUR Ulm Hochschule Ulm	fest-homogen, 100 mW, $5 \cdot 10^6$ Neutronen/s	01.12.1965
SUR Hannover Universität Hannover Institut für Werkstoffkunde	fest-homogen, 100 mW, $5 \cdot 10^6$ Neutronen/s	09.12.1971
SUR Furtwangen Fachhochschule Furtwangen	fest-homogen, 100 mW, $5 \cdot 10^6$ Neutronen/s	28.06.1973
AKR-II Dresden Technische Universität Dresden Institut für Energietechnik	fest-homogen, 2 W, $3 \cdot 10^7$ Neutronen/s	22.03.2005

Schulungsreaktoren in Deutschland, 1.7.2013.

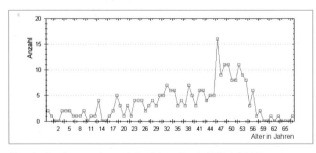

Alter der Forschungsreaktoren in Betrieb, weltweit, IAEA, Juli 2013.

FR 2

Erster Reaktor, der in der Bundesrepublik Deutschland nach eigenem Konzept im Forschungszentrum Karlsruhe gebaut wurde. Der FR 2 war ein D_2O-moderierter und -gekühlter Forschungsreaktor mit auf 2 % angereichertem UO_2 als Brennstoff und einer Leistung von 44 MW. Der Reaktor wurde am 7.3.1961 in Betrieb genommen. Nach über 20-jähriger Betriebszeit ohne nennenswerte Störungen wurde der FR 2 am 21.12.1981 endgültig abgeschaltet. Das erste Ziel der Stilllegungsmaßnahme – der gesicherte Einschluss des Reaktorblocks und die Demontage aller restlichen Anlagen – wurde am 20.11.1996 erreicht.

FR 2-Reaktorhalle.

FRG-1

Forschungsreaktor Geesthacht des GKSS-Forschungszentrum Geesthacht; Schwimmbadreaktor mit einer thermischen Leistung von 5 MW, Inbetriebnahme am 23.10.1958. Nach über 50 Betriebsjahren am 28.6.2010 wegen Neuorientierung der Forschung mit Neutronen endgültig abgeschaltet. Der Antrag nach § 7 Abs. 3 des Atomgesetzes zur Stilllegung wurde am 21.3.2013 gestellt.

FRG-2

Forschungsreaktor Geesthacht des GKSS-Forschungszentrum Geest-hacht; Schwimmbadreaktor mit einer thermischen Leistung von 15 MW, Inbetriebnahme am 16.3.1963, endgültig abgeschaltet am 1.6.1993. Der Antrag auf Außerbetriebnahme wurde am 17.1.1995 genehmigt. Die Anlage ist teilabgebaut. Die Stilllegung erfolgt ge-meinsam mit der 2010 abgeschalteten Anlage FRG-1.

FRH

Forschungsreaktor Hannover vom Typ TRIGA-Mark 1 der Medizini-schen Hochschule Hannover mit einer thermischen Leistung von 250 kW. Inbetriebnahme am 31.1.1973. Am 18.12.1996 zur Vorbe-reitung der Stilllegung abgeschaltet. Genehmigung zum Abbau am 8.5.2006 erteilt und am 13.3.2008 beendet.

Frischwasserkühlung

Kühlung des Turbinenkondensators eines Kraftwerkes mit nicht im Kreislauf geführtem Flusswasser. Frischwasserkühlung ist hinsichtlich der erforderlichen Investitionen bei in ausreichender Menge vorhan-denem Flusswasser die billigste Kühlmethode. Um eine zu hohe ther-mische Belastung des Flusswassers zu verhindern, werden Maximal-werte für die Einleittemperatur des erwärmten Wassers (z. B. 30 °C), für die Aufwärmung des gesamten Flusswassers nach Durchmischung (25 °C bzw. 28 °C) und die Aufwärmspanne (3 °C) festgelegt. Infolge der Vorbelastung ist eine weitere thermische Belastung vieler Flüsse in Deutschland häufig nicht mehr möglich. Daher Übergang zur Wasserrückkühlung.

FRJ-1

Forschungsreaktor des Forschungszentrums Jülich; Schwimmbadre-aktor mit einer thermischen Leistung von 10 MW, Inbetriebnahme am 24.2.1962. Am 22.3.1985 abgeschaltet, Stilllegung am 8.6.1995 genehmigt. Abbaumaßnahmen am 8.9.2008 abgeschlossen.

FRJ-2

Forschungsreaktor des Forschungszentrums Jülich; schwerwassermo-derierter und -gekühlter Tankreaktor mit einer thermischen Leistung von 23 MW, Inbetriebnahme am 14.11.1962. Am 2.5.2006 endgültig abgeschaltet. Genehmigung zur Stilllegung am 20.9.2012 erteilt.

FRM

Forschungsreaktor München; leichtwassermoderierter Schwimmbad-reaktor, am 31.10.1957 als erster Reaktor in Deutschland in Betrieb gegangen. Am 28.07.2000 endgültig abgeschaltet.

FRM II

Die Hochfluss-Neutronenquelle FRM II wurde als Reaktor realisiert und hat den seit 1957 betriebenen Forschungsreaktor München FRM abgelöst. Aufgrund der weiterentwickelten technischen Konzeption hat der FRM II im Vergleich zum FRM bei einer fünfmal so hohen Reaktorleistung (20 MW) einen 50-mal so hohen nutzbaren Neutronenfluss. Dabei sorgt ein großdimensionierter Schwerwasser-Moderatortank dafür, dass dieser hohe Fluss in einem wesentlich größeren nutzbaren Volumen und praktisch ausschließlich durch langsame Neutronen, die für die Nutzung besonders gut geeignet sind, aufgebaut wird. Inbetriebnahme am 2.3.2004. Der FRM-II ist als Strahlrohr-Reaktor optimiert. Nahezu 50 % der Experimente werden mit kalten Neutronen (Energie kleiner als 5 meV) durchgeführt. Das Konzept basiert auf dem Einsatz eines Kompaktkerns, der ein einziges zylinderförmiges Brennelement enthält, das im Zentrum eines mit Schwerwasser gefüllten Moderatortanks eingebaut ist. Die Kühlung erfolgt mit leichtem Wasser aus dem Reaktorbecken. Geregelt wird der Reaktor über den zentralen Regelstab im Innern des Brennelements. Zur Abschaltung ist zusätzlich ein unabhängiges System aus fünf Abschaltstäben im Moderatortank realisiert.

FRMZ

Forschungsreaktor Mainz, TRIGA-MARK II-Reaktor des Instituts für Kernchemie der Universität Mainz mit einer thermischen Leistung von 100 kW. Inbetriebnahme am 3.8.1965.

Fukushima

Am Standort „Fukushima", 250 km nordöstlich von Tokio unmittelbar an der Pazifikküste gelegen, befindet sich die Kernkraftwerksanlage Fukushima Daiichi (Fukushima I). Die Anlage bestand aus sechs Siedewasser-Reaktorblöcken mit einer Gesamtbruttoleistung von 4546 MW. Das Erdbeben vom 11. März 2011, rund 130 km östlich der japanischen Insel Honshu, führte zwar zur Schnellabschaltung der in Betrieb befindlichen Blöcke 1 bis 3, aber durch den vom Beben ausgelösten Tsunami fiel die elektrische Energieversorgung der Anlage einschließlich der gesamten Notstromversorgung aus. Dadurch war die auch bei einem abgeschalteten Reaktor erforderliche Kühlung der Brennelemte zur Abfuhr der durch den radioaktiven Zerfall entstehenden Nachwärme nicht mehr gewährleistet. Die insgesamt freigesetzte Aktivität wird auf ein Zehntel der bei dem Tschernobyl-Unfall freigesetzten Menge abgeschätzt. Die Bevölkerung im Umkreis von 30 km wurde evakuiert. Durch die vorherrschende Windrichtung wurde ein wesentlicher Anteil der freigesetzten radioaktiven Stoffe auf den Pazifik verweht.
Das Gebiet von 30 km (zuerst 20 km) um die Anlage wurde evakuiert. Besonders betroffen ist ein etwa 600 km² großes Gebiet in

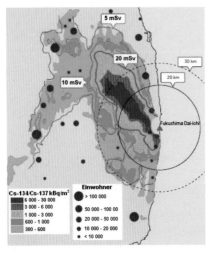

Bodenkontamination durch Cs-134 und Cs-137 und Dosis im Freien im ersten Jahr.

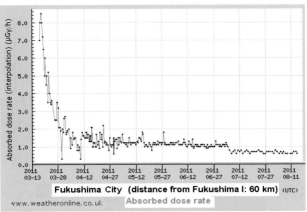

Ortsdosisleistung im Freien, März bis Juli 2011, Fukushima City.

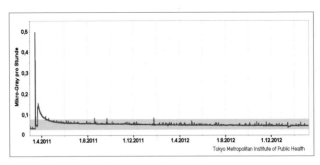

Ortsdosisleistung in Tokio, 11.3.2011 bis 11.3.2013.

nordwestlicher Richtung des Kernkraftwerks und hier insbesondere die Ortschaft Iitate (rd. 7000 Einwohner). Die Abbildung zeigt die Verteilung der Bodenkontamination durch Cs-134 und Cs-137 und die resultierende Dosis im Freien im ersten Jahr.

Den Verlauf der Ortsdosisleistung im Freien in der vom Unfallort 60 km entfernte Stadt Fukushima und im 230 km entfernten Tokio (Stadtteil Shinjuku) zeigen die beiden unteren Abbildungen auf der Seite 72.

Das Band im unteren Teil des Bildes gibt die Schwankungsbreite der natürlichen γ-Dosisleistung im Freien durch die kosmische und terrestrische Strahlung an (0,03 bis 0,08 μGy/h), die Linie zeigt die jeweils aktuell gemessene Dosisleistung durch γ-Strahlung im Freien durch die kosmische, terrestrische und die unfallbedingte Strahlung seit dem 13.3.2011.

Ab dem 25. März 2011 konnten in Deutschland Spuren der in Fukushima freigesetzten Radioaktivität in der Luft gemessen werden, so an der Messstelle des Bundesamtes für Strahlenschutz auf dem Schauinsland im Schwarzwald. Eine Strahlendosis ist durch diese Aktivitätskonzentrationen nicht gegeben..

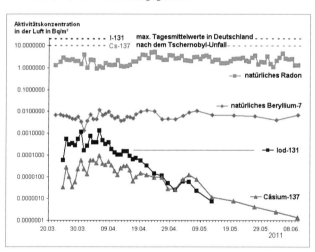

Aktivitätskonzentrationen radioaktiver Stoffe in der Luft, Messstelle des Bundesamtes für Strahlenschutz auf dem Schauinsland, Schwarzwald.

Füllhalterdosimeter
→Stabdosimeter.

Funkenkammer
Gerät zum Nachweis von Kernstrahlung. Die Funkenkammer besteht z. B. aus zahlreichen parallel angeordneten Metallplatten, zwischen

denen jeweils eine Spannung von einigen tausend Volt liegt. Die Zwischenräume zwischen den Platten sind gasgefüllt. Die ionisierende Strahlung führt zur Funkenbildung zwischen den Platten entlang dem Weg der Strahlung durch die Kammer. Die Funkenspur kann fotografisch oder elektronisch registriert werden.

Fusion

Bildung eines schwereren Kernes aus leichteren Kernen; dabei wird Energie, die Bindungsenergie, frei. Mögliche Fusionsreaktionen:

$D + T \Rightarrow {}^4He + n + 17{,}58$ MeV,

$D + D \Rightarrow {}^3He + n + 3{,}27$ MeV,

$D + D \Rightarrow T + p + 4{,}03$ MeV,

$D + {}^3He \Rightarrow {}^4He + p + 18{,}35$ MeV,

$p + {}^{11}B \Rightarrow 3\ {}^4He + 8{,}7$ MeV.

Die Deuterium-Tritium-Reaktion ist unter allen möglichen Fusionsreaktionen noch am leichtesten zu verwirklichen. Deuterium ist in genügender Menge in den Weltmeeren vorhanden; Tritium kann aus dem ebenfalls reichlich verfügbaren Element Lithium mit Hilfe der beim Fusionsprozess entstehenden Neutronen „erbrütet" werden. Brutreaktionen zur Erzeugung von Tritium aus Lithium:

${}^7Li + n \Rightarrow {}^4He + T + n\quad 2{,}47$ MeV und ${}^6Li + n \Rightarrow {}^4He + T + 4{,}78$ MeV.

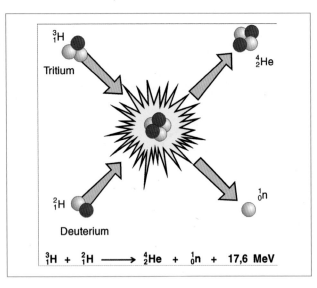

$${}^3_1H + {}^2_1H \longrightarrow {}^4_2He + {}^1_0n + 17{,}6\ \text{MeV}$$

Bei der Fusion müssen zwei Atomkerne – z. B. Atomkerne der Wasserstoffisotope Deuterium und Tritium – gegen die abstoßende elektrische Kraft ihrer positiven Kernladungen so dicht zusammengebracht werden, dass sie verschmelzen. Um ihre gegenseitigen Abstoßung zu

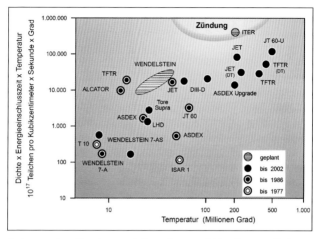

Fusionsexperimentieranlagen und die von ihnen erreichten Plasmazustände.
(Quelle: IPP, 2002)

überwinden, müssen zwei Kerne mit großer Geschwindigkeit aufeinander zufliegen. Die erforderlichen hohen Geschwindigkeiten erhalten die Teilchen bei hohen Temperaturen von rund 100 Mio. Grad.
Die Atome eines Gases sind dann in Elektronen und Kerne zerlegt,
das Gas ist ionisiert. Ein total ionisiertes Gas wird Plasma genannt.
Ein Plasma ist elektrisch leitend, seine Bewegung lässt sich daher
durch elektrische und magnetische Felder beeinflussen. Dies macht
man sich in den Fusionsanlagen zunutze, wo man das heiße Plasma
in einen Magnetfeldkäfig einschließt. In einem Magnetfeld wirkt
auf die Ladungsträger die Lorentz-Kraft. Infolge dieser Kraft führen
die Ladungsträger längs der magnetischen Feldlinien eine Spiralbe-
wegung aus. Im Idealfall kann der Kontakt mit der Behälterwand
und damit der Wärmetransport zur Wand unterbunden werden. Als
Anordnungen, mit denen Plasmen innerhalb eines Rings magnetisch
eingeschlossen werden können, sind Systeme vom Typ →Tokamak
und →Stellarator üblich. →JET, →ITER.
Es ist das Hauptziel der Forschung auf dem Gebiet der Plasmaphysik,
nach geeigneten Verfahren zu suchen, die einen kontrollierten Ablauf
der Fusionsreaktion in Form einer Kettenreaktion ermöglichen, um
die freiwerdenden Energiemengen nutzen zu können. Bei der Fusion
von Deuterium und Tritium zu 1 kg Helium wird eine Energie von
rund 120 Millionen kWh frei. Das entspricht der Verbrennungswärme
von 12 Millionen Kilogramm Steinkohle.

G

Gammaquant
Energiequant kurzwelliger elektromagnetischer Strahlung.

Gammastrahlung
Hochenergetische, kurzwellige elektromagnetische Strahlung, die von einem Atomkern ausgestrahlt wird. Die Energien von Gammastrahlen liegen gewöhnlich zwischen 0,01 und 10 MeV. Auch Röntgenstrahlen treten in diesem Energiebereich auf; sie haben aber ihren Ursprung nicht im Atomkern, sondern sie entstehen durch Elektronenübergänge in der Elektronenhülle oder durch Elektronenbremsung in Materie (Bremsstrahlung). Im Allgemeinen sind Alpha- und Betazerfälle und immer der Spaltungsvorgang von Gammastrahlung begleitet. Gammastrahlen sind sehr durchdringend und lassen sich am besten durch Materialien hoher Dichte (Blei) und hoher Ordnungszahl schwächen.

Ganzkörperdosis
Mittelwert der Äquivalentdosis über Kopf, Rumpf, Oberarme und Oberschenkel als Folge einer als homogen angesehenen Bestrahlung des ganzen Körpers. Heute wird dieser Begriff durch den umfassenderen Begriff der effektiven Dosis ersetzt. →Dosis.

Ganzkörperzähler
Gerät zur Aktivitätsmessung und Identifizierung inkorporierter Radionuklide beim Menschen.

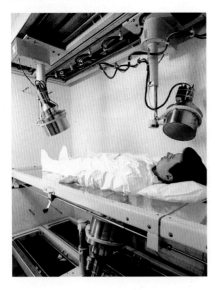

Ganzkörperzähler des Karlsruher Instituts für Technologie (KIT) zur Bestimmung gammastrahlender Radionuklide im menschlichen Körper.

Gasdiffusionsverfahren
→Diffusionstrennverfahren.

Gasdurchflusszähler
Ein →Proportionalzähler, dessen Füllgas in einem ständigen Strom durch neues ersetzt wird. Dadurch wird das Eindringen von Luft vermieden bzw. eingedrungene Luft ausgetrieben.

gasgekühlter Reaktor
Kernreaktor, dessen Kühlmittel ein Gas ist (Helium, Kohlendioxid).

Gasverstärkung
Durch Stoßionisation bewirkte Vermehrung der Zahl der Ladungsträger in einem Proportional- und Geiger-Müller-Zähler.

Gaszentrifugenverfahren
Verfahren zur Isotopentrennung, bei dem schwere Atome von den leichten durch Zentrifugalkräfte abgetrennt werden. Der →Trennfaktor hängt von der Massendifferenz der zu trennenden Isotope ab. Das Verfahren ist zur Trennung der Uranisotope geeignet, der erreichbare Trennfaktor beträgt 1,25. Eine Urananreicherungsanlage nach diesem Verfahren ist in Gronau/Westfalen in Betrieb.

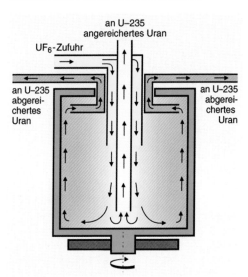

Prinzip des Gaszentrifugenverfahrens zur Urananreicherung.

GAU
Größter Anzunehmender Unfall. Begriff aus der Reaktorsicherheit, heute ersetzt durch den umfassenderen Begriff des Auslegungsstörfalls.

Geiger-Müller-Zähler

Strahlungsnachweis- und -messgerät. Es besteht aus einer gasgefüllten Röhre, in der eine elektrische Entladung abläuft, wenn ionisierende Strahlung sie durchdringt. Die Entladungen werden gezählt und stellen ein Maß für die Strahlungsintensität dar.

Geigerzähler

→Geiger-Müller-Zähler.

Genehmigungsverfahren

Der Antrag auf Genehmigung zum Bau, Betrieb, zur wesentlichen Änderung oder Stilllegung einer kerntechnischen Anlage ist bei der Genehmigungsbehörde des Bundeslandes, in dem die Anlage errichtet werden soll, schriftlich zu stellen. Dem Antrag sind die Unterlagen beizufügen, die zur Prüfung der Genehmigungsvoraussetzungen erforderlich sind. Dazu gehört insbesondere ein Sicherheitsbericht, der Dritten die Beurteilung ermöglicht, ob sie durch die mit der Anlage und ihrem Betrieb verbundenen Auswirkungen in ihren Rechten betroffen sein können. Im Sicherheitsbericht sind die grundlegenden Auslegungsmerkmale, die sicherheitstechnischen Auslegungsgrundsätze und die Funktion der Anlage einschließlich ihrer Betriebs- und Sicherheitssysteme darzustellen.

Sind die zur Auslegung erforderlichen Unterlagen vollständig, so hat die Genehmigungsbehörde das Vorhaben öffentlich bekannt zu geben. Während einer Frist von zwei Monaten sind bei der Genehmigungsbehörde und am Standort des Vorhabens der Antrag, der Sicherheitsbericht und die Kurzbeschreibung der Anlage zur Einsicht auszulegen. Einwendungen können während der Auslegungsfrist schriftlich bei der Genehmigungsbehörde erhoben werden. Die Genehmigungsbehörde hat die Einwendungen mit dem Antragsteller und den Einwendern mündlich zu erörtern. Der Erörterungstermin dient dazu, die Einwendungen zu erörtern, soweit dies für die Prüfung der Genehmigungsvoraussetzungen von Bedeutung sein kann. Bei der Prüfung eines Antrages lässt sich die Behörde von unabhängigen Sachverständigen unterstützen. Bei Erhalt eines Genehmigungsantrags unterrichtet die Landesbehörde das Bundesministerium für Umwelt, Naturschutz und Reaktorsicherheit. Dieses überwacht die Genehmigungstätigkeit der Landesbehörde, fordert notwendige Unterlagen an und holt, wenn erforderlich, weitere Stellungnahmen ein. Beratend zur Seite stehen ihm die Reaktorsicherheitskommission und die Strahlenschutzkommission. Die zuständige Landesbehörde entscheidet unter Würdigung des Gesamtergebnisses des Verfahrens. Die Genehmigung darf nur erteilt werden, wenn

- keine Tatsachen vorliegen, aus denen sich Bedenken gegen die Zuverlässigkeit des Antragstellers und der für die Errichtung, Leitung

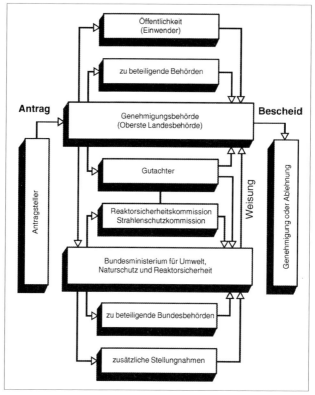

Ablauf eines Genehmigungsverfahrens für kerntechnische Anlagen.

und Beaufsichtigung des Betriebs der Anlage verantwortlichen
Personen ergeben, und die für die Errichtung, Leitung und Beaufsichtigung des Betriebs der Anlage verantwortlichen Personen die
hierfür erforderliche Fachkunde besitzen,

- die nach dem Stand von Wissenschaft und Technik erforderliche
  Vorsorge gegen Schäden durch die Errichtung und den Betrieb der
  Anlagen getroffen ist,
- die erforderliche Vorsorge für die Erfüllung gesetzlicher Schadens-
  ersatzverpflichtungen getroffen ist,
- der erforderliche Schutz gegen Störmaßnahmen oder sonstige
  Einwirkungen Dritter gewährleistet ist,
- überwiegend öffentliche Interessen, insbesondere im Hinblick auf
  die Reinhaltung des Wassers, der Luft und des Bodens, der Wahl
  des Standortes der Anlage nicht entgegenstellen.

Erteilte Genehmigungen können von Betroffenen vor den Verwal-
tungsgerichten angefochten werden.

geometrisch sicher

Begriff aus der Reaktortechnik; mit geometrisch sicher wird ein Spaltstoff enthaltendes System bezeichnet, in dem aufgrund der geometrischen Anordnung keine sich selbst erhaltende Kettenreaktion auftreten kann.

GeV

Gigaelektronvolt; 1 GeV = 1 Milliarde eV; →Elektronvolt.

gewebeähnlich

Begriff aus der Strahlenschutzmesstechnik; gewebeähnlich ist eine Kennzeichnung für einen Stoff, dessen absorbierende und streuende Eigenschaften für eine gegebene Strahlung mit denen eines bestimmten biologischen Gewebes ausreichend übereinstimmen.

Gewebe-Wichtungsfaktor

Für die verschiedenen Organe und Gewebe bestehen unterschiedliche Wahrscheinlichkeiten für das Auftreten →stochastischer Strahlenwirkungen. Der Gewebe-Wichtungsfaktor beschreibt den Anteil des Strahlenrisikos, das sich aus einer Bestrahlung eines Gewebes oder Organs für das Gesamtrisiko ergibt. Die Gewebe-Wichtungsfaktoren stellen Mittelwerte dar, gemittelt über Menschen beider Geschlechter und aller Altersgruppen, und beziehen sich somit nicht auf die Eigenschaften einzelner Personen. Zur Berechnung der effektiven Dosis werden die einzelnen Organdosiswerte mit dem jeweiligen in der Strahlenschutzverordnung und der Röntgenverordnung angegebenem Wichtungsfaktor multipliziert und die Produkte addiert.

Die Internationale Strahlenschutzkommission hat auf der Grundlage einer erneuten Bewertung in ihrer Empfehlung von 2007 (ICRP-Publ. 103) einen überarbeiteten und erweiterten Satz von Gewebewich-

Organ	Gewebe-Wichtungsfaktor, w_T
Keimdrüsen	0,2
Dickdarm, Knochenmark (rot), Lunge, Magen	je 0,12
Blase, Brust, Leber, Schilddrüse, Speiseröhre	je 0,05
Haut, Knochenoberfläche	je 0,01
Bauchspeicheldrüse, Dünndarm, Gebärmutter, Gehirn, Milz, Muskeln, Nebenniere, Niere, Thymus (der Wichtungsfaktor 0,05 wird auf die mittlere Dosis dieser Organe angewandt)	0,05

Gewebe-Wichtungsfaktoren nach deutscher Röntgenverordnung und Strahlenschutzverordnung.

Organ	Gewebe-Wichtungsfaktor, w_T
Brust, Dickdarm, Knochenmark (rot), Lunge, Magen	je 0,12
Keimdrüsen	0,08
Blase, Leber, Schilddrüse, Speiseröhre	je 0,04
Gehirn, Haut, Knochenoberfläche, Speicheldrüsen	je 0,01
übrige Gewebe: obere Atemwege, Bauchspeicheldrüse, Dünndarm, Gallenblase, Gebärmutter/Gebärmutterhals (♀), Herz, Lymphknoten, Mundschleimhaut, Milz, Muskelgewebe, Nebennieren, Nieren, Prostata (♂), Thymus (der Wichtungsfaktor 0,12 wird auf die mittlere Dosis dieser Organe angewandt)	0,12

Gewebe-Wichtungsfaktoren nach ICRP-Empfehlung von 2007. (ICRP-Publ. 103)

tungsfaktoren erarbeitet. Diese Daten wurden in den Entwurf „Festlegung grundlegender Sicherheitsnormen für den Schutz vor den Gefahren einer Exposition gegenüber ionisierender Strahlung" der Europäischen Kommission übernommen. Sie werden nach Annahme dieses Richtlinien-Entwurfs durch den EU-Ministerrat in deutsches Recht übernommen.

GKN I
Kernkraftwerk auf dem Gebiet der Gemeinden Neckarwestheim und Gemmrigheim am rechten Ufer des Neckars zwischen Heilbronn und Ludwigsburg. Der Block 1, GKN I, ist ein Druckwasserreaktor mit einer elektrischen Bruttoleistung von 840 MW (davon 157 MW für Bahnstrom mit 16 2/3 Hz), nukleare Inbetriebnahme am 26.5.1976, erste Synchronisation am 3.6.1976, Beginn des kommerziellen Leistungsbetriebs am 1.12.1976. Am 16.3.2011 abgeschaltet, Betriebsgenehmigung am 6.8.2011 ausgelaufen. Kumulierte Bruttostromerzeugung: 201 Milliarden Kilowattstunden.

GKN II
Kernkraftwerk auf dem Gebiet der Gemeinden Neckarwestheim und Gemmrigheim am rechten Ufer des Neckars zwischen Heilbronn und Ludwigsburg. Der Block 2, GKN II, ist ein Druckwasserreaktor mit einer elektrischen Bruttoleistung von 1400 MW, nukleare Inbetriebnahme am 29.12.1988, erste Synchronisation am 3.1.1989, Beginn des kommerziellen Leistungsbetriebs am 15.4.1989. Stromproduktion (brutto) seit der ersten Synchronisation bis Ende 2012 264,7 Milliarden Kilowattstunden. Entsprechend Atomgesetz endet die Genehmigung zum Leistungsbetrieb mit Ablauf des 31. Dezember 2022.

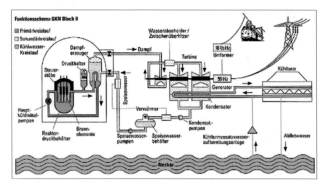

Funktionsschema GKN-2. (Quelle: Umweltministerium B-W)

GKN 2 kann auch Bahnstrom mit 16²/₃ Hz über einen Umformer aus dem 50-Hz-Drehstrom zur Verfügung stellen.

Glasdosimeter
→Phosphatglasdosimeter.

Gleichgewicht, radioaktives
Als radioaktives Gleichgewicht bezeichnet man den Zustand, der sich bei einer radioaktiven Zerfallsreihe, für welche die Halbwertszeit des Ausgangsnuklids größer ist als die Halbwertszeiten der Folgeprodukte, dann einstellt, wenn eine Zeit vergangen ist, die groß ist gegenüber der größten Halbwertszeit der Folgeprodukte. Die Aktivitätsverhältnisse der Glieder der Zerfallsreihe sind dann zeitlich konstant.

Gonadendosis
Strahlendosis an den Keimdrüsen (Hoden und Eierstöcke).

Gorleben
Standort für mehrere kerntechnische Einrichtungen in Niedersachsen. Am Standort Gorleben werden ein Zwischenlager für abgebrannte Brennelemente und ein Lager für schwachradioaktive Abfälle aus Kernkraftwerken betrieben. Für das Endlager des Bundes für radioaktive Abfälle einschließlich hochradioaktiver wärmeentwickelnder Abfälle – Glaskokillen mit Abfällen aus der Wiederaufarbeitung, konditionierte bestrahlte Brennelemente zur direkten Endlagerung – wurden die untertägigen Erkundungen über die Eignung des Salzstocks betrieben. Seit Oktober 2000 werden im Bergwerk zur Erkundung des Salzstocks Gorleben nur noch Maßnahmen durchgeführt, die das Bergwerk in einem betriebssicheren Zustand erhalten. Zur Sicherstellung des Standortes Gorleben vor Maßnahmen, die eine Fortsetzung der Erkundung erschweren könnten, hat die Bundes-

regierung im August 2005 die Gorleben-Veränderungssperren-Verordnung erlassen.

Gray
Einheitenname für die Einheit der Energiedosis, Kurzzeichen: Gy. 1 Gray = 1 Joule durch Kilogramm. Der Einheitenname Gray wurde in Erinnerung an Louis Harold Gray (1905 bis 1965) gewählt, der mit zu den fundamentalen Erkenntnissen in der Strahlendosimetrie beigetragen hat.

Grundlastkraftwerke
Kraftwerke der Elektrizitätsversorgung, die aufgrund ihrer betriebstechnischen und wirtschaftlichen Eigenschaften zur Deckung der Grundlast eingesetzt werden und mit möglichst hoher Ausnutzungsdauer gefahren werden. Grundlastkraftwerke sind Laufwasser-, Braunkohle- und Kernkraftwerke. →Lastbereiche.

Gundremmingen B/C
→KRB-B, →KRB-C

GW
Gigawatt, das milliardenfache der Leistungseinheit Watt; 1 GW = 1000 MW = 1 000 000 kW = 1 000 000 000 W.

GWe
Gigawatt elektrisch; 1 GWe = 1000 MWe = 1 000 000 kWe.

Gy
Einheitenkurzzeichen für die Einheit der Energiedosis →Gray.

H

Hafnium

Metall; Neutronenabsorber, der vornehmlich im thermischen und epithermischen Neutronen-Energiebereich wirksam ist. Hafnium wird bevorzugt als heterogenes Neutronengift zur Vermeidung von Kritikalitätsstörfällen eingesetzt; hohe Strahlen- und Korrosionsbeständigkeit.

Haftung bei kerntechnischen Anlagen

Nach dem Atomgesetz müssen Inhaber kerntechnischer Anlagen für Personen- und Sachschäden summenmäßig unbegrenzt haften; dabei ist es gleichgültig, ob der Schaden schuldhaft herbeigeführt wurde oder nicht. Die Vorsorge für die Erfüllung seiner gesetzlichen Schadenersatzverpflichtung (Deckungsvorsorge) muss der Inhaber der Anlage nachweisen. Bei Kernkraftwerken beträgt die Deckungsvorsorge 2500 Millionen Euro pro Schadensfall. Sie ist durch Haftpflichtversicherungen oder eine Freistellungs- oder Gewährleistungsverpflichtung eines Dritten nachzuweisen.

Haftung für Schäden bei einem Kernkraftwerksunfall in einem anderen Land der EU

Für in der Bundesrepublik Deutschland erlittenen nuklearen Schaden, der von einer in einem anderen Mitgliedstaat der Europäischen Union gelegenen Kernanlage ausgeht, haftet der Inhaber der Kernanlage, wenn der Anlagenstaat Vertragsstaat des Pariser Übereinkommen über die Haftung gegenüber Dritten auf dem Gebiet der Kernenergie oder des Wiener Übereinkommens über die zivilrechtliche Haftung für nukleare Schäden ist. Gehört der Staat des schädigenden Inhabers keinem der Übereinkommen an, bestimmt sich die Haftung nach dem nach den Regeln des Internationalen Privatrechts. Die in den einzelnen Mitgliedstaaten der Europäischen Union geltenden Haftungssummen können der Tabelle entnommen werden. Um in der Bundesrepublik Deutschland Geschädigten unabhängig von den im Ausland festgesetzten Haftungssummen dennoch eine angemessene Entschädigung zu sichern, hat der Gesetzgeber in § 38 des Atomgesetzes einen Anspruch auf staatlichen Ausgleich bis zu 2,5 Mrd. Euro festgelegt.
Eine Übersicht zu Haftungs- und Deckungssummen weltweit stellt die Kernenergie-Agentur der OECD unter
www.oecd-nea.org/law/2011-table-liability-coverage-limits.pdf
zur Verfügung.

Land	Haftungsbeträge	Anmerkung
Belgien	300 Mio. SZR	#
Bulgarien	15 Mio. SZR	
Dänemark	60 Mio. SZR	#
Deutschland	summenmäßig unbegrenzt	#
Estland		keine Ausführungsgesetzgebung zum Wiener Übereinkommen
Finnland	175 Mio. SZR	# *
Frankreich	76 Mio. SZR	#
Griechenland		keine Ausführungsgesetzgebung zum Pariser Übereinkommen
Großbritannien	150 Mio. SZR	#
Irland		keine Spezialgesetzgebung
Italien	5 Mio. SZR	#
Lettland	300 Mio. SZR	
Litauen	5 Mio. US-Dollar	
Luxemburg		keine Spezialgesetzgebung
Malta		keine Spezialgesetzgebung
Niederlande	285 Mio. SZR	#
Österreich	summenmäßig unbegrenzt	
Polen	150 Mio. SZR	
Portugal		keine Ausführungsgesetzgebung zum Pariser Übereinkommen
Rumänien	300 Mio. SZR	
Slowakei	75 Mio. SZR	
Slowenien	150 Mio. SZR	#
Spanien	700 Mio. Euro	#
Schweden	300 Mio. SZR	#, *
Tschechien	6 Mrd. CZK ≈ 230 Mio. €	
Ungarn	100 Mio. SZR	
Zypern		keine Spezialgesetzgebung

SZR   Sonderziehungsrechte des Internationalen Währungsfonds,
      1 SZR ≈ 1,16 € (5.4.2013)
Vertragsstaat des Brüsseler Zusatzübereinkommens; garantierte
      Entschädigungssumme 1,5 Mrd. Euro nach Inkrafttreten des Brüssel-
      Protokolls 2004, bis zu diesem Zeitpunkt 300 Mio. SZR.
*   Nach Inkrafttreten des Protokolls 2004 zum Pariser Übereinkommen
      summenmäßig unbegrenzte Haftung.
*Haftungsbeträge für nuklearen Schäden in der EU (Bundestagsdrucksache
16/9979)*

Halbleiterzähler

Nachweisgerät für ionisierende Strahlung. Es wird der Effekt ausgenutzt, dass in Halbleitermaterial (Germanium, Silizium) bei Bestrahlung freie Ladungsträger entstehen. Halbleiterzähler sind wegen ihres hohen Energieauflösungsvermögens besonders zur Spektroskopie von Gammastrahlung geeignet.

Halbwertsdicke

Schichtdicke eines Materials, die die Intensität einer Strahlung durch Absorption und Streuung um die Hälfte herabsetzt.

Halbwertszeit

Die Zeit, in der die Hälfte der Kerne in einer Menge von Radionukliden zerfällt. Die Halbwertszeiten bei den verschiedenen Radionukliden sind sehr unterschiedlich, z. B. von $7,2 \cdot 10^{24}$ Jahren bei Tellur-128 bis herab zu $2 \cdot 10^{-16}$ Sekunden bei Beryllium-8. Zwischen der Halbwertszeit T, der →Zerfallskonstanten λ und der mittleren →Lebensdauer bestehen folgende Beziehungen:

$$T = \lambda^{-1} \cdot \ln 2 \approx 0{,}693 / \lambda$$
$$\lambda = T^{-1} \cdot \ln 2 \approx 0{,}693 / T$$
$$\tau = \lambda^{-1} \quad\quad \approx 1{,}44 \; T$$

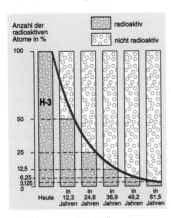

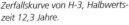

Zerfallskurve von H-3, Halbwertszeit 12,3 Jahre.

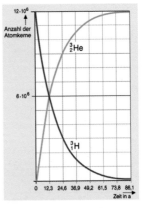

Zeitlicher Verlauf des Zerfalls von H-3 und Entstehens des stabilen Zerfallsprodukts He-3.

Halbwertszeit, biologische

Die Zeit, in der ein biologisches System, beispielsweise ein Mensch oder Tier, auf natürlichem Wege die Hälfte der aufgenommenen Menge eines bestimmten Stoffes aus dem Körper oder einem speziellen Organ wieder ausscheidet. Für den Erwachsenen gelten folgende biologische Halbwertszeiten:

- Tritium (Ganzkörper): 10 Tage,
- Cäsium (Ganzkörper): 110 Tage,
- Iod (Schilddrüse): 80 Tage,
- Plutonium: 20 Jahre (Leber), 50 Jahre (Skelett).

Halbwertszeit, effektive
Die Zeit, in der in einem biologischen System die Menge eines Radionuklids auf die Hälfte abnimmt, und zwar im Zusammenwirken von radioaktivem Zerfall und Ausscheidung infolge biologischer Prozesse.

$$T_{eff} = \frac{T_{phys} \cdot T_{biol}}{T_{phys} + T_{biol}}$$

T_{phys}: physikalische Halbwertzeit,
T_{biol}: biologische Halbwertzeit

Für einige Radionuklide sind in der Tabelle die physikalische, biologische und die daraus ermittelte effektive Halbwertszeit für erwachsene Personen angegeben.

Nuklid	physikalische Halbwertzeit	biologische Halbwertzeit	effektive Halbwertzeit
Tritium	12,3 a	10 d	10 d
Iod-131	8 d	80 d	7,2 d
Cäsium-134	2,1 a	110 d	96 d
Cäsium-137	30,2 a	110 d	109 d
Plutonium-239	24100 a	50 a	49,9 a

Physikalische/biologische/effektive Halbwertzeiten für einige Radionuklide.

Halogenzähler
→Geiger-Müller-Zähler, dessen Argon- oder Neonzählgas einige Prozent eines Halogens, Cl_2 oder Br_2, zugesetzt sind, um Selbstlöschung der Gasentladung zu erreichen.

Handschuhkasten
Gasdichter, meist aus durchsichtigem Kunststoff gefertigter Kasten, in dem mit Hilfe in den Kasten hineinreichender Handschuhe bestimmte radioaktive Stoffe, z. B. Tritium oder Plutonium, gefahrlos bearbeitet werden können. (Siehe Bild Seite 88.)

Harrisburg
In der Nähe von Harrisburg, Pennsylvania, USA, befindet sich das Kernkraftwerk Three Mile Island mit zwei Druckwasserreaktoren. Im Block 2 ereignete sich am 28.3.1979 ein schwerer Unfall mit

Labor zur Handhabung von gasförmigem Tritium in Handschuhkästen.

partieller Kernschmelze. Die Spaltprodukte wurden fast vollständig im Reaktordruckbehälter und im Sicherheitsbehälter zurückgehalten. Da die Rückhaltefunktion des Sicherheitsbehälters entsprechend der Auslegung funktionierte, kam es nur zu Aktivitätsfreisetzungen von Xenon-133 und sehr geringen Anteilen von I-131 in die Umgebung, die zu einer rechnerisch maximalen Dosis von 0,85 mSv führten.

HAW
High Active Waste; hochradioaktiver Abfall.

HDR
Heißdampfreaktor Großwelzheim/Main, Siedewasserreaktor mit integrierter nuklearer Überhitzung mit einer elektrischen Bruttoleistung von 25 MW, nukleare Inbetriebnahme am 14.10.1969. Seit dem 20.4.1971 abgeschaltet. Die Anlage wurde nach der Abschaltung über viele Jahre im Rahmen von Forschungsvorhaben zur Reaktorsicherheit genutzt. Die Stilllegungsgenehmigung wurde am 16.2.1983 erteilt und die Demontage am 15.10.1998 abgeschlossen.

Head-End
Begriff aus der Wiederaufarbeitungstechnik; erster Verfahrensschritt der Wiederaufarbeitung. Das Head-End umfasst alle Verfahrensschritte von der mechanischen Zerlegung der Brennelemente bis zur chemischen Auflösung des abgebrannten Brennstoffes zur Vorbereitung der Extraktion. Es sind dies im Einzelnen: Die Brennelemente werden einer Zerlegemaschine zugeführt, die die Brennstabbündel oder nach einer Vereinzelung die einzelnen Brennstäbe in ca. 5 cm lange Stücke zerschneidet. Zur Auflösung des bestrahlten Brennstof-

fes fallen die Brennstabstücke in einen Auflöser, wo Uran, Plutonium und Spaltprodukte durch konzentrierte Salpetersäure gelöst werden. Nach Beendigung des Lösevorganges wird die Brennstofflösung durch Filtrieren oder Zentrifugieren von Feststoffpartikeln gereinigt und zur Bilanzierung des Gehaltes an Uran und Plutonium in einen Pufferbehälter übergeführt. Übrig bleibt im Auflöser das gegenüber Salpetersäure beständige Hüllmaterial der Brennstäbe aus Zirkaloy. →Tail-End.

heiß
Ein Ausdruck, der in der Kerntechnik im Sinne von „hochradioaktiv" verwendet wird.

Heißdampf
→Nassdampf.

heißes Laboratorium
Für den sicheren Umgang mit radioaktiven Stoffen hoher Aktivität ausgelegtes Laboratorium. Es enthält im Allgemeinen mehrere Heiße Zellen.

Heiße Zelle
Stark abgeschirmtes, dichtes Gehäuse, in dem radioaktive Stoffe hoher Aktivität mit Hilfe von Manipulatoren fernbedient gehandhabt

Heiße Zellen, Bedienseite mit Manipulatoren für fernbedientes Arbeiten

und dabei die Arbeitsvorgänge durch Bleiglasfenster beobachtet werden können, sodass für das Personal keine Gefahr besteht.

Heizkraftwerk

Ein Dampfkraftwerk, bei dem der Dampf nicht nur zur Stromerzeugung, sondern auch zu Heizzwecken genutzt wird. Der Gesamtwirkungsgrad des Kraftwerkes ist hierbei größer als bei Kraftwerken, die nur zur Stromerzeugung eingesetzt werden.

HEPA-Filter

high-**e**fficiency **p**articulate **a**ir filters; in Deutschland Schwebstofffilter der Sonderklasse S; häufig auch „Absolutfilter" genannt.

heterogener Reaktor

Kernreaktor, in dem der Brennstoff vom Moderator getrennt vorliegt. Gegenteil: →homogener Reaktor. Die meisten Reaktoren sind heterogen.

HEU

engl. **h**ighly **e**nriched **u**ranium, hochangereichertes Uran. Uran mit einer U-235-Anreicherung von 20 % und mehr wird als HEU bezeichnet. Uran mit einer U-235-Anreicherung über 85 % wird als „weapon grade" bezeichnet. →LEU

HFR

Hochflussreaktor; Forschungsreaktor im Institut Laue-Langevin in Grenoble. Maximale Neutronenflussdichte: $1,5 \cdot 10^{15}$ Neutronen/cm^2 s, Leistung: 58,3 MW.

Hochtemperaturreaktor

Der Hochtemperaturreaktor (HTR) wurde in Deutschland als →Kugelhaufenreaktor entwickelt. Der Reaktorkern besteht aus einer Schüttung von kugelförmigen Brennelementen, die von einem zylindrischen Graphitaufbau als Neutronenreflektor umschlossen wird. Die Brennelemente von 60 mm Durchmesser bestehen aus Graphit, in den der Brennstoff in Form vieler kleiner beschichteter Teilchen eingebettet ist. Die Beschichtung der Brennstoffteilchen mit Pyrokohlenstoff und Siliziumkarbid dient zur Rückhaltung der Spaltprodukte. Die Brennelementbeschickung erfolgt kontinuierlich während des Leistungsbetriebes. Zur Kühlung des Reaktorkerns dient das Edelgas Helium, das beim Durchströmen der Kugelschüttung je nach Anwendungszweck auf 700 bis 950 °C erhitzt wird. Alle Komponenten des primären Helium-Kreislaufes sind in einem Reaktordruckbehälter eingeschlossen. Der Hochtemperaturreaktor ist eine universell einsetzbare Energiequelle, die Wärme bei hoher Temperatur bis 950 °C für den Strom- und gesamten Wärmemarkt bereitstellt. Als erster deutscher HTR war das AVR-Versuchskraftwerk in Jülich von 1966 bis 1988 in Betrieb. Als zweites deutsches Projekt war das THTR-300-Prototypkernkraftwerk in Hamm-Uentrop von 1985 bis 1988 im Leistungsbetrieb.

Höhenstrahlung
→kosmische Strahlung.

homogener Reaktor
Reaktor, in dem der Brennstoff als Gemisch mit Moderator oder Kühlmittel vorliegt. Flüssig-homogener Reaktor: z. B. Uranylsulfat in Wasser; fest-homogener Reaktor: z. B. Mischung von Uran (UO_2) in Polyäthylen.

HTR
→Hochtemperatur-Reaktor.

Hyperonen
Gruppe kurzlebiger Elementarteilchen, deren Masse größer als die des Neutrons ist. →Elementarteilchen.

▌

IAEA
International Atomic Energy Agency, Wien.

IAEO
Internationale Atomenergie-Organisation (amtliche deutsche Übersetzung für IAEA).

ICRP
International Commission on Radiological Protection; →Internationale Strahlenschutzkommission.

ICRP-Veröffentlichungen 60 und 103
Die Internationale Strahlenschutzkommission gab ihre erst allgemeine Empfehlung zum Strahlenschutz im Jahre 1928 heraus. Weitere dem jeweiligen Kenntnisstand angepasste allgemeine Empfehlungen folgten 1959 und 1966. Seit 1977, als die Kommission ihre grundsätzlichen Empfehlungen als ICRP-Veröffentlichung 26 herausgab, hat sie diese Empfehlungen jährlich überprüft und von Zeit zu Zeit in den Annalen der ICRP neugefasste Stellungnahmen herausgegeben – 1990 ICRP-Publication 60, 2007 ICRP-Publication-103.
Die Kommission möchte, dass diese ICRP-Veröffentlichungen für Gesetzgeber, Behörden und beratende Stellen auf nationaler und internationaler Ebene eine Hilfe sind, indem sie die wesentlichen Prinzipien erläutert, mit denen ein angemessener Strahlenschutz begründet werden kann. Wegen der unterschiedlichen Verhältnisse, die in den verschiedenen Ländern anzutreffen sind, hatte die Kommission nicht die Absicht, einen Gesetzestext vorzulegen. Den Behörden soll es überlassen bleiben, ihre eigenen Strukturen für Gesetzgebung, Verordnungen, Genehmigungen und verbindliche Vorschriften zu entwickeln. Die wesentlichen Inhalte der ICRP-Empfehlung von 1990 sind in die im Mai 1996 verabschiedeten →Euratom-Grundnormen zum Strahlenschutz und 2001/2002 in die deutsche Strahlenschutzverordnung/Röntgenverordnung übernommen worden.

ICRU
International Commission on Radiological Units and Measurements.

Immission
Einwirkung von Luftfremdstoffen, Geräuschen und Erschütterungen auf Menschen, Tiere und Vegetation.

Impulshöhenanalysator
Gerät, das das Verfahren der Impulshöhenanalyse zur Darstellung des Energiespektrums einer Strahlung ausnutzt.

Impulshöhenanalyse
Verfahren zur Gewinnung des Energiespektrums einer Strahlung. Die Impulse eines Detektors, der energieproportionale Ausgangsimpulse liefert, werden entsprechend ihrer Amplitude sortiert und gezählt. Aus der so gewonnenen Impulshöhenverteilung lässt sich das Energiespektrum gewinnen.

Indikator
Element oder Verbindung, die radioaktiv gemacht wurden, sodass sie sich in biologischen, chemischen und industriellen Prozessen leicht verfolgen lassen. Die vom Radionuklid ausgehende Strahlung zeigt dann dessen Lage und Verteilung an.

Inertgas
Nichtbrennbares Gas, z. B. CO_2, Stickstoff, Edelgase. Einsatz von Inertgas erfolgt in Fabrikationsanlagen mit brennbaren Stoffen zur Inertisierung von Prozessräumen ohne Personalaufenthalt als aktive und passive Maßnahme des Brandschutzes.

INES
International Nuclear Event Scale; von der IAEO vorgeschlagene siebenstufige Skala, um Ereignisse in kerntechnischen Anlagen insbesondere unter dem Aspekt einer Gefährdung der Bevölkerung nach international einheitlichen Kriterien zu bewerten.
Die Bewertung hat sieben Stufen. Die oberen Stufen (4 bis 7) umfassen Unfälle, die unteren Stufen (1 bis 3) Störungen und Störfälle. Ereignisse ohne sicherheitstechnische oder radiologische Bedeutung im Sinn der internationalen Skala werden als „unterhalb der Skala" bzw. „Stufe 0" bezeichnet. Die Ereignisse werden nach drei übergeordneten Aspekten bewertet:
    „Radiologische Auswirkungen außerhalb der Anlage",
    „Radiologische Auswirkungen in der Anlage" und
    „Beeinträchtigung der Sicherheitsvorkehrungen".
Der erste Aspekt umfasst die Ereignisse, welche zur Freisetzung radioaktiver Stoffe in die Umgebung der Anlage führen. Die höchste Stufe entspricht einem katastrophalen Unfall, bei dem in einem weiten Gebiet Schäden für die Gesundheit und die Umwelt zu erwarten sind. Die niedrigste Stufe dieses Aspekts – Stufe 3 – entspricht einer sehr geringen Radioaktivitätsabgabe, welche bei den am stärksten betroffenen Personen außerhalb der Anlage zu einer Strahlenexposition von etwa einem Zehntel der natürlichen Strahlenbelastung führt. Der

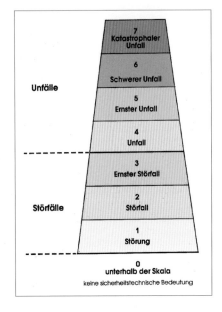

*INES Skala zur
Klassifizierung von
Ereignissen
in kerntechnischen
Einrichtungen.*

zweite Aspekt umfasst die Stufen 2 bis 5 und betrifft die radiologischen Auswirkungen, welche ein Ereignis innerhalb der Anlage hat,
von schweren Schäden am Reaktorkern bis zu größeren Kontamina-
tionen innerhalb der Anlage und unzulässig hohe Strahlenexpositionen des Personals. Der dritte Aspekt – zugeordnet sind die Stufen
0 bis 3 – umfasst die Ereignisse, bei denen Sicherheitsvorkehrungen
beeinträchtigt worden sind, die die Freisetzung radioaktiver Stoffe
verhindern sollen.

Ingestion
Aufnahme von – radioaktiven – Stoffen durch Nahrungsmittel und
Trinkwasser.

Inhalation
Aufnahme von – radioaktiven – Stoffen durch Einatmen.

inhärent sicher
Ein technisches System wird als inhärent sicher bezeichnet, wenn es
aus sich selbst heraus, also ohne Hilfsmedien, Hilfsenergie und aktive
Komponenten, sicher arbeitet. Beispielsweise kühlt ein Kühlwasser-
system inhärent sicher, wenn die Wärmeabfuhr über ausreichend
große Wärmetauscher bei Schwerkraftumwälzung des Kühlwassers
(Naturkonvektion) erfolgt, da die Schwerkraft immer zur Verfügung
steht.

INIS
International Nuclear Information System der IAEO.

Inkorporation
Allgemein: Aufnahme in den Körper. Besonders: Aufnahme radioaktiver Substanzen in den menschlichen Körper.

in-pile
Ausdruck zur Kennzeichnung von Experimenten oder Geräten innerhalb eines Reaktors.

Instandhaltung
Maßnahmen zur Wartung, Reparatur und Instandsetzung von Apparaten, Maschinen und Anlagenteilen. Instandhaltung kann vorbeugend als Routinemaßnahme oder erst nach Eintreten eines technischen Versagens einer Anlagenkomponente erfolgen.

Internationale Strahlenschutzkommission
Die Internationale Strahlenschutzkommission, „International Commission on Radiological Protection", wurde 1928 unter dem Namen „International X ray and Radium Protection Committee" auf Beschluss des 2. Internationalen Kongresses für Radiologie gegründet. 1950 wurde sie umstrukturiert und umbenannt. Die Kommission arbeitet eng mit der Internationalen Kommission für radiologische Einheiten und Messungen (ICRU) zusammen und hat offizielle Verbindungen zur Weltgesundheitsorganisation (WHO), zur Internationalen Arbeitsorganisation (ILO) und anderen Körperschaften der Vereinten Nationen, einschließlich des Wissenschaftlichen Komitees der Vereinten Nationen über die Wirkungen atomarer Strahlung (UNSCEAR) und des Umweltprogramms der Vereinten Nationen (UNEP) sowie der Kommission der Europäischen Gemeinschaften, der Kernenergiebehörde der Organisation für wirtschaftliche Zusammenarbeit und Entwicklung (NEA), der Internationalen Normenorganisation (ISO), der Internationalen Elektrotechnischen Kommission (IEC) und der Internationalen Assoziation für Strahlenschutz (IRPA). Die Internationale Strahlenschutzkommission besteht aus der Hauptkommission – Vorsitzende(r), zwölf weiteren Mitgliedern und dem Sekretär – und fünf Ständigen Komitees: zusammen mehr als 200 Strahlenschutzexperten aus über 30 Ländern. Die Wahl der Mitglieder erfolgt durch die ICRP aus Nominierungen, die ihr von den nationalen Delegationen des Internationalen Kongresses für Radiologie und aus den eigenen Reihen vorgelegt werden. Die Mitglieder der ICRP werden aufgrund ihrer anerkannten Leistungen auf den Gebieten medizinische Radiologie, Strahlenschutz, Physik, medizinische Physik, Biologie, Genetik, Biochemie und Biophysik ausgewählt.

Intervention

Eingriff zur Ausführung von Instandhaltungsmaßnahmen in Anlagen-
bereichen mit erhöhter Strahlung. Intervention wird unter Hinzu-
ziehung von Strahlenschutzpersonal vorbereitet und während des
Ablaufes überwacht.

Interventionsschwelle

Werte der Körperdosis, der Aktivitätszufuhr, der Kontamination oder
anderer aktivitäts- oder dosisbezogener Werte, bei deren Überschreitung ein Eingreifen in den normalen Betriebs- bzw. Bestrahlungsab-
lauf für erforderlich gehalten wird.

Iodfilter

Iodhaltiges Abgas aus kerntechnischen Anlagen passiert nach einer
Vorreinigung durch Gaswäsche und/oder Nassaerosolabscheider
Adsorber (silbernitratimprägnierte Silikagelträger oder Molekularsieb-
zeolithen), die das Iod durch Chemisorption in am Trägermaterial haf-
tendes Silberiodid überführen und damit Iod aus dem Abgas filtern.

Ion

Elektrisch geladenes atomares oder molekulares Teilchen, das aus
einem neutralen Atom oder Molekül durch Abspaltung oder Anla-
gerung von Elektronen oder durch elektrolytische Dissoziation von
Molekülen in Lösungen entstehen kann.

Ionenaustauscher

Chemische Stoffe (unlösliche, meist hochmolekulare Polyelektrolyte)
mit austauschfähigen Ankergruppen, deren Ionen gegen andere
Ionen ausgetauscht werden können. Verwendung: Auftrennung von
Substanzgemischen.

Ionendosis

In der Dosimetrie früher benutzte Messgröße für ionisierende Strahlung. Die Einheit der Ionendosis ist Coulomb durch Kilogramm (C/kg).
1 Coulomb durch Kilogramm ist gleich der Ionendosis, die bei der
Erzeugung von Ionen eines Vorzeichens mit der elektrischen Ladung
1 C in Luft der Masse 1 kg durch ionisierende Strahlung räumlich
konstanter Energieflussdichte entsteht. Bis Ende 1985 war als Einheit
Röntgen (Kurzzeichen: R) zugelassen. 1 Röntgen ist gleich 258 µC/kg.

Ionisation

Aufnahme oder Abgabe von Elektronen durch Atome oder Moleküle,
die dadurch in Ionen umgewandelt werden. Hohe Temperaturen,
elektrische Entladungen und energiereiche Strahlung können zur
Ionisation führen.

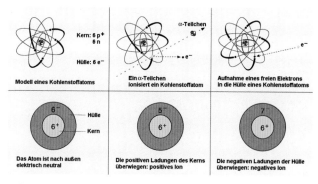

Ionisation

Ionisationskammer

Gerät zum Nachweis ionisierender Strahlung durch Messung des
elektrischen Stromes, der entsteht, wenn Strahlung das Gas in der
Kammer ionisiert und damit elektrisch leitend macht.

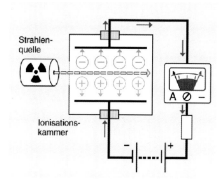

*Prinzip einer
Ionisationskammer.*

ionisierende Strahlung

Jede Strahlung, die direkt oder indirekt ionisiert, z. B. Alpha-, Beta-,
Gamma-, Neutronenstrahlung.

IRPA

International Radiation Protection Association; Zusammenschluss nationaler und regionaler Strahlenschutzgesellschaften. Gegründet 1966
zur Förderung internationaler Kontakte und Zusammenarbeit und
zur Diskussion wissenschaftlicher und praktischer Aspekte auf den
Gebieten des Schutzes von Menschen und Umwelt vor ionisierender
Strahlung. Die IRPA hat über 20 000 Mitglieder aus 61 Staaten. Die
deutschen Fachleute sind durch den deutsch-schweizerischen Fach-
verband für Strahlenschutz vertreten.

Isobare

In der Kernphysik Kerne mit gleicher Nukleonenzahl. Beispiel: N-17, O-17, F-17. Alle drei Kerne haben 17 Nukleonen, der Stickstoffkern (N) jedoch 7, der Sauerstoffkern (O) 8 und der Fluorkern (F) 9 Protonen.

Isodosenkurve

Geometrischer Ort für alle Punkte, an denen eine Dosisgröße den gleichen Wert hat.

Isomere

Nuklide derselben Neutronen- und Protonenzahl, jedoch unterschiedlicher energetischer Zustände; z. B. die Barium-Nuklide Ba 137 und Ba 137m.

Isotone

Atomkerne mit gleicher Neutronenzahl. Beispiel: S-36, Cl-37, Ar-38, K-39, Ca-40. Diese Kerne enthalten jeweils 20 Neutronen, aber eine unterschiedliche Anzahl von Protonen: Schwefel 16, Chlor 17, Argon 18, Kalium 19 und Kalzium 20 Protonen.

Isotope

Atome derselben Kernladungszahl (d. h. desselben chemischen Elementes), jedoch unterschiedlicher Nukleonenzahl, z. B. Ne-20 und Ne-22. Beide Atomkerne gehören zum selben chemischen Element, dem Neon (Kurzzeichen: Ne) und haben daher beide jeweils 10 Protonen. Die Nukleonenzahl ist allerdings verschieden, da Ne-20 zehn Neutronen und Ne-22 zwölf Neutronen enthält.

Isotopenanreicherung

Prozess, durch den die relative Häufigkeit eines Isotops in einem Element vergrößert wird. Beispiel: Anreicherung von Uran am Isotop Uran-235; →angereichertes Uran.

Isotopenaustausch

Vorgänge, die zur Veränderung der Isotopenzusammensetzung in einer Substanz führen, z. B.: $H_2S + HDO \Rightarrow HDS + H_2O$ (H = „normaler" Wasserstoff, D = Deuterium, „schwerer" Wasserstoff, S = Schwefel). Das Gleichgewicht wird durch die unterschiedlichen relativen Atommassen beeinflusst.

Isotopenhäufigkeit

Quotient aus der Anzahl der Atome eines bestimmten Isotops in einem Isotopengemisch eines Elementes und der Anzahl aller Atome dieses Elementes.

Isotopenhäufigkeit, natürliche

Isotopenhäufigkeit in einem in der Natur vorkommenden Isotopengemisch. In der Natur kommen jene Elemente, von denen es mehrere Isotope gibt, in einem Isotopengemisch vor, das – von wenigen besonders begründeten Ausnahmen abgesehen – überall auf der Erde gleich ist. Es können mehrere Isotope in etwa gleichem Verhältnis auftreten, z. B. Cu-63 mit 69 % und Cu-65 mit 31 % im Falle des Kupfers. Häufig überwiegt allerdings ein Isotop, die anderen sind dann nur in Spuren vorhanden, z. B. beim Sauerstoff: 99,759 % O-16; 0,0374 % O-17; 0,2039 % O-18.

Isotopenlaboratorium

Arbeitsräume, in denen durch räumliche und instrumentelle Ausstattung ein sicherer Umgang mit offenen radioaktiven Stoffen möglich ist. In Anlehnung an Empfehlungen der IAEO werden Isotopenlaboratorien nach der Aktivität, mit der in ihnen umgegangen werden darf, in die drei Labortypen A, B und C eingeteilt. Dabei wird als Maß für die Aktivität das Vielfache der Freigrenze nach der Strahlenschutzverordnung gewählt. Der Labortyp C entspricht dabei einer Umgangsmenge bis zum 10^2-fachen, der Labortyp B bis zum 10^5-fachen und der Labortyp A oberhalb des 10^5-fachen der Freigrenze. Im Typ C-Laboratorium sind Abzüge zu installieren, wenn die Gefahr einer unzulässigen Kontamination der Raumluft besteht. Eine Abluftfilterung ist im Allgemeinen nicht erforderlich. In Typ B- und -A-Laboratorien sind neben Abzügen in vielen Fällen Handschuhkästen oder sonstige Arbeitszellen für den Umgang mit offenen radioaktiven Stoffen vorzusehen. Eine Abluftfilterung ist erforderlich. Details sind in DIN 25425 enthalten.

Isotopentrennung

Verfahren zur Abtrennung einzelner Isotope aus Isotopengemischen; →elektromagnetische Isotopentrennung, →Diffusionstrennverfahren, →Trenndüsenverfahren, →Gaszentrifugenverfahren, →Isotopenaustausch.

Isotopenverdünnungsanalyse

Methode zur quantitativen Bestimmung eines Stoffes in einem Gemisch durch Zugabe des gleichen, jedoch radioaktiven Stoffes. Aus der Änderung der spezifischen Aktivität des zugegebenen radioaktiven Stoffes lässt sich die Menge der gesuchten Substanz errechnen.

ITER

Mit dem Projekt ITER arbeiten die großen Fusionsprogramme der Welt – China, EU, Indien, Japan, Korea, Russland, USA – gemeinsam daran, einen Internationalen Thermonuklearen Experimentalreaktor

(ITER) zu bauen. ITER soll zeigen, dass es physikalisch und technisch möglich ist, die Energieerzeugung der Sonne auf der Erde nachzuvollziehen und durch Kernverschmelzung Energie zu gewinnen. Aufgabe von ITER ist es, zum ersten Mal ein für längere Zeit Energie lieferndes Plasma zu erzeugen. Eingeleitet wurde diese Kooperation 1985.

1998 wurde der Abschlussbericht an die damaligen vier ITER-Partner weitergeleitet. Nach der Genehmigung des Berichts war damit aus wissenschaftlich-technischer Sicht eine ausreichende Planungsgrundlage vorhanden, um den Bau der Anlage zu beschließen. Die Partner beschlossen, den ITER-Entwurf kostensparend zu überarbeiten. Dem kostenreduzierenden Entwurf wurde im Januar 2000 zugestimmt. Die Planungsarbeiten auf der Basis des Vorentwurfs wurden im Juli 2001 fertig gestellt. Im Juni 2005 wurde beschlossen, ITER in Cadarache, Südfrankreich, zu errichten. Der Bau der Anlage hat 2009 begonnen. Ungefähr zehn Jahre nach Baubeginn könnte ITER das erste Plasma erzeugen. ITER wird als Fusionsanlage vom Typ →Tokamak geplant; seine Daten:

- – Gesamtradius: 10,7 Meter,
- – Höhe: 15 Meter,
- – Plasmaradius (größter/kleinster):   6,2/2,0 Meter,
- – Plasmavolumen: 840 Kubikmeter,
- – Magnetfeld: 5,3 Tesla,
- – maximaler Plasmastrom: 15 Megaampere,
- – Heizleistung: 73 Megawatt,
- – Fusionsleistung: 500 Megawatt,
- – mittlere Temperatur: 100 Millionen Grad,
- – Brenndauer: > 400 Sekunden.

J

JET

Joint European Torus; Großexperiment zur kontrollierten Kernfusion; Culham, England. Zum ersten Mal in der Geschichte der Fusionsforschung ist es mit JET 1991 gelungen, nennenswerte Energie durch kontrollierte Kernfusion freizusetzen. Für die Dauer von zwei Sekunden erzeugte die Anlage eine Fusionsleistung von 1,8 Megawatt. 1997 hat JET mit einer Brennstoffmischung aus gleichen Teilen von Deuterium und Tritium bei einer Fusionsleistung von 13 Megawatt eine Fusionsenergie von 14 Megajoule erzeugt.

Wesentliche Daten von JET:

- Großer Plasmaradius   2,96 Meter,
- Kleine Radien   1,25 Meter horizontal / 2,10 Meter vertikal,
- Magnetfeld   3,45 Tesla,
- Plasmastrom   3,2 - 4,8 Megaampere,
- Plasmaheizung   50 Megawatt,
- Plasmatemperatur   250 Millionen Grad.

K

K-Meson
Elementarteilchen aus der Gruppe der Mesonen. →Elementarteilchen.

Katastrophenschutzpläne
Die Behörden sind verpflichtet, für ein Kernkraftwerk wie für andere großtechnische Anlagen – chemische Fabriken, Raffinerien, Tanklager – oder wie auch für Naturkatastrophen eine Gefahrenabwehrplanung durchzuführen und einen Katastrophenschutzplan aufzustellen. Je nach den örtlichen Gegebenheiten kann ein solcher Plan Evakuierungsmaßnahmen für die in unmittelbarer Nähe wohnende Bevölkerung vorsehen. Die Innenministerkonferenz hat hierzu gemeinsam mit dem Länderausschuss für Atomkernenergie entsprechend einem Vorschlag der Strahlenschutzkommission „Rahmenempfehlungen für den Katastrophenschutz in der Umgebung kerntechnischer Anlagen" beschlossen.

KBR
Kernkraftwerk Brokdorf/Elbe, Druckwasserreaktor mit einer elektrischen Bruttoleistung von 1480 MW, nukleare Inbetriebnahme am 7.10.1986. Kumulierte Bruttostromerzeugung bis Ende 2012 288,5 Mrd. kWh. Entsprechend Atomgesetz endet die Genehmigung zum Leistungsbetrieb mit Ablauf des 31.12.2021.

K-Einfang
Einfang eines Bahnelektrons aus der K-Schale des Atoms durch den Atomkern. →Elektroneneinfang

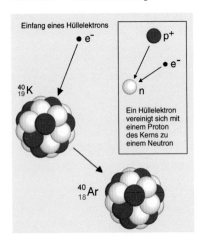

Einfang eines Hüllelektrons
e^-
p^+
e^-
n
$^{40}_{19}$K
Ein Hüllelektron vereinigt sich mit einem Proton des Kerns zu einem Neutron
$^{40}_{18}$Ar

K-Einfang, Umwandlung von Kalium-40 durch Elektroneneinfang in Argon-40.

KERMA

Kinetic Energy Released per Unit Mass. Kerma ist eine Dosisgröße. Kerma K ist der Quotient aus dE_{tr} und dm; dabei ist dE_{tr} die Summe der Anfangswerte der kinetischen Energien aller geladenen Teilchen, die von indirekt ionisierender Strahlung aus dem Material in einem Volumenelement dV freigesetzt werden, und dm die Masse des Materials in diesem Volumenelement. Bei allen Angaben einer Kerma muss das Bezugsmaterial (d. h. das Material von dm) genannt werden. Die SI Einheit der Kerma ist das Gray (Gy).

Kern

→Atomkern, →Spaltzone.

Kernanlage

Für die Anwendungen der Vorschriften über die Haftung definiert das Atomgesetz als Kernanlage:

- Reaktoren, ausgenommen solche, die Teil eines Beförderungsmittels sind,
- Fabriken für die Erzeugung oder Bearbeitung von Kernmaterialien,
- Fabriken zur Trennung der Isotope von Kernbrennstoffen,
- Fabriken für die Aufarbeitung bestrahlter Kernbrennstoffe,
- Einrichtungen für die Lagerung von Kernmaterialien, ausgenommen die Lagerung solcher Materialien während der Beförderung.

Kernbrennstoff

Nach der Definition des Atomgesetzes sind Kernbrennstoffe besondere spaltbare Stoffe in Form von

- Plutonium-239 und Plutonium-241,
- mit den Isotopen 235 oder 233 angereichertes Uran,
- Stoffen, die einen oder mehrere der vorerwähnten Stoffe enthalten,
- Stoffen, mit deren Hilfe in einer geeigneten Anlage eine sich selbst tragende Kettenreaktion aufrechterhalten werden kann und die in einer Rechtsverordnung bestimmt werden.

Kernbrennstoff-Kreislauf

Eine Reihe von Verfahrensstufen bei der Versorgung und Entsorgung von Kernreaktoren mit Kernbrennstoff.

- Versorgung:
  Ausgangspunkt der Kernenergienutzung ist die Versorgung der Kernreaktoren mit Uran. Der Urangehalt der abgebauten Erze beträgt typischerweise 0,2 %. In einem Aufbereitungsverfahren wird das Uran aufkonzentriert. Es entsteht das Handelsprodukt „Yellow Cake", das etwa 70 bis 75 % Uran enthält. Das im Yellow Cake enthaltene Uran weist die natürliche Isotopenzusammensetzung

von 0,7 % U-235 und 99,3 % U-238 auf. Kernkraftwerke benötigen Uran mit einem Anteil von 3 bis 5 % des spaltbaren Isotops U-235. Daher muss das Uran an U-235 angereichert werden.

Dazu wird das Uran in die chemische Verbindung UF_6 umgewandelt, die leicht in die Gasphase überführt werden kann, da nur in der Gasphase eine Anreicherung einfach möglich ist. Anreicherungsverfahren (→Gaszentrifuge oder →Diffusionstrennverfahren) nutzen den geringen Massenunterschied der U-235- und U-238-Moleküle des UF_6, um diese beiden Komponenten zu trennen. Das Produkt der Anreicherungsanlage ist UF_6, dessen U-235-Anteil ca. 3 bis 5 % beträgt.

In der Brennelementfabrik wird das UF_6 in UO_2 umgewandelt. Aus UO_2-Pulver werden Tabletten gepresst, die bei Temperaturen über 1700 °C gesintert und dann in nahtlos gezogene Hüllrohre aus einer Zirkonlegierung gefüllt und gasdicht verschlossen werden. Man erhält so einzelne Brennstäbe, die zu Brennelementen zusammengesetzt werden. Brennelemente eines Druckwasserreaktors enthalten rund 340 kg Uran, eines Siedewasserreaktors rund 190 kg Uran.

- Entsorgung:

Die Einsatzzeit der Brennelemente im Reaktor beträgt drei bis vier Jahre. Durch Kernspaltung wird Kernenergie in elektrischen Strom umgewandelt. Dabei nimmt der Anteil des spaltbaren U-235 ab, und es entstehen die zum Teil radioaktiven Spaltprodukte sowie nennenswerte Mengen des neuen, z. T. spaltbaren Kernbrennstoffs Plutonium. Alle Tätigkeiten zur Behandlung, Aufarbeitung und Beseitigung der abgebrannten Brennelemente werden zusammenfassend als Entsorgung bezeichnet.

Zwei Arten der Entsorgung sind möglich: →Wiederaufarbeitung mit Rückgewinnung und Wiederverwendung der nutzbaren Anteile Plutonium und Uran oder direkte Endlagerung, bei der die abgebrannten Brennelemente insgesamt als Abfälle deponiert werden. Die Brennelemente kommen zunächst in ein Zwischenlager, in dem ihre Aktivität abklingt. Bei einer dann folgenden Wiederaufarbeitung werden wiederverwertbares Uran und Plutonium von den radioaktiven Spaltprodukten getrennt. Für die Wiederverwendung im Kernkraftwerk müssen Plutonium und Uran – dieses u. U. nach erneuter Anreicherung – wieder zu Brennelementen verarbeitet werden. Mit ihrem Einsatz im Kernkraftwerk schließt sich der Brennstoffkreislauf.

Bei der direkten Endlagerung wird das gesamte Brennelement einschließlich Uran und Plutonium nach einer Zwischenlagerung zum Zerfall der kurzlebigen Radionuklide und damit verbundener Reduzierung der zerfallsbedingten Wärmeentwicklung als radioaktiver Abfall entsorgt. Dazu werden in einer Konditionierungsanlage

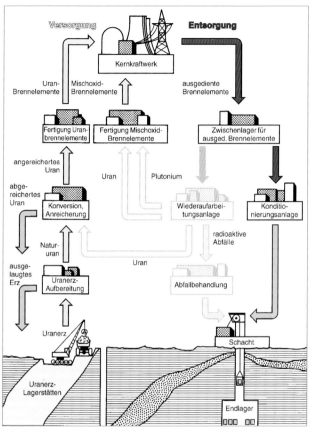

Kernbrennstoffkreislauf.

die Brennelemente zerlegt, in endlagerfähige Gebinde verpackt und dann als radioaktiver Abfall endgelagert. Beide Wege – Wiederaufarbeitung und direkte Endlagerung – sind in Deutschland eingehend untersucht und die dafür erforderlichen Verfahren und Komponenten entwickelt worden. Aufgrund gesetzlicher Vorgaben ist in Deutschland seit 2005 nur noch die direkte Endlagerung abgebrannter Brennelemente zulässig.

Radioaktive Abfälle müssen auf Dauer sicher gelagert und aus der Biosphäre ferngehalten werden. Schwach- und mittelradioaktive flüssige radioaktive Abfälle werden u. U. nach vorheriger Volumenreduktion durch Verdampfen mit Zement fixiert. Feste radioaktive Abfälle werden zur Volumenreduzierung kompaktiert oder verbrannt und die die radioaktiven Stoffe enthaltenden Rückstände mit Zement verfestigt. Zur Endlagerung werden diese Produkte in speziellen Fässern oder Containern verpackt. Die wärmeentwickelnden Spaltproduktlösungen aus der Wiederaufarbeitung werden unter Zusatz von glasbildenden Stoffen in Glas eingeschmolzen und in Edelstahlbehälter gefüllt. Für die Endlagerung werden stabile geologische Formationen benutzt. In der Schweiz und in Schweden ist Granitgestein vorgesehen, in Deutschland wurden insbesondere Salzstöcke für eine Endlagerung untersucht.

Kernchemie
Teilgebiet der Chemie, das sich mit dem Studium von Atomkernen und Kernreaktionen unter Verwendung chemischer Methoden befasst. →Radiochemie.

Kernenergie
Innere Bindungsenergie der Atomkerne. Die Kernbausteine sind von einer Atomsorte zur anderen verschieden stark aneinander gebunden. Das Maximum der Bindungsenergie je Kernbaustein liegt im Bereich der Massezahl 60. Durch Kernumwandlungen kann deshalb Energie entweder durch Spaltung (Fission) schwerer Kerne wie Uran oder durch Verschmelzung (Fusion) leichter Kerne wie Wasserstoff gewonnen werden. Die Spaltung von 1 kg U-235 liefert rund 23 Mio. kWh, bei der Fusion von Deuterium und Tritium (DT-Reaktion) zu 1 kg Helium wird eine Energie von rund 120 Mio. kWh frei. Die Verbrennung von 1 kg Steinkohle liefert dagegen nur etwa 10 kWh. →Fusion, →Kernspaltung.

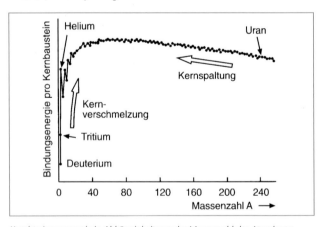

Kernbindungsenergie in Abhängigkeit von der Massenzahl des Atomkerns.

Kernkraftwerk
Wärmekraftwerk, überwiegend zur Stromversorgung, bei dem die bei der →Kernspaltung in einem Reaktor freigesetzte Kernbindungsener-

gie in Wärme und über einen Wasser-Dampf-Kreislauf mittels Turbine und Generator in elektrische Energie umgewandelt wird.

Kernkraftwerke, Deutschland

In Deutschland sind (Stand 1.5.2013) neun Kernkraftwerke mit einer elektrischen Bruttoleistung von 12 696 MW in Betrieb. Im Jahr 2012 erzeugten sie rund 100 Mrd. kWh elektrischen Strom. Die Zeitverfügbarkeit betrug 91 % und die Arbeitsverfügbarkeit 90,5 %.
27 Kernkraftwerke – einschließlich der in den 1960/70er Jahren errichteten Versuchs-, Prototyp- und Demonstrationsanlagen – wurden bisher außer Betrieb genommen, darunter auch 1990 aus allgemeinen Sicherheitsgründen die fünf Blöcke des Kernkraftwerks Greifswald der ehemaligen DDR und acht Anlagen als Folge der atomrechtlichen Änderungen nach dem Reaktorunfall in Fukushima.

Kernkraftwerk	Typ	Nennleistung (brutto) MWe	Nennleistung (netto) MWe	Stromerzeugung 2012 (brutto), MWh
GKN II Neckar	DWR	1 400	1 310	11 126 700
KBR Brokdorf	DWR	1 480	1 410	10 768 134
KKE Emsland	DWR	1 400	1 329	11 430 762
KKG Grafenrheinfeld	DWR	1 345	1 275	10 601 671
KKI 2 Isar	DWR	1 485	1 410	12 082 399
KKP 2 Philippsburg	DWR	1 468	1 402	10 778 670
KRB B Gundremmingen	SWR	1 344	1 284	10 366 208
KRB C Gundremmingen	SWR	1 344	1 288	10 613 396
KWG Grohnde	DWR	1 430	1 360	11 692 258
Summe		12 696	12 068	99 460 198

DWR: Druckwasserreaktor; SWR: Siedewasserreaktor
Kernkraftwerke in Deutschland in Betrieb (1.5.2013), und ihre Stromerzeugung im Jahr 2012.

Bezeichnung, Standort	elektrische Bruttoleistung, MW	Betriebszeit
HDR, Großwelzheim	25	1969-1971
KKN, Niederaichbach	107	1972-1974
KWL, Lingen	267	1968-1977
KRB A, Gundremmingen	250	1966-1977
MZFR, Leopoldshafen	58	1965-1984
VAK, Kahl	16	1960-1985
AVR, Jülich	15	1966-1988
THTR, Hamm-Uentrop	307	1983-1988

Bezeichnung, Standort	elektrische Bruttoleistung, MW	Betriebszeit
KMK, Mülheim-Kärlich	1 308	1986-1988
KKR, Rheinsberg	70	1966-1990
KGR 1-5, Greifswald	2 200	1973-1990
KNK, Leopoldshafen	21	1977-1991
KWW, Würgassen	670	1971-1994
KKS, Stade	672	1972-2003
KWO, Obrigheim	357	1968-2005
Biblis A	1 225	1975-2011
Biblis B	1 300	1977-2011
GKN I, Neckarwestheim	840	1976-2011
KKB, Brunsbüttel	806	1977-2011
KKI-1 Isar	912	1979-2011
KKK, Krümmel	1 402	1984-2011
KKP-1, Philippsburg	926	1980-2011
KKU, Stadland	1 410	1979-2011

Außer Betrieb genommene Kernkraftwerke in Deutschland, Stand 1.5.2013.

Kernkraftwerke, Europa

Anfang Juli 2013 waren in 17 europäischen Ländern insgesamt 185 Kernkraftwerksblöcke (fünf davon im asiatischen Teil Russlands) mit einer installierten elektrischen Nettoleistung von rund 162 GW in Betrieb und in fünf Ländern 16 Blöcke mit einer elektrischen Nettoleistung von etwa 14 GW in Bau.

Im Jahr 2012 lag Frankreich mit einem Anteil der Stromerzeugung aus Kernenergie von 74,8 % an der gesamten nationalen Stromerzeugung an der Spitze, gefolgt von der Slowakischen Republik mit 53,8 %, Belgien mit 51 % und der Ukraine mit 46,2 %. In Deutschland betrug der Anteil der Stromerzeugung aus Kernenergie 16 % im Jahr 2012.

Land	in Betrieb		in Bau	
	Anzahl	Nettoleistung, MWe	Anzahl	Nettoleistung, MWe
Belgien	7	5 927	-	-
Bulgarien	2	1 906		-
Deutschland	9	12 068	-	-
Finnland	4	2 752	1	1 600
Frankreich	58	63 130	1	1 600
Großbritannien	16	9 231	-	-

Land	in Betrieb		in Bau	
	Anzahl	Nettoleistung, MWe	Anzahl	Nettoleistung, MWe
Niederlande	1	482	-	-
Rumänien	2	1 300	-	-
Russland	33	23 643	10	8 382
Schweden	10	9 408	-	-
Schweiz	5	3 308	-	-
Slowakische Republik	4	1 816	2	880
Slowenien	1	688	-	-
Spanien	8	7 560	-	-
Tschechische Republik	6	3 804	-	-
Ukraine	15	13 107	2	1 900
Ungarn	4	1 889	-	-
Summe	185	162 026	16	14 362

Kernkraftwerke in Europa, Stand 1.7.2013.

Kernkraftwerke, weltweit

Am 20. Dezember 1951 wurde in Arco, Idaho, USA, durch den Experimental Breeder Reactor EBR-I erstmals Strom aus Kernenergie erzeugt – ausreichend für vier Glühlampen. Der EBR-I war nicht zur

*Erste Stromerzeugung durch Kernenergie.Experimental Breeder Reactor EBR-I,
20.12.1951, Arco, Idaho, USA. (Argonne National Laboratory)*

Stromerzeugung sondern zur Erprobung des Konzepts eines Schnellen Brutreaktors errichtet worden.

Am 26. Juni 1954 lieferte der 5-MWe-Reaktor APS-I in Obninsk, Russland, als erster Reaktor, der zur Stromerzeugung errichtet wurde, elektrischen Strom in ein öffentliches Netz. Als erstes kommerzielles Kernkraftwerk wurde die 50-MWe-Anlage Calder Hall 1, England, am 27. August 1956 mit dem öffentlichen Netz verbunden.

Am 1.7.2013 waren in 31 Ländern 434 Kernkraftwerksblöcke mit einer installierten elektrischen Nettoleistung von rund 371 GW in Betrieb und in 15 Ländern 68 Kernkraftwerksblöcke mit einer elektrischen Nettoleistung von rund 66 GW im Bau. Seit der ersten Stromerzeugung in einem Kernkraftwerk – am 20. Dezember 1951 im Schnellen Brüter EBR-I in den USA – sind bis Ende 2012 kumulativ 72 106 Mrd. kWh erzeugt worden Die kumulierte Betriebserfahrung bis März 2013 betrug rund 15 150 Jahre.

Land	in Betrieb		nukleare netto Strom-erzeugung und Anteil an der Gesamt-erzeugung 2012		in Bau	
	Anzahl	Nettoleistung, MWe	GWh	%	Anzahl	Nettoleistung, MWe
Argentinien	2	935	5 902,89	4,7	1	692
Armenien	1	375	2 123,50	26,6	-	-
Belgien	7	5 927	38 464,45	51,0	-	-
Brasilien	2	1 884	15 170,41	3,1	1	1 245
Bulgarien	2	1 906	14 860,90	31,6	-	-
China Festland	18	13 860	92 652,38	2,0	28	27 844
China Taiwan	6	5 028	38 733,01	18,4	2	2 600
Deutschland	9	12 068	94 098,42	16,1	-	-
Finnland	4	2 752	22 062,78	32,6	1	1 600
Frankreich	58	63 130	407 437,88	74,8	1	1 600
Großbritannien	16	9 231	63 963,64	18,1	-	-
Indien	20	4 391	29 664,74	3,6	7	4 824
Iran	1	915	1 328,31	0,6	-	-
Japan	50	44 215	17 230,09	2,1	2	2 650
Kanada	19	13 500	89 060,12	15,3	-	-
Korea, Republik	23	20 739	143 549,92	30,4	4	4 980
Mexiko	2	1 530	8 412,04	4,7	-	-
Niederlande	1	482	3 706,68	4,4	-	-
Pakistan	3	725	5 271,41	5,3	2	630
Rumänien	2	1 300	10 563,52	19,4	-	-
Russland	33	23 643	166 293,44	17,8	10	8 382
Schweden	10	9 408	61 473,74	38,1	-	-
Schweiz	5	3 308	24 445,25	35,9	-	-
Slowakische Republik	4	1 816	14 411,10	53,8	2	880
Slowenien	1	688	5 243,68	36,0	-	-
Spanien	8	7 567	58 701,04	20,5	-	-
Südafrika	2	1 860	12 397,53	5,1	-	-
Tschechische Republik	6	3 804	28 602,67	35,3	-	-
Ukraine	15	13 107	84 885,59	46,2	2	1 900
Ungarn	4	1 889	14 763,41	45,9	-	-
Vereinigte Arabische Emirate	-	-	-	-	2	2 690
Vereinigte Staaten von Amerika	100	98 560	770 718,87	19,0	3	3 399
Summe	434	370 543	2 346 193,41	-	68	65 916

Kernkraftwerke, weltweit: in Betrieb und in Bau sowie Stromerzeugung 2012; Stand 1.7.2013, Quelle: IAEA.

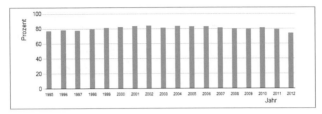

Arbeits-Verfügbarkeit der Kernkraftwerke, weltweit; IAEA, 1995 - 2012.

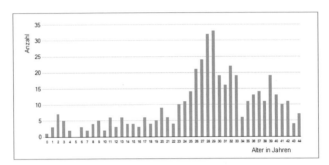

Alter der Kernkraftwerke in Betrieb, weltweit; IAEA, 1.7.2013.

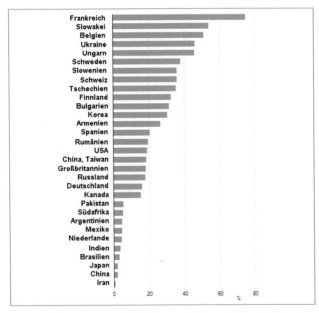

Prozentuale Stromerzeugung durch Kernenergie in verschiedenen Ländern im Jahr 2012; IAEA, modifiziert.

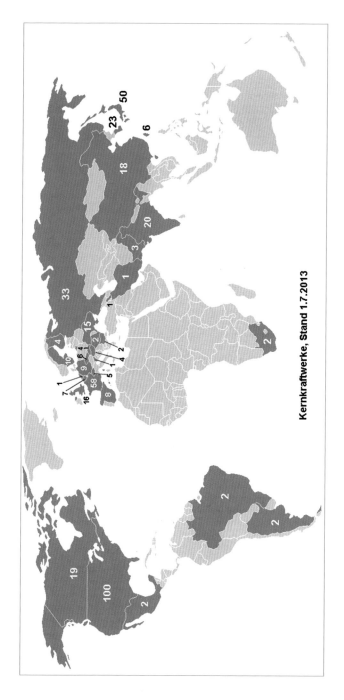

Kernkraftwerke, Stand 1.7.2013

Kernkraftwerke, weltweit, Rangfolge

Von den zehn weltweit besten Produktionsergebnissen bei der Stromerzeugung aus Kernenergie wurden im Jahr 2012 je vier von US-amerikanischen und deutschen und zwei von französischen Kernkraftwerken erzielt.

Land	Kernkraftwerk	Nennleistung brutto MWe	Bruttostrom-erzeugung Mrd. kWh
Frankreich	Chooz B1	1 560	12,97
Frankreich	Chivaux 1	1 561	12,12
USA	Palo Verde 1	1 428	12,11
Deutschland	Isar 2	1 485	12,08
Deutschland	Grohnde	1 430	11,69
Deutschland	Emsland	1 400	11,43
USA	Millstone 3	1 280	11,23
USA	Callaway	1 275	11,20
USA	South Texas 1	1 354	11,19
Deutschland	Neckarwestheim II	1 400	11,13

Rangfolge der Kernkraftwerke weltweit nach ihrer Stromproduktion 2012.

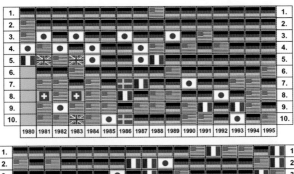

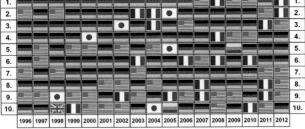

Rangfolge der Kernkraftwerke weltweit nach ihrer Stromproduktion, 1980 bis 2012.

Kernkraftwerke, weltweit, Reaktortypen

In den Kernkraftwerken werden weltweit überwiegend Druckwasser-reaktoren (DWR) eingesetzt – 63 % nach Anzahl, 68 % nach Leistung –, gefolgt von Siedewasserreaktoren (SWR) – 19 % nach Anzahl, 21 % nach Leistung.

Reaktortyp	in Betrieb	
	Anzahl	elektr. Netto-Leistung, MW
DWR	270	249 621
SWR	84	78 122
CANDU/D$_2$O-DWR	48	23 961
RBMK	15	10 219
GGR/AGR	15	8 040
SNR	2	580
Summe	434	370 543

Kernkraftwerke weltweit nach Reaktortypen, Stand 1.7.2013. (Quelle: IAEA)

Kernkraftwerke, weltweit, stillgelegt

Seit der ersten Stromlieferung durch ein Kernkraftwerk in das öffentli-che Netz am 26. Juni 1954 durch die RBMK-Anlage APS-I in Obninsk, Russland, sind bis Anfang Juli 2013 weltweit 147 prototypische und kommerzielle Kernkraftwerke außer Betrieb genommen worden. Die gesamte installierte elektrische Nettoleistung dieser stillgelegten Anlagen betrug 55 100 MWe.

Land	Anzahl	Land	Anzahl
Armenien	1	Litauen	2
Belgien	1	Niederlande	1
Bulgarien	4	Russland	5
Deutschland	27	Schweden	3
Frankreich	12	Schweiz	1
Großbritannien	29	Slowakische Republik	3
Italien	4	Spanien	2
Japan	9	Ukraine	4
Kanada	6	USA	32
Kasachstan	1	Summe	147

Kernkraftwerke, weltweit, stillgelegt, Stand: 1.7.2013. (Quelle: IAEA)

Kernladungszahl
→Ordnungszahl.

Kernmaterialüberwachung
Organisatorische und physikalische Prüfmethoden, die eine Überwachung des spaltbaren Materials ermöglichen und die unerlaubte Entnahme entdecken. In Deutschland wird die Kernmaterialüberwachung von Euratom und IAEO durchgeführt.

Kernreaktor
→Reaktor.

Kernreaktor-Fernüberwachungssystem
Messsystem zur Erfassung von Emissions- und Strahlendosiswerten sowie Betriebsparametern von Kernkraftwerken und Fernübertragung zur zentralen Datenverarbeitung und Auswertung bei der Überwachungsbehörde.

Kernschmelzen
Fällt die Kühlung des Reaktorkerns z. B. bei einem großen Leck im Reaktorkühlkreislauf und gleichzeitigem Versagen der Notkühlung aus, so heizt die im Brennstoff durch den radioaktiven Zerfall der Spaltprodukte entstehende Nachwärme den Reaktorkern auf. Dabei kann der Brennstoff bis auf Schmelztemperatur erhitzt werden. Beim Schmelzen des Brennstoffs versagen auch die Kerntragestrukturen. Die gesamte Schmelzmasse stürzt in den unteren halbkugelförmigen Bereich des Reaktordruckbehälters. Es ist davon auszugehen, dass die in der Schmelze freigesetzte Wärme den Boden des Reaktordruckbehälters durchschmilzt. Für das Ausmaß der Freisetzung radioaktiver Stoffe in die Umgebung bei einem solchen Kernschmelzunfall ist die Dichtheit des Sicherheitsbehälters von Bedeutung.

Kernschmelzrückhalteeinrichtung
Konstruktion in einem Reaktor zum Auffangen und Kühlen eines geschmolzenen Reaktorkerns. Die Reaktorgrube wird für die Aufnahme der bei einem Kernschmelzunfall entstehenden flüssigen Metallschmelze so ausgelegt, dass die Schmelzmasse durch die Schwerkraft in einen tieferliegenden Bereich aus feuerfestem Material geleitet wird, wo sie sich von selbst so ausbreitet, dass die in ihr enthaltene Energie durch Kühlung entzogen werden kann und die Schmelze erstarrt.

Kernspaltung
Spaltung eines Atomkernes in zwei Teile etwa derselben Größe durch den Stoß eines Teilchens. Die Kernspaltung kann bei sehr schwe-

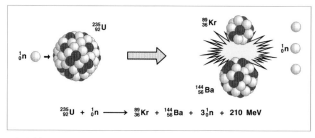

Beispiel für Kernspaltung an U-235.

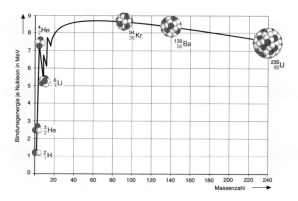

Verlauf der Kernbindungsenergie.

ren Kernen auch spontan auftreten; →Spaltung, spontane. Bei der Kernspaltung von Uran-235 wird durch Einfang eines Neutrons der Urankern zur Spaltung angeregt. Dabei entstehen im Allgemeinen zwei – seltener drei – →Spaltprodukte, zwei bis drei Neutronen und Energie.

Im Urankern sind die →Nukleonen mit einer mittleren Energie von etwa 7,6 MeV pro Nukleon gebunden. In den Spaltproduktkernen beträgt die mittlere Bindungsenergie je Nukleon etwa 8,5 MeV. Diese Differenz in der Bindungsenergie von 0,9 MeV je Nukleon wird bei der Kernspaltung freigesetzt. Da der Urankern 235 Nukleonen besitzt, wird pro Spaltung ein Energiebetrag von rund 210 MeV frei. Er setzt sich aus folgenden Teilbeträgen zusammen:

- kinetische Energie der Spaltprodukte   175 MeV,
- kinetische Energie der Spaltneutronen   5 MeV,
- Energie der unmittelbar bei der Spaltung
  auftretenden Gamma-Strahlung   7 MeV,
- Energie der Beta- und Gamma-Strahlung
  beim Zerfall der radioaktiven Spaltprodukte   13 MeV,
- Energie der Neutrinos   10 MeV.

Durch die bei der Kernspaltung freigesetzten Neutronen ist prinzipiell eine →Kettenreaktion möglich. Anlagen, in denen Spaltungskettenreaktionen kontrolliert ablaufen, nennt man Kernreaktoren.

Kerntechnischer Hilfsdienst

Die Kerntechnische Hilfsdienst GmbH in Eggenstein-Leopoldshafen ist eine von Betreibern kerntechnischer Anlagen gegründete Gesellschaft zur Gewährleistung der Schadensbekämpfung bei Unfällen oder Störfällen in kerntechnischen Anlagen und beim Transport radioaktiver Stoffe. Zur Eindämmung und Beseitigung der durch Unfälle oder Störfälle entstandenen Gefahren werden die erforderlichen speziellen Hilfsmittel und entsprechend ausgebildetes Personal vorgehalten.

Kettenreaktion

Reaktion, die sich von selbst fortsetzt. In einer Spaltungskettenreaktion absorbiert ein spaltbarer Kern in Neutron, spaltet sich und setzt dabei mehrere Neutronen frei (bei U-235 im Mittel 2,46). Diese Neutronen können ihrerseits wieder durch andere spaltbare Kerne absorbiert werden, Spaltungen auslösen und weitere Neutronen freisetzen.

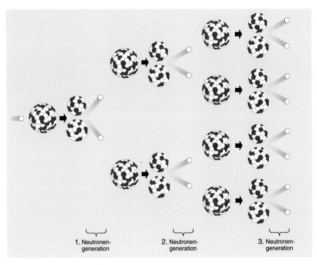

Prinzip einer Kettenreaktion.

keV

Kiloelektronvolt; 1 keV = 1 000 eV; →Elektronvolt.

KFÜ

→Kernreaktor-Fernüberwachungssystem.

KGG

Kernkraftwerk Gundremmingen, →KRB-B, →KRB-C

KGR

Am Standort des Kernkraftwerks Greifswald bei Lubmin waren von 1973 bis Mitte 1990 fünf Druckwasserreaktoren sowjetischer Bauart mit einer elektrischen Bruttoleistung von je 440 MW in Betrieb:

- KGR-1: 3.12.1973 bis 18.12.1990, erzeugte elektrische Energie: 41 Milliarden Kilowattstunden,
- KGR-2: 3.12.1974 bis 14.02.1990, erzeugte elektrische Energie: 40 Milliarden Kilowattstunden,
- KGR-3: 6.10.1977 bis 28.02.1990, erzeugte elektrische Energie: 36 Milliarden Kilowattstunden,
- KGR-4: 22.07.1979 bis 2.06.1990, erzeugte elektrische Energie: 32 Milliarden Kilowattstunden,
- KGR-5: 26.03.1989 bis 30.11.1989, Probebetrieb.

1990 waren noch drei weitere Blöcke gleicher Leistungsgröße im Bau. Aufgrund des gegenüber westlichen Standards festgestellten Sicherheitsdefizits wurden im Laufe des Jahres 1990 die Reaktoren 1 bis 5 außer Betrieb genommen und der Weiterbau der Blöcke 6 bis 8 eingestellt. Die Stilllegungsarbeiten für die Anlage haben am 30.06.1995 begonnen.

KHG

→Kerntechnische Hilfsdienst GmbH.

Kilogramm, effektives

Eine besondere bei der Anwendung von Sicherungsmaßnahmen von Kernmaterial verwendete Einheit. Die Menge in effektiven Kilogramm entspricht:

- bei Plutonium seinem Gewicht in Kilogramm,
- bei Uran mit einer Anreicherung von 1 % und darüber seinem Gewicht in Kilogramm multipliziert mit dem Quadrat seiner Anreicherung,
- bei Uran mit einer Anreicherung unter 1 % und über 0,5 % seinem Gewicht in Kilogramm multipliziert mit 0,0001,
- bei abgereichertem Uran (0,5 % und darunter) und für Thorium ihrem Gewicht in Kilogramm multipliziert mit 0,00005.

KKB

Kernkraftwerk Brunsbüttel in Brunsbüttel/Elbe, Siedewasserreaktor mit einer elektrischen Bruttoleistung von 806 MW; Baubeginn 15.4.1970, nukleare Inbetriebnahme am 23.6.1976, Beginn des kommerziellen Leistungsbetriebs am 9.2.1977. Seit dem 21.7.2007 abgeschaltet, Betriebsgenehmigung am 6.8.2011 ausgelaufen,

Antrag auf Stilllegung am 1.11.2012. Kumulierte Bruttostromerzeugung: 126 Mrd. kWh.

KKE

Kernkraftwerk Emsland in Lingen/Ems, Druckwasserreaktor mit einer elektrischen Bruttoleistung von 1400 MW, Baubeginn am 10.8.1982, nukleare Inbetriebnahme am 14.4.1988, Beginn des kommerziellen Leistungsbetriebs am 20.6.1988. Bruttostromerzeugung bis Ende 2012: 278,9 Mrd. kWh. Entsprechend Atomgesetz endet die Genehmigung zum Leistungsbetrieb mit Ablauf des 31.12.2022.

KKG

Kernkraftwerk Grafenrheinfeld in Grafenrheinfeld/Main, Druckwasserreaktor mit einer elektrischen Bruttoleistung von 1345 MW, Baubeginn am 1.1.1975, nukleare Inbetriebnahme am 9.12.1981, Beginn des kommerziellen Leistungsbetriebs am 17.6.1982. Bruttostromerzeugung bis Ende 2012: 308,2 Mrd. kWh. Entsprechend Atomgesetz endet die Genehmigung zum Leistungsbetrieb mit Ablauf des 31.12.2015.

KKI-1

Kernkraftwerk Isar-1 in Essenbach/Isar, Block 1, Siedewasserreaktor mit einer elektrischen Bruttoleistung von 912 MW, Baubeginn am 1.5.1972, nukleare Inbetriebnahme am 20.11.1977, Beginn des kommerziellen Leistungsbetriebs am 21.3.1979. Am 17.3.2011 abgeschaltet, Betriebsgenehmigung am 6.8.2011 ausgelaufen. Kumulierte Bruttostromerzeugung 206,6 Mrd. kWh.

KKI-2

Kernkraftwerk Isar-2 in Essenbach/Isar, Block 2, Druckwasserreaktor mit einer elektrischen Bruttoleistung von 1485 MW, Baubeginn 15.9.1982, nukleare Inbetriebnahme am 15.1.1988, Beginn des kommerziellen Leistungsbetriebs am 9.4.1988. Bruttostromerzeugung bis Ende 2012: 283,5 Mrd. kWh. Entsprechend Atomgesetz endet die Genehmigung zum Leistungsbetrieb mit Ablauf des 31.12.2022.

KKK

Kernkraftwerk Krümmel/Elbe, Siedewasserreaktor mit einer elektrischen Bruttoleistung von 1402 MW, Baubeginn am 5.4.1974, nukleare Inbetriebnahme am 14.9.1983, Aufnahme des kommerziellen Leistungsbetriebs am 28.3.1984. Seit 4.7.2009 abgeschaltet, Betriebsgenehmigung am 6.8.2011 ausgelaufen. Kumulierte Bruttostromerzeugung: 210,8 Mrd. kWh.

KKN

Kernkraftwerk Niederaichbach/Isar, CO_2-gekühlter, D_2O-moderierter Druckröhrenreaktor mit einer elektrischen Bruttoleistung von 106 MW, Baubeginn am 1.6.1966, nukleare Inbetriebnahme am 17.12.1972. Die Anlage wurde am 31.7.1974 aus wirtschaftlichen Gründen wegen der schnellen und erfolgreichen Entwicklung und Einführung der Baulinien der Druck- und Siedewasserreaktoren außer Betrieb genommen. Stromproduktion 15,2 Millionen Kilowattstunden Die Anlage wurde zunächst in den gesicherten Einschluss überführt. Am 6.6.1986 wurde die Genehmigung zur Beseitigung der Anlage erteilt. Am 17.8.1995 waren alle Abbauarbeiten abgeschlossen und damit für das erste Kernkraftwerk in Deutschland der Zustand der „grünen Wiese" wieder hergestellt.

KKP-1

Kernkraftwerk Philippsburg/Rhein, Block 1, Siedewasserreaktor mit einer elektrischen Bruttoleistung von 926 MW, Baubeginn am 1.10.1970, nukleare Inbetriebnahme am 9.3.1979, erste Synchronisation am 5.5.1979, Beginn des kommerziellen Leistungsbetriebs am 26.3.1980. Am 17.3.2011 abgeschaltet, Betriebsgenehmigung am 6.8.2011 ausgelaufen. Antrag auf Stilllegung am 6.5.2013. Kumulierte Bruttostromerzeugung: 196 Mrd. kWh.

KKP-2

Kernkraftwerk Philippsburg/Rhein, Block 2, Druckwasserreaktor mit einer elektrischen Bruttoleistung von 1458 MW, Baubeginn am 7.7.1977, nukleare Inbetriebnahme am 13.12.1984, erste Synchronisation am 17.12.1984, Beginn des kommerziellen Leistungsbetriebs am 18.4.1985. Stromproduktion (brutto) seit der ersten Synchronisation bis Ende 2012: 306,2 Mrd.kWh. Entsprechend Atomgesetz endet die Genehmigung zum Leistungsbetrieb mit Ablauf des 31.12.2019.

KKR

Kernkraftwerk Rheinsberg, Druckwasserreaktor mit einer elektrischen Bruttoleistung von 70 MW, erstes Kernkraftwerk der ehemaligen DDR, Baubeginn am 1.1.1960, erste Kritikalität am 11.3.1966, Aufnahme des Leistungsbetriebs am 6.5.1966. Am 1.6.1990 endgültig abgeschaltet. Mit der Stilllegung wurde am 28.4.1995 begonnen. Die kumulierte Stromerzeugung betrug 9 Milliarden Kilowattstunden.

KKS

Kernkraftwerk Stade/Elbe, Druckwasserreaktor mit einer elektrischen Bruttoleistung von 672 MW, Baubeginn am 1.12.1967, nukleare Inbetriebnahme am 8.1.1972, Beginn des kommerziellen Leistungsbetriebs am 19.5.1972. Am 14.11.2003 aus wirtschaftlichen Gründen endgültig abgeschaltet. Kumulierte Stromerzeugung 146 Milliarden Kilowattstunden. Die atomrechtliche Genehmigung für die Stilllegung wurde am 7.9.2005 erteilt.

KKU

Kernkraftwerk Unterweser in Rodenkirchen-Stadland/Weser, Druckwasserreaktor mit einer elektrischen Bruttoleistung von 1410 MW, Baubeginn am 1.7.1972, nukleare Inbetriebnahme am 16.9.1978, Beginn des kommerziellen Leistungsbetriebs am 6.9.1979. Am 18. März 2011 abgeschaltet, Betriebsgenehmigung am 6.8.2011 ausgelaufen, Antrag auf Stilllegung am 4.5.2012 gestellt. Die kumulierte Stromerzeugung betrug 289,75 Milliarden Kilowattstunden.

KKW
Kernkraftwerk.

KKW Nord
→KGR

KMK
Kernkraftwerk Mülheim-Kärlich/Rhein, Druckwasserreaktor mit einer elektrischen Bruttoleistung von 1308 MW, Baubeginn 15.1.1975, nukleare Inbetriebnahme am 1.3.1986, Beginn des kommerziellen Leistungsbetriebs am 1.8.1987. Formale Mängel der 1. Teilerrichtungsgenehmigung, die der Genehmigungsbehörde von den Gerichten angelastet wurden, führten zur Aufhebung der Betriebsgenehmigung und der Außerbetriebnahme am 9.9.1988. Die kumulierte Stromerzeugung betrug 10,3 Milliarden Kilowattstunden. Am 16.7.2004 wurde die Genehmigung für die Stilllegung des Kernkraftwerks Mülheim-Kärlich erteilt.

KNK-I/II
Kompakte natriumgekühlte Kernreaktoranlage im Forschungszentrum Karlsruhe, schneller natriumgekühlter Reaktor mit einer elektrischen Bruttoleistung von 21 MW. Mit dem Bau als thermischer Reaktor wurde am 1.5.1966 begonnen und unter der Bezeichnung KNK I am 21.2.1974 in Betrieb genommen. Nach Umbau zum schnellen Reaktor unter der Bezeichnung KNK II nukleare Inbetriebnahme am 10.10.1977, Beginn des Leistungsbetriebs am 3.3.1979. Am 23.8.1991 endgültig abgeschaltet. Die kumulierte Stromerzeugung als KNK-II betrug 0,32 Milliarden Kilowattstunden. Die Genehmigung zur Stilllegung wurde am 26.8.1993 erteilt.

Knochensucher

Ein Stoff, der im menschlichen und tierischen Körper bevorzugt in Knochen abgelagert wird. Bei radioaktiven Stoffen z. B. Sr-90 oder Ra.

Kohlenstoff-14

Natürlicher Kohlenstoff-14 (C-14) entsteht durch eine (n,p) Reaktion von Neutronen der kosmischen Strahlung mit Stickstoff-14 in der oberen Atmosphäre. In organischem Material, das am Kohlenstoffzyklus teilnimmt, stellt sich durch den ständigen Einbau von radioaktivem C-14 neben dem stabilen C-12 ein den jeweiligen Umweltbedingungen entsprechendes Verhältnis von C-14 zu C-12 ein. Messungen an Holz von Bäumen aus dem 19. Jahrhundert ergaben rund 230 Becquerel C-14 pro Kilogramm Kohlenstoff. Dieses natürliche (vorindustrielle) Verhältnis zwischen dem radioaktiven Kohlenstoff-14 und dem stabilen Kohlenstoff-12 in der Atmosphäre ist heutzutage durch zwei gegenläufige Effekte beeinflusst:

- Die massive Erzeugung von CO_2 durch das Verbrennen fossiler – und damit auf Grund des Alters C-14-freier – Energieträger, führt zu einer Vergrößerung des C-12-Anteils. Damit kommt es zu einer Verringerung des vorindustriellen Verhältnisses von C-14 zu C-12. Mitte der 50er Jahre ergab sich durch diesen sogenannten Suess-Effekt bereits eine Reduktion der C-14-Aktivität pro kg Kohlenstoff in der Atmosphäre um fünf Prozent.
- Kernwaffentests in der Atmosphäre und Ableitungen aus kerntechnischen Einrichtungen bedingen eine Erhöhung des C-14-Anteils in der Atmosphäre.

Die natürliche Konzentration an C-14 führt im menschlichen Körper zu einer C-14-Aktivität von rund 3,8 kBq. Die resultierende effektive Jahresdosis beträgt 12 μSv.

Koinzidenz

Zeitlicher Zusammenfall zweier Ereignisse. Koinzidenz bedeutet nicht, dass zwei Ereignisse absolut gleichzeitig eintreten, sondern nur, dass beide Ereignisse innerhalb einer Zeit auftreten, die durch das zeitliche Auflösungsvermögen des Nachweisgerätes gegeben ist.

Kokille

In der Kerntechnik Bezeichnung für den Glasblock – einschließlich seiner gasdicht verschweißten Metallumhüllung aus korrosionsbeständigem Stahl – des verglasten hochradioaktiven Abfalls. Eine Kokille enthält etwa 400 kg Glasprodukt mit 16 % radioaktivem Abfall.

Kollektivdosis

Produkt aus der Anzahl der Personen der exponierten Bevölkerungs-
gruppe und der mittleren Dosis pro Person. Als Einheit für die Kollektivdosis ist das „Personen-Sievert" üblich.

Kompaktlager

Einrichtung zur Lagerung bestrahlter Brennelemente im Reaktor-
gebäude unter – verglichen mit der Normallagerung – dichterer
Belegung der Lagerbecken bei Verwendung technischer Maßnahmen
zur Wahrung der Kritikalitätssicherheit.

Kondensationsbecken

Wasservorlage innerhalb des Sicherheitsbehälters eines Siedewasserreaktors zur Kondensation des beim Bruch einer Frischdampfleitung
ausströmenden Dampfes. Durch die Kondensation des Dampfes wird
ein hoher Druck innerhalb des Sicherheitsbehälters abgebaut.

Konrad

1976 stillgelegte Eisenerzgrube in Salzgitter; vorgesehen zur Endlagerung radioaktive Abfälle mit vernachlässigbarer Wärmeentwicklung
sowie für Großkomponenten aus kerntechnischen Anlagen. Am
31.8.1982 wurde der Antrag auf Einleitung des Planfeststellungs-
verfahrens für die Endlagerung gestellt und am 5. Juni 2002 die
Genehmigung zur Einlagerung eines Abfallgebindevolumens von ca.
300 000 m³ von radioaktiven Abfällen mit vernachlässigbarer Wärmeentwicklung erteilt. Klagen gegen diese Genehmigung wurden
durch das Bundesverwaltungsgericht abgewiesen. Damit ist die Genehmigung zu Bau und Betrieb des Endlagers Konrad rechtskräftig.
Die Zulassung des Hauptbetriebsplanes im Januar 2008 ermöglicht
die Umrüstung der Schachtanlage Konrad zu einem Endlager für
schwach- und mittelradioaktive Abfälle. Eine Einlagerung radioaktiver
Abfälle wird voraussichtlich ab 2019 möglich sein.

Kontamination

Unerwünschte Verunreinigung von Arbeitsflächen, Geräten, Räumen,
Wasser, Luft usw. durch radioaktive Stoffe. →Dekontamination.

Kontrollbereich

Kontrollbereiche sind Bereiche, in denen Personen im Kalenderjahr
eine effektive Dosis von mehr als 6 Millisievert oder höhere Organdosen als 45 Millisievert für die Augenlinse oder 150 Millisievert für
die Haut, die Hände, die Unterarme, die Füße und Knöchel erhalten
können. Dabei sind die äußere und die innere Strahlenexposition
zu berücksichtigen. Maßgebend bei der Festlegung der Grenze von
Kontrollbereich oder Überwachungsbereich ist eine Aufenthaltszeit

von 40 Stunden je Woche und 50 Wochen im Kalenderjahr, soweit keine anderen begründeten Angaben über die Aufenthaltszeit vorliegen. Kontrollbereiche sind abzugrenzen und zu kennzeichnen. Der Zutritt ist nur unter Beachtung besonderer Strahlenschutzvorschriften zulässig.

Konversion

In der Kerntechnik wird der Begriff "Konversion" für verschiedene Vorgänge benutzt.

- Umwandlung eines für den Einsatz in thermischen Reaktoren nicht geeigneten Nuklids in eine spaltbare Substanz, z. B. U-238 $\Rightarrow$ Pu-239 oder Th-232 $\Rightarrow$ U-233. →Brutstoff.
- Umwandlung von Uranoxid in UF_6 (Uranhexafluorid). Diese leicht flüchtige Uranverbindung wird in Uran-Anreicherungsanlagen eingesetzt. Die Rückumwandlung von UF_6 in UO_2 (Urandioxid) wird ebenfalls als Konversion bezeichnet.
- Umwandlung von waffenfähigen Materialien (waffenfähiges Plutonium, hochangereichertem Uran →HEU) in Kernbrennstoff für Kernreaktoren (→LEU bzw. →MOX)

Konversionselektron

Elektron, das aus der Atomhülle losgelöst wurde, indem die Energie eines vom selben Kern emittierten Gammaquants auf dieses Elektron übertragen wurde. Die kinetische Energie des Konversionselektrons ist gleich der Energie des Gammaquants, vermindert um die Bindungsenergie des Elektrons.

Konversionskoeffizient, innerer

Quotient aus der Zahl der emittierten Konversionselektronen und der Zahl der emittierten, nicht konvertierten Gammaquanten.

Konverterreaktor

Kernreaktor, der spaltbares Material erzeugt, jedoch weniger als er verbraucht. Der Begriff wird auch auf einen Reaktor angewandt, der ein spaltbares Material erzeugt, das sich von dem verbrannten Brennstoff unterscheidet. In beiden Bedeutungen heißt der Vorgang Konversion. →Brutreaktor.

Körperdosis

Körperdosis ist der Sammelbegriff für effektive →Dosis und →Organdosis. Die Körperdosis für einen Bezugszeitraum (z. B. Kalenderjahr, Monat) ist die Summe aus der durch äußere Strahlenexposition während dieses Zeitraums erhaltenen Körperdosis und der →Folgedosis, die durch eine während dieses Zeitraums stattfindende Aktivitätszufuhr bedingt ist.

kosmische Strahlung

Strahlung, die direkt oder indirekt aus Quellen außerhalb der Erde herrührt. Die kosmische Strahlung ist Teil des natürlichen Strahlungsuntergrundes. Die durch die kosmische Strahlung hervorgerufene Dosis ist abhängig von der Höhe über dem Meer. In Meereshöhe beträgt sie 0,3 mSv pro Jahr, in 3000 m Höhe etwa 1,7 mSv pro Jahr. Bei Flugreisen bewirkt die kosmische Strahlung eine zusätzliche Dosis, auf einem Flug Frankfurt – New York – Frankfurt etwa 0,1 mSv. →Strahlenexposition, kosmische.

Kostenverordnung

Die Kostenverordnung zum Atomgesetz (AtKostV) vom 17. Dezember 1981, zuletzt geändert durch Artikel 4 des Gesetzes vom 29. August 2008, regelt die Erhebung von Gebühren und Auslagen durch die nach §§ 23 und 24 des Atomgesetzes zuständigen Behörden für deren Entscheidungen über Anträge nach dem Atomgesetz und die Maßnahmen der staatlichen Aufsicht.

Kraft-Wärme-Kopplung

Gleichzeitige Erzeugung von elektrischer Energie und Prozess oder Fernwärme in einem Kraftwerk. Bei der Kraft-Wärme-Kopplung wird insgesamt ein höherer thermischer Wirkungsgrad erreicht als bei alleiniger Stromerzeugung. Die Kraft-Wärme-Kopplung setzt einen hohen Wärmebedarf in geringer Standortentfernung vom Kraftwerk voraus.

Kraftwerksleistung in Deutschland

Die installierte Nettoleistung der Kraftwerke in Deutschland betrug 2011 rund 168 GW und die Nettostromerzeugung rund 580 Milliar-

Kraftwerkstyp	Anteil an der installierten Leistung, %	Anteil an der Netto-Stromerzeugung. %
Wind	17,3	8,0
Steinkohle	16,4	18,1
Erdgas	15,4	14,1
Photovoltaik	14,9	3,3
Braunkohle	11,9	24,3
Heizöl, Pumpspeicher, Sonstige	10,4	5,2
Kernenergie	7,2	17,6
Wasser (ohne Pumpspeicher)	3,3	3,3
Biomasse, sonstige Regenerative	3,2	6,1

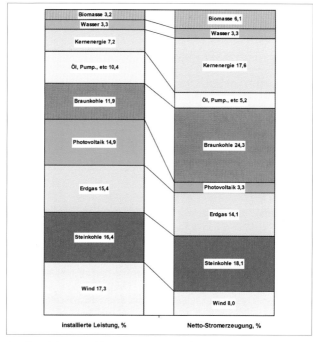

Installierte Leistung und Nettostromerzeugung der Energieträger zur Stromerzeugung, Deutschland 2011.

den kWh. Die Tabelle zeigt den Anteil der einzelnen Energieträger an der installierten Kraftwerksleistung und den Beitrag zur Stromproduktion (Quelle: BDEW).

KRB-A

Kernkraftwerk Gundremmingen/Donau, Siedewasserreaktor mit einer elektrischen Bruttoleistung von 250 MW, Baubeginn 12.12.1962, nukleare Inbetriebnahme am 14.8.1966, Beginn des kommerziellen Leistungsbetriebs am 12.4.1967. Am 13.1.1977 endgültig außer Betrieb genommen; kumulierte Stromerzeugung: 13,8 Milliarden Kilowattstunden. Die Stilllegung wurde am 26.5.1983 genehmigt.

KRB-B

Kernkraftwerk Gundremmingen/Donau, Block B, Siedewasserreaktor mit einer elektrischen Bruttoleistung von 1344 MW, Baubeginn am 20.7.1976, nukleare Inbetriebnahme am 9.3.1984, Beginn des kommerziellen Leistungsbetriebs am 19.7.1984. Bruttostromerzeugung bis Ende 2012: 280,6 Mrd. kWh. Entsprechend Atomgesetz endet die Genehmigung zum Leistungsbetrieb mit Ablauf des 31.12.2017.

KRB-C

Kernkraftwerk Gundremmingen/Donau, Block C, Siedewasserreaktor mit einer elektrischen Bruttoleistung von 1344 MW, Baubeginn am 20.7.1976, nukleare Inbetriebnahme am 2.11.1984, Beginn des kommerziellen Leistungsbetriebs am 18.1.1985.Bruttostromerzeugung bis Ende 2012: 270 Mrd. kWh. Entsprechend Atomgesetz endet die Genehmigung zum Leistungsbetrieb mit Ablauf des 31.12.2021.

Kritikalität

Der Zustand eines Kernreaktors, in dem eine sich selbst erhaltende Kettenreaktion abläuft.

Kritikalitätssicherheit

Sicherheit gegen unzulässiges Entstehen kritischer oder überkritischer Anordnungen oder Zuständen.

Kritikalität, prompte

Der Zustand eines Reaktors, in dem die Kettenreaktion allein durch prompte Neutronen aufrechterhalten wird, d. h. ohne Hilfe verzögerter Neutronen. →Neutronen, prompte; →Neutronen, verzögerte.

Kritikalitätsstörfall

Störfall als Folge des ungewollten Entstehens einer kritischen Anordnung spaltstoffhaltiger Bauteile. Ein Kritikalitätsstörfall hat im betroffenen Anlagenbereich kurzfristig eine hohe Gamma- und Neutronenstrahlung sowie eine Energiefreisetzung aus den Kernspaltungen zur Folge.

kritisch

Ein Reaktor ist kritisch, wenn durch Kernspaltung ebenso viele Neutronen erzeugt werden wie durch Absorption im Brennstoff und Strukturmaterial und Ausfluss verloren gehen. Der kritische Zustand ist der normale Betriebszustand eines Reaktors.

kritische Größe

Mindestabmessung einer Brennstoffanordnung, die bei bestimmter geometrischer Anordnung und Materialzusammensetzung →kritisch wird.

kritische Masse

Kleinste Spaltstoffmasse, die unter festgelegten Bedingungen (Art des Spaltstoffs, Geometrie, moderiertes/unmoderiertes System etc.) eine sich selbsterhaltende Kettenreaktion in Gang setzt. Die Tabelle enthält für einige Nuklide die minimale kritische Masse für bestimmte Bedingungen.

Isotop	kleinste kritische Masse in Kugelform für wässrige Lösung bei optimaler Moderation		kleinste kritische Masse in Kugelform für Metall (schnelle unmoderierte Systeme)	
	unreflektiert, kg	Wasser reflektiert, kg	unreflektiert, kg	Stahl reflektiert, kg
U 233	1,080	0,568	15,8	6,1
U 235	1,420	0,784	46,7	16,8
Np 237	-	-	63,6	38,6
Pu 238	-	-	9,5	4,7
Pu 239	0,877	0,494	10,0	4,5
Pu 240	-	-	35,7	19,8
Pu 241	0,511	0,246	12,3	5,1
Am 241	-	-	57,6	33,8
Am 242m	0,042	0,020	8,8	3,0
Cm 243	0,280	0,127	8,4	3,1
Cm 244	-	-	26,6	13,2
Cm 245	0,116	0,054	9,1	3,5
Cm 247	4,060	2,180	6,9	2,8
Cf 249	0,129	0,060	5,9	2,4
Cf 251	0,048	0,025	5,5	2,3

Kleinste kritische Massen für einige Spaltstoffe unter bestimmten Randbedingungen.

kritisches Experiment

Experiment zur Bestätigung von Rechnungen im Hinblick auf die →kritische Größe und Masse sowie andere physikalische Daten, die die Reaktorkonstruktion beeinflussen.

K-Strahlung

K-Strahlung ist die charakteristische Röntgenstrahlung, die beim Wiederauffüllen der K-Schale, z. B. nach einem →K-Einfang, ausgesandt wird. Die Wiederauffüllung einer inneren Schale kann auch strahlungslos verlaufen; die freiwerdende Energie wird in diesem Fall auf ein Elektron einer weiter außen liegenden Schale übertragen, das die Atomhülle verlässt (Auger-Effekt).

KTA

Kerntechnischer Ausschuss. Der KTA hat die Aufgabe, auf Gebieten der Kerntechnik, bei denen sich aufgrund von Erfahrungen eine einheitliche Meinung von Fachleuten der Hersteller, Ersteller und Betreiber von Atomanlagen, der Gutachter und Behörden abzeichnet, für die Aufstellung sicherheitstechnischer Regeln zu sorgen und deren Anwendung zu fördern.

KTG
Kerntechnische Gesellschaft, Robert-Koch-Platz 4, 10115 Berlin. Die Kerntechnische Gesellschaft e. V. ist ein gemeinnütziger Zusammenschluss von Wissenschaftlern, Ingenieuren, Technikern, Wirtschaftlern und anderen Personen mit dem Ziel, den Fortschritt von Wissenschaft und Technik auf dem Gebiet der friedlichen Nutzung der Kernenergie und verwandter Disziplinen zu fördern

Kühlmittel
Jeder Stoff, der der Wärmeableitung in einem Kernreaktor dient. Übliche Kühlmittel sind leichtes und schweres Wasser, Kohlendioxid, Helium und flüssiges Natrium.

Kühlteich
Nutzung künstlicher oder natürlicher Teiche oder Seen zur Wasserrückkühlung. Um bei Feuchtlufttemperaturen von 8 °C (12 °C trocken, relative Luftfeuchte 57 %) eine Kaltwassertemperatur von 21 °C halten zu können, ist für ein Kraftwerk mit einer elektrischen Leistung von 1300 MW ein Teich mit etwa 10 km² Kühlfläche notwendig.

Kühlturm
Turmartige Betonkonstruktion zur →Wasserrückkühlung. →Nasskühlturm. →Trockenkühlturm.

Kugelhaufenreaktor
Gasgekühlter Hochtemperaturreaktor, dessen Spaltzone aus einer Kugelschüttung von Brennstoff- und Moderator-(Graphit-)Kugeln besteht. Die stillgelegten Kernkraftwerke AVR in Jülich und THTR-300

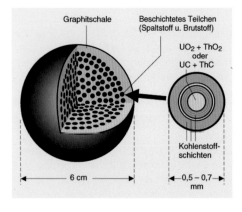

Schematische Darstellung der Brennstoffkugel des Kugelhaufen-Reaktors.

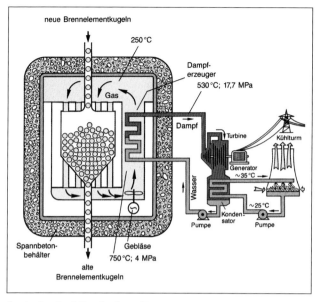

Kernkraftwerk mit Kugelhaufenreaktor.

in Uentrop hatten einen Kugelhaufenreaktor. Der THTR-300 enthielt etwa 600 000 Brennstoff- und Moderatorkugeln. Die Brennstoffkugeln bestehen aus einem Kern aus U-235 und Thorium, der von einer Graphitkugel mit 6 cm Durchmesser umgeben ist.

kurzlebige Radionuklide
Die Strahlenschutzverordnung definiert als kurzlebige Radionuklide radioaktive Stoffe mit einer Halbwertszeit bis zu 100 Tagen.

Kurzzeitausbreitung
Begriff für die Ermittlung der Strahlenexposition durch kurzzeitige Emission. Die Umgebungsbelastung durch kurzzeitige Schadstoffreisetzung von bis zu etwa einer Stunde Dauer, während der sich die meteorologischen Einflussgrößen wie Windgeschwindigkeit und -richtung sowie die Diffusionskategorie nicht ändern, lässt sich durch den Kurzzeitausbreitungsfaktor bei der Ausbreitungsrechnung berücksichtigen.

KWG
Kernkraftwerk Grohnde/Weser, Druckwasserreaktor mit einer elektrischen Bruttoleistung von 1430 MW, Baubeginn am 1.6.1976, nukleare Inbetriebnahme am 1.9.1984, Beginn des kommerziellen Leistungsbetriebs am 1.2.1985. Bruttostromerzeugung bis Ende

2012: 316,5 Mrd. kWh. Entsprechend Atomgesetz endet die Genehmigung zum Leistungsbetrieb mit Ablauf des 31.12.2021.

KWL

Kernkraftwerk Lingen/Ems, Siedewasserreaktor mit fossilem Überhitzer mit einer elektrischen Bruttoleistung von 268 MW. Baubeginn am 1.10.1964, nukleare Inbetriebnahme am 31.1.1968, Beginn des kommerziellen Leistungsbetriebs am 1.10.1968. Am 5.1.1977 endgültig außer Betrieb genommen; kumulierte Stromerzeugung 9,14 TWh. Seit dem 30.3.1988 befindet sich die Anlage im Zustand des „sicheren Einschluss". Am 15.12.2008 wurde der atomrechtliche Antrag auf Abbau der Anlage gestellt.

KWO

Kernkraftwerk Obrigheim/Neckar, Druckwasserreaktor mit einer elektrischen Bruttoleistung von 357 MW. Baubeginn am 15.3.1965, nukleare Inbetriebnahme am 22.9.1968, Beginn des kommerziellen Leistungsbetriebs am 31.3.1969. Nach fast 37-jähriger Betriebszeit wurde KWO am 11.5.2005 endgültig abgeschaltet. Die kumulierte Stromproduktion betrug 86,821 Milliarden Kilowattstunden. Mit der Stilllegung wurde am 28.8.2008 begonnen.

KWW

Kernkraftwerk Würgassen/Weser, Siedewasserreaktor, Bruttoleistung 670 MWe, Baubeginn am 26.1.1968, nukleare Inbetriebnahme am 20.10.1971, Beginn des kommerziellen Leistungsbetriebs am 11.11.1975. Am 26.8.1994 endgültig abgeschaltet. Die kumulierte Stromerzeugung betrug 69,682 Milliarden Kilowattstunden. Beginn der Stilllegung am 14.4.1997.

L

Landessammelstelle

Einrichtungen der Bundesländer für die Sammlung und Zwischenlagerung der in ihrem Gebiet angefallenen radioaktiven Abfälle, soweit diese nicht aus Kernkraftwerken stammen. Die folgende Tabelle enthält Angaben zu den Landessammelstellen und anderen Lagerstellen für radioaktive Abfälle

Bezeichnung der Anlage und Standort	Zweck der Anlage	Lagerkapazität lt. Genehmigung
Abfalllager Gorleben (Fasslager), Niedersachsen	Lagerung von schwach- und mittelradioaktiven Abfällen aus KKW, Medizin, Forschung und Gewerbe	200-l-, 400-l-Fässer, Betonbehälter Typ III, Gussbehälter Typ I-II, Container Typ I-IV mit Aktivität bis 5×10^{18} Bq
Abfalllager Esenshamm Niedersachsen	Lagerung von schwachradioaktiven Abfällen aus den KKW Unterweser und Stade	200-l- und 400-l-Fässer, Betonbehälter, Stahlblech-, Betoncontainer, Gussbehälter mit Aktivität bis $1{,}85 \times 10^{15}$ Bq
Sammelstelle der EVU, Mitterteich, Bayern	Zwischenlagerung von Abfällen mit vernachlässigbarer Wärmeentwicklung aus bayerischen kerntechnischen Anlagen	40 000 Gebinde (200-l-, 400-l-Fässer oder Gussbehälter)
Zwischenlager Nord (ZLN), Rubenow, Mecklenburg-Vorpommern	Zwischenlagerung von Betriebs- und Stillegungsabfällen der KKW Greifswald und Rheinsberg mit Zwischenlagerung der abgebauten Großkomponenten	200 000 m³
Zwischenlager Ahaus Nordrhein-Westfalen	Zwischenlagerung von Betriebs- und Stillegungsabfällen aus KKW	Beton-/Gussbehälter, Beton-/Stahlblechcontainer
Zwischenlager der NCS, Hanau	vernachlässigbar Wärme entwickelnde konditionierte Abfälle, Betriebs- u. Abbauabfälle	Siemens: 9000 m³, NUKEM, AREVA, GNS: 4000 m³
Hauptabteilung Dekontaminationsbetriebe der WAK GmbH, Eggenstein-Leopoldshafen	vernachlässigbar Wärme entwickelnde Abfälle Wärme entwickelnde Abfälle	77 424 m³ (Lagervolumen) 1240 m³ (Lagervolumen)
Landessammelstelle Baden-Württemberg, Eggenstein-Leopoldshafen	Abfälle aus Medizin, Forschung, Industrie	keine Kapazitätsgrenze angegeben (Kapazität HDB: 78 276 m³)

Bezeichnung der Anlage und Standort	Zweck der Anlage	Lagerkapazität lt. Genehmigung
Landessammelstelle Bayern, Mitterteich	Abfälle aus Medizin, Forschung, Industrie	10 000 Gebinde
Landessammelstelle Berlin, Berlin	Abfälle aus Medizin, Forschung, Industrie	445 m³
Landessammelstelle Hessen, Ebsdorfergrund	Abfälle aus Medizin, Forschung, Industrie	400 m³
Landessammelstelle Mecklenburg-Vorpommern, Rubenow	Abfälle aus Medizin, Forschung, Industrie	ein 20'-Container (ca. 80 Stück 70-l-Fässer)
Landessammelstelle Niedersachsen, Jülich	Abfälle aus Medizin, Forschung, Industrie	Kapazität ca. 300 Stk. 200-l-Fässern
Landessammelstelle Niedersachsen, Leese	Abfälle aus Medizin, Forschung, Industrie	3240 m³
Landessammelstelle Nordrhein-Westfalen, Jülich	Abfälle aus Medizin, Forschung, Industrie	2430 m³
Landessammelstelle Rheinland-Pfalz, Ellweiler	Abfälle aus Medizin, Forschung, Industrie	500 m³
Landessammelstelle Saarland, Elm-Derlen	Abfälle aus Medizin, Forschung, Industrie	50 m³
Landessammelstelle Sachsen, Rossendorf	Abfälle aus Medizin, Forschung, Industrie	570 m³
Landessammelstelle der vier norddeutschen Küstenländer, Geesthacht	Abfälle aus Medizin, Forschung, Industrie	68 m² Stellfläche

Sammelstellen für radioaktive Abfälle, Dez. 2010. (BT-Drs. 17/4329)

langlebige Radionuklide

Die Strahlenschutzverordnung definiert als langlebige Radionuklide radioaktive Stoffe mit einer Halbwertszeit von mehr als 100 Tagen.

Langzeitausbreitungsfaktor

Rechenfaktor der Ausbreitungsrechnung bei der Emission von Schadstoffen in die Atmosphäre, der die horizontale und vertikale Ausdehnung der Schadstoffwolke sowie die effektive Quellhöhe (Kaminhöhe und thermische Überhöhung) berücksichtigt. Der Langzeitausbreitungsfaktor wird durch den Kurzzeitausbreitungsfaktor in der Ausbreitungsrechnung ersetzt, wenn die Emission nicht länger als eine Stunde dauert.

Lastbereiche von Kraftwerken

Die durch die Leistungsanforderungen der Stromverbraucher sich ergebende Netzbelastung muss über einen zeitlich angepassten Kraftwerksbetrieb gedeckt werden. Dabei unterscheidet man Grundlast, Mittellast und Spitzenlast. In diesen Bereichen werden die Kraftwerke je nach ihren betriebstechnischen und wirtschaftlichen Eigenschaften eingesetzt. Grundlast fahren die Laufwasser-, Braunkohle- und Kernkraftwerke, Mittellast die Steinkohlen- und Gaskraftwerke und Spitzenlast die Speicher- und Pumpspeicherkraftwerke sowie Gasturbinenanlagen.

LAW

Low active waste; schwach aktiver Abfall; üblicherweise mit einer Aktivitätskonzentration von weniger als 10^{10} Bq/m³.

LD$_{50}$

→Letaldosis.

Lebensdauer, mittlere

Auch kurz Lebensdauer genannte Zeit, in der die Anzahl der Kerne eines Radionuklids auf 1/e (e = 2,718..., Basis des natürlichen Logarithmus) abnimmt. Die Lebensdauer ist gleich dem Reziprokwert der →Zerfallskonstanten λ. Zwischen der Lebensdauer τ und der →Halbwertszeit *T* besteht die Beziehung:

$$\tau = T/\ln 2 \approx 1{,}44 \cdot T.$$

Leichtwasserreaktor

Sammelbezeichnung für alle H_2O-moderierten und -gekühlten Reaktoren; →Siedewasserreaktor, →Druckwasserreaktor (H_2O = „leichtes" Wasser, im Gegensatz zu D_2O = „schweres" Wasser). Im Leichtwasserreaktor wird Wärme durch die kontrollierte Kernspaltung erzeugt. Der aus Brenn- und Steuerelementen bestehende Reaktorkern ist von einem wassergefüllten stählernen Druckbehälter umschlossen. Die bei der Spaltung entstehende Wärme geht an das Wasser über. Im Siedewasserreaktor verdampft das Wasser im Druckbehälter, im Druckwasserreaktor im Dampferzeuger eines zweiten Kreislaufes. Die Energie des Dampfes wird in Drehbewegungen der Turbine umgewandelt, an die ein Generator zur Erzeugung der elektrischen Energie gekoppelt ist. Nach Durchströmen der Turbine kondensiert der Dampf im Kondensator zu Wasser, das wieder dem Druckbehälter bzw. Dampferzeuger zugeführt wird. Das zur Kühlung des Kondensators nötige Wasser wird einem Fluss entnommen und erwärmt in den Fluss zurückgeleitet oder es gibt seine Wärme über einen Kühlturm an die Atmosphäre ab.

Leistung, spezifische

Thermische Leistung durch Kernspaltung in einem Raumbereich geteilt durch die Masse Schwermetall, die ursprünglich in diesem Raumbereich eingesetzt worden war. Typische Werte der mittleren spezifischen Leistung bei Volllast für einen Leichtwasserreaktor liegen zwischen 35 und 40 kW/kg.

Leistungsreaktor

Ein für die Verwendung in einem Kernkraftwerk geeigneter Kernreaktor, im Gegensatz zu Reaktoren, die hauptsächlich für die Forschung oder zur Erzeugung von Spaltstoffen dienen. Leistungsreaktoren haben thermische Leistungen bis zu 5000 MW, das entspricht einer elektrischen Leistung von 1500 MW. →Siedewasserreaktor, →Druck-wasserreaktor.

Leitnuklid

Für Abschirmungsrechnungen, Ausbreitungsrechnungen oder zur Ermittlung von Ortsdosisleistungen genügt es oft, nur einige wenige spezielle Radionuklide, die Leitnuklide, zu berücksichtigen. Die Leitnuklide verfügen über chemische Ähnlichkeit und/oder so hohe spezifische Zerfallsenergie, dass sie schwächer strahlende Radionuklide in ihrer Wirkung überdecken, sodass deren rechnerische Vernachlässigung keine Fehler bei Strahlenschutzrechnungen hervorruft. Leitnuklide werden auch genutzt, um bei bekannter Vorgeschichte des Materials, in dem sich das oder die Leitnuklide befinden, die Menge an anderen Nukliden zu berechnen.

Leitungsverluste

Energieverluste, die durch den Transport der Energieträger zu den Verbrauchsorten entstehen.

Lepton

„Leichtes" →Elementarteilchen. Zu den Leptonen gehören die Elementarteilchen, die nur der schwachen und – falls elektrisch geladen – der elektromagnetischen Wechselwirkung sowie der Gravitation unterliegen. Zu den Leptonen gehören die Neutrinos, das Elektron, das Myon und das τ-Teilchen.

LET

linear energy transfer; →linearer Energietransfer.

Letaldosis

Dosis ionisierender Strahlung, die zum Tod des bestrahlten Individuums infolge akuter Strahlenschäden führt. Die mittlere Letaldosis (LD$_{50}$) ist die Dosis, bei der die Hälfte der Individuen, die ähnlich bestrahlt wurden, stirbt. Mit LD_1 wird die Dosis bezeichnet, die zu einer Mortalität von 1 % der bestrahlten Personen führt; entsprechend führt die LD_{99} bei allen (99 %) Bestrahlten zum Tod. Unter Berücksichtigung der Fortschritte der ärztlichen Versorgung ergibt sich beim Menschen bei einer weitgehend homogenen Bestrahlung des Ganzkörpers – von Bedeutung ist hier insbesondere die Knochenmarkdosis – eine LD_1 von 2,5 Gy, LD_{50} von 5 Gy und LD_{99} von 8 Gy.

LEU
engl. *l*ow *e*nriched *u*ranium, niedrig angereichertes Uran. Uran mit einer U-235-Anreicherung von weniger als 20 % wird als LEU bezeichnet. →HEU

Linearbeschleuniger
Ein langes gerades Rohr, in dem Teilchen (meist Elektronen oder Protonen) durch elektrostatische Felder oder elektromagnetische Wellen beschleunigt werden und dadurch sehr hohe Energien erreichen (Stanford 2-miles Linac: 50 GeV Elektronen).

linearer Energietransfer
Begriff aus der Dosimetrie ionisierender Strahlen, Energieabgabe eines ionisierenden Teilchens an die durchstrahlte Materie. Der lineare Energietransfer ist gleich der Energie dE, die ein geladenes Teilchen auf einer Wegstrecke dl verliert.

$$L_\infty = \frac{dE}{dl}$$

Der lineare Energietransfer wird in keV/µm angegeben. Zwischen dem →Qualitätsfaktor Q (L) und dem unbeschränkten linearen Energietransfer L_∞ wurde folgende Beziehung festgelegt:

unbeschränkter linearer Energietransfer L_∞ in Wasser, (keV µm^{-1})	Q (L)
< 10	1
10 – 100	0,32 L – 2,2
> 100	300 / √L

Beziehung zwischen dem linearen Energietransfer und dem Qualitätsfaktor.

Linearverstärker
Impulsverstärker, dessen Ausgangsimpulsamplitude proportional der Amplitude des Eingangsimpulses ist.

LOCA
Loss-of-Coolant Accident; Kühlmittelverlustunfall.

Loop

Geschlossener Rohrkreislauf, der Materialien und Einzelteile zur Prüfung unter verschiedenen Bedingungen aufnehmen kann. Liegt ein Teil des Loops und seines Inhalts innerhalb eines Reaktors, spricht man von einem In-pile-loop.

Lösungsmittelextraktion

Verfahren, bei dem Substanzen selektiv aus einem wässrigen Medium in ein mit diesem nicht mischbares organisches Lösungsmittel extrahiert werden. Das Verfahren der Lösungsmittelextraktion wird beim →PUREX-Verfahren zur Trennung der Spaltprodukte von Uran und Plutonium angewandt.

LSC

Liquid scintillation counter; Flüssigszintillationszähler. Strahlenmessgerät mit dem bevorzugt Radionuklide, die niederenergetische Beta-Strahlung emittieren, gemessen werden können wie z. B. Kohlenstoff-14, Tritium.

LWR

→Leichtwasserreaktor.

M

magnetische Linse
Magnetfeldanordnung, die auf einen Strahl geladener Teilchen einen fokussierenden oder defokussierenden Effekt ausübt.

Magnox
Hüllrohrmaterial in graphitmoderierten, gasgekühlten Reaktoren. Magnox (*mag*nesium *non ox*idizing) ist eine Legierung aus Al, Be, Ca und Mg.

Magnox-Reaktor
Graphitmoderierter, CO_2-gekühlter Reaktortyp mit Natururan-Brennelementen mit Magnox-Hülle. Überwiegend in Großbritannien gebauter Reaktortyp; z. B. Calder Hall, Chapelcross, Wylfa.

MAK
Maximale Arbeitsplatzkonzentration. Der MAK-Wert ist die höchstzulässige Konzentration eines Arbeitsstoffes als Gas, Dampf oder Schwebstoff in der Luft am Arbeitsplatz, der nach dem gegenwärtigen Stand der Kenntnis auch bei wiederholter und langfristiger, in der Regel täglich achtstündiger Einwirkung, jedoch bei Einhaltung der durchschnittlichen Wochenarbeitszeit, im allgemeinen die Gesundheit der Beschäftigten nicht beeinträchtigt und die Beschäftigten nicht unangemessen belästigt. Durch die Neufassung der Gefahrstoffverordnung wurden 2005 der Arbeitsplatzgrenzwert (AGW) eingeführt, der die MAK-Werte ersetzen soll. Der AWG-Wert ist die zeitlich gewichtete durchschnittliche Konzentration eines Stoffes in der Luft am Arbeitsplatz, bei der eine Schädigung der Gesundheit der Beschäftigten nicht zu erwarten ist.

Manipulator
Mechanische und elektromechanische Geräte zur sicheren fernbedienten Handhabung radioaktiver Stoffe.

Markierung
Kenntlichmachung einer Substanz durch Einbau gut nachweisbarer, meist radioaktiver Atome. um so die Substanz im Verlauf chemischer und biologischer Prozesse gut verfolgen zu können. →Tracer.

Masse, kritische
→kritische Masse.

Massendefekt

Massendefekt bezeichnet die Tatsache, dass die aus Protonen und Neutronen aufgebauten Atomkerne eine kleinere Ruhemasse haben, als die Summe der Ruhemassen der Protonen und Neutronen, die den Atomkern bilden. Die Massendifferenz entspricht der freigewordenen →Bindungsenergie. Beispiel: Die Masse eines Protons beträgt $1{,}672\,622 \cdot 10^{-27}$ kg, die eines Neutrons $1{,}674\,927 \cdot 10^{-27}$ kg. Zwei Protonen + zwei Neutronen haben also als einzelne Teilchen eine Masse von $6{,}695\,098 \cdot 10^{-27}$ kg. Das aus zwei Protonen und zwei Neutronen zusammengesetzte Alphateilchen – der Kern eines Heliumatoms – hat eine Masse $6{,}644\,656\,75 \cdot 10^{-27}$ kg. Das Zusammenführen der zwei Protonen und zwei Neutronen zu einem Heliumkern ergibt also einen Massendefekt von $\cdot\, 0{,}050\,4410^{-27}$ kg. Das entspricht einer Energie von etwa 28 MeV, die als Bindungsenergie freigesetzt wird.

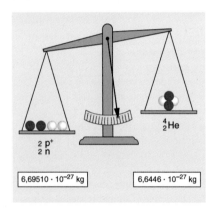

Massendefekt.

Massenspektrograph, Massenspektrometer
Geräte zur Isotopenanalyse und Bestimmung der Isotopenmasse durch elektrische und magnetische Separierung eines Ionenstrahls.

Massenzahl
Masse eines Atoms in Kernmasseneinheiten. →Nukleonenzahl.

Material, abgereichertes
Material, in dem die Konzentration eines Isotops oder mehrerer Isotope eines Bestandteiles unter ihren natürlichen Wert verringert ist.

Material, angereichertes
Material, in dem die Konzentration eines Isotops oder mehrerer Isotope eines Bestandteiles über ihren natürlichen Wert hinaus vergrößert ist.

Materialbilanzzone

Begriff aus der Kernmaterialüberwachung. Sie bezeichnet einen räumlichen Bereich, der so geartet ist, dass die Kernmaterialmenge bei jeder Weitergabe und der Bestand an Kernmaterial in Übereinstimmung mit festgelegten Verfahren bestimmt werden kann, damit die Materialbilanz aufgestellt werden kann.

Material, nicht nachgewiesenes

Begriff aus dem Bereich der Kernmaterialüberwachung. Differenz zwischen dem realen Bestand und dem Buchbestand an Kernmaterial. →MUF.

MAW

*m*edium *a*ctive *w*aste; mittelradioaktiver Abfall, üblicherweise mit einer Aktivitätskonzentration von 10^{10} bis 10^{14} Bq/m³.

mCi

Millicurie, Kurzzeichen mCi; eintausendstel Curie. →Curie.

μCi

Mikrocurie, Kurzzeichen μCi; einmillionstel Curie. →Curie.

Megawatt

Das millionenfache der Leistungseinheit Watt (W), Kurzzeichen: MW. 1 MW = 1000 kW = 1 000 000 W.

Meson

Ursprünglich Bezeichnung für Elementarteilchen mit einer Masse, die zwischen der Myonenmasse und der Nukleonenmasse liegt. Zur Gruppe der Mesonen werden heute die Elementarteilchen gezählt, die wie die →Baryonen sowohl der starken als auch der schwachen und – falls elektrisch geladen – der elektromagnetischen Wechselwirkung unterliegen, aber deren Spin im Gegensatz zu den Baryonen ganzzahlig ist. Zu den Mesonen gehören z. B. die Pionen und K-Mesonen. →Elementarteilchen.

MeV

Megaelektronvolt, 1 000 000 eV.

Mikrocurie

1 Mikrocurie (μCi) = 1/1 000 000 Ci. →Curie.

Millicurie

1 Millicurie (mCi)= 1/1000 Ci. →Curie.

Millirem

1 Millirem (mrem) = 1/1000 rem = 0,01 Millisievert (mSv). →Rem.

30-Millirem-Konzept

Die Strahlenexposition des Menschen infolge der Abgabe radioaktiver Stoffe in Luft oder Wasser beim Betrieb von kerntechnischen Anlagen und beim Umgang mit radioaktiven Stoffen wird durch die Strahlenschutzverordnung mit streng limitierenden Werten geregelt. Der den Schutz der Bevölkerung und der Umwelt regelnde Paragraph der Strahlenschutzverordnung legt folgende Dosisgrenzwerte im Kalenderjahr als Folge der Ableitung radioaktiver Stoffe mit Luft oder Wasser fest:

effektive Dosis	0,3 mSv,
Keimdrüsen, Gebärmutter, rotes Knochenmark	0,3 mSv,
alle anderen Organe	0,9 mSv,
Knochenoberfläche, Haut	1,8 mSv.

Von der früheren Dosiseinheit Millirem – 0,3 mSv sind gleich 30 Millirem – hat dieses Strahlenschutzkonzept seinen Namen.

Mischabsetzer

Extraktionsapparat. Zwei unterschiedlich schwere, nicht mischbare Flüssigkeiten (z. B. wässrige und organische Phase) werden mit Hilfe von Rührern gemischt, wobei bestimmte chemische Verbindungen von einer Flüssigkeitsphase in die andere übertreten. Anschließend setzen sich beide Flüssigkeiten durch natürliche Schwerkraft wieder ab.

Mischoxid

Oxidischer Kernbrennstoff aus einer Mischung von Uran und Plutonium (MOX).

Mittellastkraftwerk

Kraftwerk der Elektrizitätsversorgung, das aufgrund seiner betriebstechnischen und wirtschaftlichen Eigenschaften zur Deckung der Mittellast eingesetzt wird. Mittellastkraftwerke sind Steinkohle- und Gaskraftwerke. →Lastbereich.

Mittelwertmesser

Gerät zur Anzeige der im zeitlichen Durchschnitt vorhandenen Impulsrate eines Zählgerätes.

Moderator

Material, mit dem schnelle Neutronen auf niedrige Energien „abgebremst" werden, da bei niedrigen Neutronenenergien die Spaltung der U-235-Kerne mit besserer Ausbeute verläuft. U. a. werden

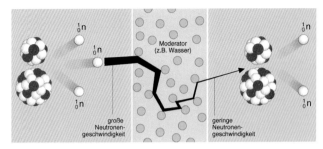

Modelldarstellung der Wirkung eines Moderators.

leichtes Wasser, schweres Wasser und Graphit als Moderatoren
verwendet.

Moderierung
Vorgang, bei dem die kinetische Energie der Neutronen durch Stöße
ohne merkliche Absorptionsverluste vermindert wird. Die bei der
Kernspaltung entstehenden Neutronen mit Energien im Bereich von
1 MeV werden auf niedrigere Energien im Energiebereich der →ther-
mischen Neutronen (0,025 eV) gebracht, da sie in diesem Energiebereich mit größerer Wahrscheinlichkeit neue Spaltungen auslösen.

Molekül
Eine durch chemische Kräfte zusammengehaltene Atomgruppe. Die
Atome des Moleküls können identisch (H_2, N_2, S_2) oder verschieden
sein (H_2O, CO_2).

Monazit
Gelbes bis rotbraunes Mineral. Monazit ist Cerphosphat; es enthält
häufig weitere Seltene Erden wie auch Thorium.

Monitor
Gerät zur Überwachung ionisierender Strahlung oder der Aktivitäts-
konzentration radioaktiver Stoffe (z. B. in Luft oder Wasser), das eine
Warnung bei Überschreitung bestimmter, einstellbarer Werte abgibt.
Ein Monitor dient auch zur quantitativen Messung.

Monte-Carlo-Methode
Statistisches Rechenverfahren, z. B. zur Berechnung der Neutronenflussverteilung bei Abbrand- und Abschirmrechnungen. Dabei wird
die Lebensgeschichte einzelner, statistisch ausgewählter Neutronen
durchgerechnet, bis sich aus hinreichend vielen Einzelverläufen
(Einzelschicksalen) wieder zahlenmäßige Mittelwerte für den Neutronenfluss an den betrachteten Stellen ergeben. Der an sich einfache

Rechengang erfordert jedoch hohen Rechenaufwand, da zur Erzielung einer hinreichenden Genauigkeit eine sehr große Anzahl von Einzelschicksalen durchgerechnet werden muss.

MOX
→Mischoxid

mrem
Millirem, 1/1 000 rem. →Rem

Mülheim-Kärlich
Stadt nordwestlich von Koblenz, Standort des Kernkraftwerks Mülheim-Kärlich, Druckwasserreaktor mit einer elektrischen Bruttoleistung von 1308 MW, nukleare Inbetriebnahme am 1.3.1986; seit 1988 wegen Gerichtsverfahren über die Gültigkeit der 1. Teil-Errichtungsgenehmigung nicht in Betrieb. Nach höchstrichterlicher Entscheidung von 1998 ist die Wiederinbetriebnahme unzulässig. Die Anlage befindet sich im Abbau.

MUF
material unaccounted for (nicht nachgewiesenes Material); Begriff aus dem Bereich der Kernmaterialüberwachung. MUF ist die Differenz zwischen dem realen Bestand und dem Buchbestand an Kernmaterial.

Multiplikationsfaktor
Verhältnis der Neutronenzahl in einer Neutronengeneration zur Neutronenzahl in der unmittelbar vorhergehenden Generation. →Kritikalität eines Reaktors tritt ein, wenn dieses Verhältnis gleich ist.

Mutternuklid
Radioaktives Nuklid, aus dem ein Nuklid (Tochternuklid) hervorgegangen ist; z. B. zerfällt Po-218 (Mutternuklid) zu Pb-214 (Tochternuklid).

MW
Megawatt, das Millionenfache der Leistungseinheit Watt (W).
1 MW = 1000 kW = 1 000 000 W.

MWd
Megawatt-Tag; 1 MWd = 24 000 kWh. Bei vollständiger Spaltung von 1 g U-235 wird eine Energie von etwa 1 MWd frei.

MWd/t
Megawatt-Tag je Tonne; Einheit für die je Tonne Kernbrennstoff während der Einsatzzeit im Reaktor abgegebene thermische Energie. →Abbrand.

MWe
Megawatt elektrisch; elektrische Leistung eines Kraftwerkes in Megawatt. Die elektrische Leistung eines Kraftwerkes ist gleich der thermischen Gesamtleistung multipliziert mit dem Wirkungsgrad der Anlage. Der Wirkungsgrad bei Kraftwerken mit Leichtwasserreaktoren beträgt 33 bis 35 % gegenüber bis zu 40 % bei modernen kohle-, öl- oder gasgefeuerten Kraftwerken.

MWth
Megawatt thermisch; Gesamtleistung eines Kernreaktors in Megawatt. →MWe,

Myon
Elektrisch geladenes, instabiles →Elementarteilchen mit einer Ruheenergie von 105,658 MeV, das entspricht dem 206,768-fachen der Ruheenergie eines Elektrons. Das Myon hat eine mittlere Lebensdauer von $2,2 \cdot 10^{-6}$ s. Das Myon gehört zur Elementarteilchengruppe der Leptonen.

MZFR
*M*ehrz*w*eck*f*orschungs*r*eaktor im Forschungszentrum Karlsruhe, Druckwasserreaktor (D_2O-moderiert und -gekühlt) mit einer elektrischen Bruttoleistung von 58 MW, nukleare Inbetriebnahme am 29.9.1965; am 3.5.1984 endgültig außer Betrieb genommen; kumulierte Stromerzeugung: 5 TWh. Die Stilllegung hat am 17.11.1987 begonnen, die Demontage soll mit der vollständigen Beseitigung und Erreichen des Zustands „grüne Wiese" abgeschlossen werden.

N

Nachleistung

Thermische Leistung eines Reaktors, die sich aus der →Nachwärme im abgeschalteten Reaktor ergibt.

Nachwärme

Durch den Zerfall radioaktiver Spaltprodukte in einem Kernreaktor nach Abschalten des Reaktors – Beenden der Kettenreaktion – weiterhin erzeugte Wärme. Die Nachwärme beträgt in den ersten Sekunden nach dem Abschalten noch etwa 5 % der Leistung vor dem Abschalten. Die Nachwärme in den Brennelementen beträgt nach drei Jahren Abklingzeit etwa 2 kW je Tonne Kernbrennstoff, d. h. etwa 1 kW je Brennelement eines Druckwasserreaktors.

Nachweisgrenze

Auf der Basis statistischer Verfahren festgelegter Kennwert zur Beurteilung der Nachweismöglichkeit bei Kernstrahlungsmessungen. Details siehe DIN ISO 11929:2011-01. Der Zahlenwert der Nachweisgrenze gibt an, welcher kleinste Beitrag mit dem betrachteten Messverfahren bei vorgegebener Fehlerwahrscheinlichkeit noch nachgewiesen werden kann. Damit kann eine Entscheidung getroffen werden, ob ein Messverfahren bestimmten Anforderungen genügt und damit für den gegebenen Messzweck geeignet ist. →Erkennungsgrenze.

Beispiele für zu erreichende Nachweisgrenzen aus der Richtlinie für die Umweltüberwachung von Kernkraftwerken:

Gamma-Ortsdosis:	0,1 mSv/Jahr,
Aerosole*:	0,4 mBq/m³,
Niederschlag*:	0,05 Bq/l,
Bewuchs*:	0,5 Bq/kg,
pflanzliche Nahrungsmittel*:	0,2 Bq/kg,
pflanzliche Nahrungsmittel, Sr-90:	0,04 Bq/kg,
Milch, I-131:	0,01 Bq/l.

* durch Gammaspektrometrie ermittelte Aktivität einzelner Radionuklide, Nachweisgrenze bezogen auf Co-60

Nassdampf

Gemisch aus Flüssigkeit und Dampf desselben Stoffes, wobei beide Sättigungstemperatur haben. Wird dem Nassdampf bei gleichbleibendem Druck weitere Wärme zugeführt, so bleibt die Temperatur so lange konstant, bis alle Flüssigkeit verdampft ist (Sattdampf); erst dann steigt die Temperatur über die Sättigungstemperatur (überhitzter Dampf, Heißdampf).

Nasskühlturm

Kühlturm zur Rückkühlung von Wasser, bei dem das zu kühlende Wasser mit der Kühlluft in direkten Kontakt kommt und durch Verdunstung und Erwärmung der Luft an diese Wärme abgibt. Der zur Kühlung erforderliche Luftzug kann durch Ventilatoren oder durch die natürliche Kaminwirkung des Kühlturmbauwerkes (Naturzug-Kühlturm) bewirkt werden.

Nasslager

Lagerung bestrahlter Brennelemente in Wasserbecken zur Kühlung und Abführung der durch den radioaktiven Zerfall in den Brennelementen entstehenden Nachwärme.

Natururan

Uran in der Isotopenzusammensetzung, in der es in der Natur vorkommt. Natururan ist ein Gemisch aus Uran-238 (99,2739 %), Uran-235 (0,7205 %) und einem sehr geringen Prozentsatz Uran-234 (0,0056 %).

Naturzugkühlturm

→Nasskühlturm oder →Trockenkühlturm, der den natürlichen Zug (Kaminwirkung) des Kühlturms zur Abführung der Kühlluft ausnutzt. Naturzug-Nasskühltürme für eine Kühlleistung von einigen tausend MW haben etwa 150 m Höhe und 120 m Bodendurchmesser.

nCi

Nanocurie, Kurzzeichen: nCi; ein milliardstel Curie. →Curie.

NEA

Nuclear Energy Agency; Kernenergie-Agentur der OECD.

Nebelkammer

Gerät, das die Bahnen elektrisch geladener Teilchen sichtbar macht. Es besteht aus einer Kammer, die mit übersättigtem Dampf gefüllt ist. Durchqueren geladene Teilchen die Kammer, hinterlassen sie eine Nebelspur. Die Bahnspur ermöglicht eine Analyse der Bewegungen und Wechselwirkungen der Teilchen. →Blasenkammer, →Funkenkammer.

Neutrino

Gruppe elektrisch neutraler →Elementarteilchen mit einer Masse, die nahezu Null ist.

Neutron

Ungeladenes →Elementarteilchen mit einer Masse von $1,674\,927\,351 \cdot 10^{-27}$ kg und damit geringfügig größerer Masse als die des Protons. Das freie Neutron ist instabil und zerfällt mit einer Halbwertszeit von 10,15 Minuten.

Neutron, langsames
Neutron, dessen kinetische Energie einen bestimmten Wert – häufig werden 10 eV gewählt – unterschreitet. →Neutronen, thermische.

Neutron, mittelschnelles
Neutron mit einer Energie, die größer als die eines langsamen Neutrons, jedoch kleiner als die eines schnellen Neutrons ist; im Allgemeinen der Bereich zwischen 10 und 100 000 eV.

Neutron, schnelles
Neutron mit einer kinetischen Energie von mehr als 0,1 MeV.

Neutronen, epithermische
Neutronen, deren kinetische Energieverteilung die der thermischen Bewegung überschreitet. →Neutronen, thermische.

Neutronen, prompte
Neutronen, die unmittelbar (innerhalb etwa 10^{-14} s) bei der Kernspaltung emittiert werden; im Gegensatz zu verzögerten Neutronen, die Sekunden bis Minuten nach der Spaltung von Spaltprodukten ausgesandt werden. Prompte Neutronen machen mehr als 99 % der Spaltneutronen aus.

Neutronen, thermische
Neutronen im thermischen Gleichgewicht mit dem umgebenden Medium. Thermische Neutronen haben bei 293,6 K eine wahrscheinlichste Neutronengeschwindigkeit von 2200 m/s, das entspricht einer Energie von 0,0253 eV. Schnelle Neutronen, wie sie bei der Kernspaltung entstehen, werden durch Stöße mit den Atomen des Moderatormaterials (üblicherweise Wasser, schweres Wasser oder Graphit) auf thermische Energie abgebremst, sie werden „thermalisiert".

Neutronen, verzögerte
Neutronen, die bei der Kernspaltung nicht unmittelbar, sondern als Folge einer radioaktiven Umwandlung von Spaltprodukten verspätet entstehen. Weniger als 1 % der bei der Spaltung auftretenden Neutronen sind verzögert. →Neutronen, prompte.

Neutronenaktivierungsanalyse
→Aktivierungsanalyse.

Neutronendichte, Neutronenzahldichte

Verhältnis der Anzahl freier Neutronen in einem Raumbereich und dem Volumen dieses Raumbereichs.

Neutronenflussdichte

Produkt aus Neutronenzahldichte und mittlerer Geschwindigkeit der Neutronen. Einheit: $cm^{-2} \cdot s^{-1}$.

Neutronenquelle

Vorrichtung zur Erzeugung freier Neutronen.

nichtenergetischer Verbrauch

Die Mengen an Kohlenwasserstoffen aus Öl, Kohle, Gas, die nicht zur Energieerzeugung - Wärme u. a. – genutzt werden, sondern zu Produkten, meist Kunststoffen und Chemikalien, verarbeitet werden.

Nichtverbreitungsvertrag

Ziel des internationalen Vertrages über die Nichtverbreitung von Kernwaffen und der daraus resultierenden Kernmaterialüberwachung ist die rechtzeitige Entdeckung der Abzweigung von Kernmaterial für eine Herstellung von Kernwaffen bzw. die Abschreckung vor einer solchen Abzweigung durch das Risiko der Entdeckung. Die entsprechenden Überwachungen werden in Deutschland von Euratom und der Internationalen Atomenergie-Organisation durchgeführt.

Notkühlung

Kühlsystem eines Reaktors zur sicheren Abführung der Nachwärme bei Unterbrechung der Wärmeübertragung zwischen Reaktor und betrieblicher Wärmesenke. Die Notkühlsysteme sind so ausgelegt, dass auch bei Verlust des Reaktorkühlmittels – z. B. bei doppelendigem Bruch einer Frischdampfleitung – der Reaktor gekühlt und die Nachzerfallswärme über Wochen hinweg abgeführt werden kann. Durch Mehrfachauslegung wird ein sehr hohes Maß an Funktionssicherheit erreicht. Auf diese Weise ist die Notkühlung selbst dann sichergestellt, wenn ein Systemteil ausfällt.

NPT

Non-Proliferation Treaty; Vertrag über die →Nichtverbreitung von Kernwaffen.

nukleares Ereignis

Entsprechend der Definition des Atomgesetzes jedes einen Schaden verursachende Geschehnis, sofern das Geschehnis, oder der Schaden von den radioaktiven Eigenschaften oder einer Verbindung der radioaktiven Eigenschaften mit giftigen, explosiven oder sonstigen

gefährlichen Eigenschaften von Kernbrennstoffen oder radioakti-
ven Erzeugnissen oder Abfällen oder von den von einer anderen
Strahlenquelle innerhalb der Kernanlage ausgehenden ionisierenden
Strahlungen herrührt.

Nuklearmedizin

Anwendung offener oder umschlossener radioaktiver Stoffe in der
Medizin zu diagnostischen oder therapeutischen Zwecken. In der
nuklearmedizinischen Diagnostik unterscheidet man Funktionsdiag-
nostik und Lokalisationsdiagnostik. →Radiologie.

Nukleon

Gemeinsame Bezeichnung für Proton und Neutron.

Nukleonenzahl

Anzahl der Protonen und Neutronen – der Nukleonen – in einem
Atomkern. Die Nukleonenzahl des U-238 ist 238 (92 Protonen und
146 Neutronen).

Nuklid

Ein Nuklid ist eine durch seine Protonenzahl, Neutronenzahl und
seinen Energiezustand charakterisierte Atomart. Zustände mit einer
Lebensdauer von weniger als 10^{-10} s werden angeregte Zustände
eines Nuklids genannt. Zur Zeit sind rund 4000 verschiedene Nuklide
und isomere Zustände bekannt, die sich auf die 118 zur Zeit bekann-
ten Elemente verteilen. Davon sind über 3700 Nuklide radioaktiv.
→Radionuklide.

Nuklidkarte

Graphische Darstellung der Nuklide unter Angabe der wesentlichen
Daten über Zerfallsart, Halbwertszeit, Energien der emittierten Strahlung; üblicherweise dargestellt in einem rechtwinkligen Koordinaten-
system mit der Ordnungszahl als Ordinate und der Neutronenzahl als
Abszisse. Bekannt ist die „Karlsruher Nuklidkarte", die im Jahre 2012
in 8. Auflage erschienen ist und Angaben zu 3847 Nukliden enthält.
(Siehe Abbildung auf Seite 151.)

Nulleffekt

Anzahl der Impulse pro Zeit, die bei einem Strahlungsdetektor durch
andere Ursachen als die zu messende Strahlung auftreten. Der Nullef-
fekt besteht im wesentlichen aus der kosmischen Strahlung und aus
der Strahlung der natürlichen Radionuklide der Erde.

103	Lr	Lr 253 ~1,3 s	Lr 254 13 s	Lr 255 21,5 s	Lr 256 25,9 s	Lr 257 0,65 s	Lr 258 3,9 s	Lr 259 6,3 s · Lr 260 3 m
No	No 250 0,25 ms	No 251 0,8 s	No 252 2,3 s	No 253 1,7 m	No 254	No 255 3,1 m	No 256 2,91 s	No 257 26 s · No 258 1,2 ms · No 259 58 m
Md 248 7 s	Md 249 24 s	Md 250 52 s	Md 251 4,0 m	Md 252 2,3 m	Md 253 ~6 m	Md 254	Md 255 27 m	Md 256 1,30 h · Md 257 5,52 h · Md 258
Fm 247	Fm 248 36 s	Fm 249 2,6 m	Fm 250 30 m	Fm 251 5,30 h	Fm 252 25,39 h	Fm 253 3,0 d	Fm 254 20,1 h	Fm 255 20,07 h · Fm 256 2,63 h · Fm 257 100,5 d
Es 246 7,7 m	Es 247 4,55 m	Es 248 27 m	Es 249 1,70 h	Es 250	Es 251 33 h	Es 252 471,7 d	Es 253 20,47 d	Es 254 275,7 d · Es 255 39,8 d · Es 256
Cf 245 43,6 m	Cf 246 35,7 h	Cf 247 3,11 h	Cf 248 333,5 d	Cf 249 350,6 a	Cf 250 13,08 a	Cf 251 898 a	Cf 252 2,645 a	Cf 253 17,81 d · Cf 254 60,5 d · Cf 255 1,4 h

Ausschnitt aus der „Karlsruher Nuklidkarte".

Nullleistungsreaktor

Versuchsreaktor, der bei so niedriger Leistung betrieben wird, dass ein Kühlmittel nicht erforderlich ist.

Nutzenergie

Der Teil der Endenergie, der beim Verbraucher nach der letzten Umwandlung tatsächlich für den jeweiligen Nutzungszweck zur Verfügung steht. Bei dieser letzten Umwandlung wird Strom zum Beispiel zu Licht, mechanischer Energie oder Heizwärme.

Nutzstrahlbündel

Das aus einer Strahlenquelle, z. B. einer Röntgenröhre, austretende Strahlenbündel. Es wird normalerweise durch Blendenanordnungen auf die notwendige Größe begrenzt.

Nutzungsgrad

Anders als der Wirkungsgrad, der die aufgewendete Energie mit der nutzbaren Energie über einen kurzen Zeitraum vergleicht, setzt man beim Nutzungsgrad beides über einen langen Zeitraum ins Verhältnis. So kann eine Ölheizung einen Wirkungsgrad von 90 % haben, der bei Nennlast erreicht wird. Bei nur teilweiser Auslastung in der Übergangszeit (z. B. Sommer) treten höhere Stillstandsverluste auf, sodass sich ein Nutzungsgrad über das ganze Jahr von nur 65 % ergibt.

NV-Vertrag

→Nichtverbreitungsvertrag, auch Atomwaffensperrvertrag genannt.

Oberflächen-Personendosis

Die Oberflächen-Personendosis $H_p(0,07)$ ist die Äquivalentdosis in 0,07 mm Tiefe im Körper an der Tragestelle des Personendosimeters. →Dosis.

offene radioaktive Stoffe

Radioaktive Stoffe, die keine umschlossenen radioaktiven Stoffe sind, die also nicht von einer festen, inaktiven Hülle umschlossen oder in festen inaktiven Stoffen ständig so eingebettet sind, dass bei üblicher betriebsmäßiger Beanspruchung ein Austritt radioaktiver Stoffe verhindert wird.

Oklo

In der Uranlagerstätte Oklo/Gabun wurde im Jahre 1972 ein prähistorischer, natürlicher „Kernreaktor" entdeckt, der vor etwa 2 Mrd. Jahren in Betrieb war. In den vergangenen Jahren wurden in dieser Lagerstätte weitere Orte entdeckt, an denen aufgrund des verminderten U-235-Gehalts im Natururan eine sich selbst erhaltende Kettenreaktion stattgefunden haben muss. Für die Stelle Oklo II errechnet sich aus der Abreicherung des Uran-235 infolge der Spaltung, dass mindestens 4 t U-235 gespalten und 1 t Pu-239 gebildet wurden und eine Wärmemenge von rund 100 Mrd. kWh entstand. Zum Vergleich: Im Reaktor eines Kernkraftwerks der 1300 MWe-Klasse werden pro Jahr etwa 30 Mrd. kWh Wärme durch Spaltung erzeugt.

Ökologie

Wissenschaft von den Beziehungen der Organismen zu ihrer Umwelt. Sie erforscht besonders die Anpassungen der Lebewesen an ihre Daseinsbedingungen.

Ökosystem

Räumliches Wirkungsgefüge aus Lebewesen und Umweltgegebenheiten, das zur Selbstregulierung befähigt ist.

Ordnungszahl

Anzahl der Protonen in einem Atomkern. Jedes chemische Element ist durch seine Ordnungszahl bestimmt. Die Anordnung der Elemente nach steigender Ordnungszahl ist die Grundlage des Periodensystems der Elemente.

Organdosis

Die Organdosis $H_{T,R}$ ist das Produkt aus der über das Gewebe/Organ *T* gemittelten Organ-Energiedosis $D_{T,R}$ erzeugt durch die Strahlung *R* und dem →Strahlungs-Wichtungsfaktor w_R.

$$H_{T,R} = w_R \cdot D_{T,R}$$

Besteht die Strahlung aus Arten und Energien mit unterschiedlichen Werten von w_R, so werden die einzelnen Beiträge addiert. Für die Organdosis H_T gilt dann:

$$H_T = \sum_R w_R \cdot D_{T,R}$$

In Österreich und der Schweiz wird hierfür die Bezeichnung „Äquivalentdosis" und im angelsächsischen Sprachraum „equivalent dose" benutzt.

Organ-Folgedosis

Die Organ-Folgedosis $H_T(\tau)$ ist das Zeitintegral der Organ-Dosisleistung im Gewebe oder Organ T, die eine Person infolge einer Inkorporation radioaktiver Stoffe zum Zeitpunkt t_0 erhält:

$$H_T(\tau) = \int_{t_0}^{t_0 + \tau} \dot{H}_T(t)dt$$

$\dot{H}_T(t)$ mittlere Organ-Dosisleistung im Gewebe oder Organ *T* zum Zeitpunkt *t*

τ Zeitraum, angegeben in Jahren, über den die Integration erfolgt, Wird kein Wert für τ angegeben, ist für Erwachsene ein Zeitraum von 50 Jahren und für Kinder ein Zeitraum vom jeweiligen Alter bis zum Alter von 70 Jahren zu Grunde zu legen.

Die Einheit der Organ-Folgedosis ist das Sievert (Einheitenzeichen: Sv).

Ortsdosis

Äquivalentdosis für Weichteilgewebe, gemessen an einem bestimmten Ort. Die Ortsdosis bei durchdringender Strahlung ist die →Umgebungs-Äquivalentdosis $H^*(10)$, bei Strahlung geringer Eindringtiefe die →Richtungs-Äquivalentdosis $H'(0,07, \Omega)$. Die Ortsdosis ist bei durchdringender Strahlung ein Schätzwert für die effektive Dosis und die Organdosen tiefliegender Organe, bei Strahlung geringer Eindringtiefe ein Schätzwert für die Hautdosis einer Person, die sich am Messort aufhält.

OSL-Dosimeter

Im Kristallgitter nicht leitender Festkörper, z. B. Berylliumoxid, Aluminiumoxid, können ionisierende Strahlen Elektronen aus Bindungen lösen und auf „Zwischengitterplätze" anheben, aus denen sie ohne Energiezufuhr von außen nicht mehr in ihren alten Bindungszustand zurückfallen. Bei hinreichender Energiezufuhr von außen wird ein Übergang in tiefere Energiezustände möglich und die dabei freiwerdende Energie als Lumineszenzstrahlung abgegeben. Wenn die Energiezufuhr durch Bestrahlung mit sichtbarem Licht erfolgt, spricht man von optisch stimulierter Lumineszenz (OSL). In Deutschland werden OSL-Dosimeter von der Auswertungsstelle des Helmholtz Zentrums München in der Personendosimetrie eingesetzt.

„Otto Hahn"

Für die Erprobung des nuklearen Schiffsantriebes gebautes deutsches Handelsschiff mit 16 870 BRT. Als Antrieb diente ein Druckwasserreaktor mit einer thermischen Leistung von 38 MW. Erste Nuklearfahrt am 11.10.1968. Bis Ende 1978 wurden 642 000 Seemeilen zurückgelegt und dabei 776 000 t Ladung transportiert. Die „Otto Hahn" wurde am 22.3.1979 stillgelegt, die Reaktoranlage und alle radioaktiven Teile ausgebaut und beseitigt. Abschluss dieser Arbeiten und Entlassung aus dem Geltungsbereich des Atomgesetzes am 1.9.1982. Anschließend wurde das Schiff nach Einbau eines konventionellen Antriebs unter neuem Namen wieder in Dienst gestellt.

P

Paarbildung

Wechselwirkung von energiereicher elektromagnetischer Strahlung mit Materie. Ist die Energie der Strahlung größer als 1,02 MeV und damit größer als die doppelte →Ruhemasse eines Elektrons ($m_{e,0}$ = 0,511 MeV), besteht die Möglichkeit zur Erzeugung eines Elektron-Positron-Paares (Materialisation von Energie).

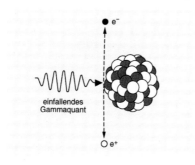

einfallendes
Gammaquant

Paarbildung; Erzeugung eines Elektron-Positron-Paares aus einem energiereichen Gammaquant.

Pariser Übereinkommen

→Atomhaftungs-Übereinkommen.

Pellet

Gesinterte Kernbrennstoff-Tabletten von 8 bis 15 mm Durchmesser und 10 bis 15 mm Länge. Viele solcher Pellets werden in die bis zu 4 m langen Brennstoffhüllrohre gefüllt.

Periodensystem

Ordnungssystem der Elemente nach steigender Ordnungszahl. Einteilung entsprechend der Elektronenkonfiguration der Atomhülle in „Perioden". Durch das gewählte Ordnungsschema stehen chemisch ähnliche Elemente in „Gruppen" (Haupt- und Nebengruppen) untereinander.

Personendosis

Die Strahlenschutzverordnung fordert zur Ermittlung der Körperdosis die Messung der Personendosis. Personendosis ist die Äquivalentdosis, gemessen in den Messgrößen der →Tiefen-Personendosis und der →Oberflächen-Personendosis an einer für die Strahlenexposition repräsentativen Stelle der Körperoberfläche. Die Tiefen-Personendosis ist bei einer Ganzkörperexposition mit durchdringender Strahlung ein Schätzwert für die effektive Dosis und die Organdosen tiefliegender Organe und die Oberflächen-Personendosis ein Schätzwert für die Hautdosis. →Dosis.

Phosphatglasdosimeter

Messgerät zur Dosisbestimmung. Der Radiophotolumineszenzeffekt, die Eigenschaft bestimmter Stoffe bei Bestrahlung mit UV Licht Fluoreszenzlicht größerer Wellenlänge auszusenden, wenn sie vorher ionisierender Strahlung ausgesetzt waren, wird zur Dosisbestimmung benutzt. Silberaktivierte Metaphosphatgläser zeigen z. B. diesen Photolumineszenzeffekt. Die Intensität des Fluoreszenzlichtes ist in weiten Bereichen der eingestrahlten Dosis proportional.

Photo-Effekt

Wechselwirkung von Röntgen- und Gammastrahlung mit Materie. Das Röntgen- oder Gammaquant überträgt seine Energie an ein Hüllelektron des Atoms. Das Elektron erhält hierbei kinetische Energie, die gleich der Energie des Quants, vermindert um die Bindungsenergie des Elektrons ist.

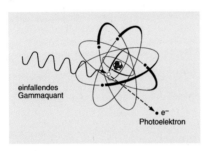

einfallendes
Gammaquant

e⁻
Photoelektron

Photo-Effekt.

Photokathode

Kathode, in der Elektronen durch den photoelektrischen Effekt ausgelöst werden.

Photon

Energiequant der elektromagnetischen Strahlung. Die Ruhemasse des Photons ist Null. Es hat keine elektrische Ladung. →Elementarteilchen.

PHWR

Pressurized Heavy Water Reactor; Schwerwasser-Druckwasserreaktor, Beispiel: Atucha, Argentinien, 367 MWe.

Pi-Meson

→Pion, →Elementarteilchen.

2 Pi-Zähler, 4 Pi-Zähler

Strahlungsdetektor, der es ermöglicht, über einen Raumwinkel von 2 π oder 4 π die Strahlung einer radioaktiven Quelle zu erfassen.

Pinch-Effekt

Effekt in kontrollierten Fusionsversuchen, bei dem ein durch eine Plasmasäule fließender elektrischer Strom das Plasma einschnürt, komprimiert und damit aufheizt.

Pion

Kurzlebiges Elementarteilchen; Kurzform für Pi-Meson. Die Masse eines geladenen Pions ist rund 273 mal so groß wie die eines Elektrons. Ein elektrisch neutrales Pion hat eine Masse, die das 264-fache der Elektronenmasse beträgt. →Elementarteilchen.

Plasma

Insgesamt elektrisch neutrales Gasgemisch aus Ionen, Elektronen und neutralen Teilchen. Hochtemperatur-Wasserstoffplasmen dienen als Brennstoff in Versuchen zur kontrollierten →Fusion.

Plateau

Der Teil einer Zählrohrcharakteristik, in dem sich die Zählrate bei Spannungsschwankungen nur geringfügig ändert.

Plutonium

Plutonium – das 94. Element im Periodensystem – wurde 1940 von amerikanischen Forschern als zweites Transuran-Element in der Form des Isotops Plutonium-238 beim Beschuss von Uran-238 mit Deuteronen entdeckt. Heute sind 15 Pu-Isotope bekannt. Besondere Bedeutung hat wegen seiner Eigenschaft als spaltbares Material das Isotop Pu-239 (Halbwertszeit 24 110 Jahre) erhalten. Die auf das 92. Element im Periodensystem – das Uran – folgenden Elemente 93 und 94 erhielten analog dem nach dem Planeten Uranus benannten Uran ihre Namen „Neptunium" und „Plutonium", nach den auf Uranus folgenden Himmelskörpern Neptun und Pluto. Plutonium-239 entsteht in Reaktoren durch Neutroneneinfang in Uran-238 und zwei darauf folgende Betazerfälle nach folgendem Schema:
U-238 + n $\Rightarrow$ U-239 $\Rightarrow$ ß-Zerfall $\Rightarrow$ Np-239 $\Rightarrow$ ß-Zerfall $\Rightarrow$ Pu-239.
In der Natur kommt Plutonium-239 in verschwindend kleinen Mengen in uranhaltigen Mineralien (Pechblende, Carnotit) – ein Atom Pu auf 1 Billion und mehr Atome Uran – vor. Es bildet sich aus U-238 durch Einfang von Neutronen, die bei der Spontanspaltung des U-238 frei werden. Durch die oberirdischen Kernwaffentests wurden schätzungsweise sechs Tonnen Pu-239 in die Atmosphäre freigesetzt und weltweit verteilt, sodass z. B. in Mitteleuropa rund 60 Bq Pu-239 pro m^2 abgelagert wurden. Plutonium ist ein radiotoxischer Stoff; seine chemische Giftigkeit als Schwermetall ist demgegenüber vernachlässigbar. Die radiotoxische Wirkung des Plutoniums kommt besonders bei der Inhalation feinster Pu-Aerosole zum

Tragen; Verschlucken (Ingestion) von Plutonium ist etwa 10 000 mal ungefährlicher, da Plutonium von der Darmschleimhaut nur zu etwa 1/100 Prozent aufgenommen wird, 99,99 % werden sofort wieder ausgeschieden.

Pollux

Behälter zur direkten Endlagerung abgebrannter Brennelemente. Namensgebung in bezug auf →Castor® (Transport- und Zwischenlagerbehälter für abgebrannte Brennelemente) in Anlehnung an die Zwillingsbrüder Castor und Pollux der griechischen Sage. Das Konzept der direkten Endlagerung abgebrannter Brennelemente sieht vor, ausgediente Brennelemente zu kompaktieren, in dicht verschließbare Behälter zu verpacken und diese in einem Endlager sicher und von der Biosphäre getrennt zu lagern. Für die Referenzuntersuchungen wurde ein Behälter Bautyp „Pollux" entwickelt, der bis zu acht Druckwasserreaktor-Brennelemente aufnehmen kann. Er hat einen Durchmesser von ca. 1,5 m, eine Länge von ca. 5,5 m und wiegt beladen 64 Tonnen. Der Behälter ist zweischalig gebaut und gewährleistet den sicheren Einschluss der Radionuklide. Ein Innenbehälter zur Aufnahme kompaktierter Brennelemente wird, durch einen Neutronenmoderator getrennt, von einem äußeren Abschirmbehälter aus Sphäroguss umgeben und geschützt. Das Pollux-Behältersystem ist nach den Vorschriften des Verkehrsrechts für Typ-B(U)-Verpackungen und des Atomrechts für die Zwischenlagerung von Kernbrennstoffen ausgelegt, die Behälter sind also gleichermaßen als Transport-, Zwischenlager- und Endlagerbehälter einsetzbar.

Positron

Elementarteilchen mit der Masse eines Elektrons, jedoch positiver Ladung. Es ist das „Anti-Elektron". Es wird beim Beta-Plus-Zerfall ausgesandt und entsteht bei der Paarbildung.

ppb

parts per billion, 1 Teil pro 1 Milliarde Teile. Maß für den Grad der Verunreinigung in Festkörpern, Flüssigkeiten und Gasen.

ppm

parts per million, 1 Teil pro 1 Million Teile. Maß für den Grad der Verunreinigung in Festkörpern, Flüssigkeiten und Gasen.

Primärenergie

Energierohstoffe in ihrer natürlichen Form vor jeglicher technischen Umwandlung. Das sind beispielsweise Steinkohlen, Braunkohle, Erdöl, Erdgas, Uran, Wasser, Sonnenstrahlung.

Primärenergiereserven

Mit Reserven wird der wirtschaftlich nutzbare Teil der Energievorräte bezeichnet. Der derzeit nicht wirtschaftlich nutzbare Teil der Energievorräte wird als Ressourcen bezeichnet. Die Weltenergiereserven betragen insgesamt rund 1350 Milliarden Tonnen Steinkohleeinheiten. Die Tabelle zeigt die Verteilung auf die verschiedenen Energieträger und Weltregionen.

Gebiet	Erdöl	Erdgas	Kohle	Uran (80 \$/kg)	Anteil %
Europa	3	5	40	gering	3,6
GUS	25	81	150	6	19,5
Afrika	26	19	29	2	5,6
Naher Osten	154	103	1	–	19,3
Austral-Asien	8	22	308	19	26,5
Nordamerika	48	13	211	6	20,6
Lateinamerika	44	10	9	3	4,9
Welt	308	253	748	36	

Weltenergiereserven nicht-erneuerbare Energierohstoffe 2011 in Milliarden Tonnen Steinkohleeinheiten, Werte gerundet. Quelle: BGR 2012.
Erdöl und Ergas: konventionelle + nicht-konventionelle Förderung.

Primärenergieverbrauch, Deutschland

Der Primärenergieverbrauch in Deutschland betrug im Jahr 2012 insgesamt 461 Mio. t Steinkohleeinheiten.

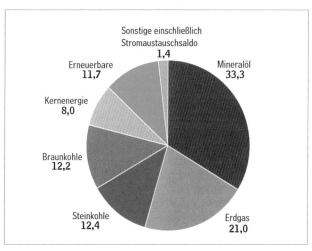

Primärenergieverbrauch nach Energieträgern, Angaben in %, Deutschland, 2012 (Arbeitsgemeinschaft Energiebilanzen).

Primärkühlkreislauf
Umlaufsystem für das →Primärkühlmittel.

Primärkühlmittel
Kühlmittel, das zum Abführen der Wärme aus der Spaltzone des
Reaktors dient. →Sekundärkühlmittel.

Proliferation
Verbreitung (von Kernwaffen). Alle Maßnahmen der internationalen
Kernmaterialüberwachung dienen der Non-Proliferation, der Nichtver-
breitung der Kernwaffen, die im Atomwaffensperrvertrag (Treaty on
the Non-Proliferation of Nuclear Weapons) festgelegt wurde. Dieser
Vertrag ist für Deutschland seit dem 2. Mai 1975 in Kraft.

Proportionalzähler
Nachweisgerät für ionisierende Strahlen. Der Proportionalzähler
liefert zur primären Ionisation proportionale Ausgangsimpulse, sodass
Alpha- und Betastrahlen infolge ihrer unterschiedlichen spezifischen
Ionisation getrennt nachgewiesen werden können. Der Proportional-
zähler ermöglicht eine Energiebestimmung der Strahlung.

Proton
Elementarteilchen mit einer positiven elektrischen Elementarladung
und einer Masse von $1{,}672\,621\,777 \cdot 10^{-27}$ kg, das entspricht rund
dem 1836-fachen der Elektronenmasse. Protonen und Neutronen
bilden zusammen den Atomkern. Die Zahl der Protonen im Atomkern
bestimmt das chemische Element, dem dieses Atom zugeordnet ist.
→Elementarteilchen.

Pulskolonne
Säulenförmiger Extraktionsapparat, in dem zwei Flüssigkeiten im
Gegenstrom stoßweise („pulsend") durch Siebe („Pulsplatten" oder
„Siebböden") gepresst werden, wobei bestimmte Elemente von der
einen Flüssigkeitsphase in die andere übertreten.

Pulsreaktor
Typ eines Forschungsreaktors, mit dem kurze, intensive Leistungs-
und Strahlungsstöße erzeugt werden können. Die Neutronenflussdichte ist in einem solchen Puls viel höher, als sie im stationären
Zustand erzielt werden könnte. Beispiel: FRMZ, Forschungsreaktor der
Uni Mainz, Typ TRIGA-Mark-II; Pulsleistung 250 MW, Dauerleistung
0,1 MW.

PUREX

Plutonium and Uranium Recovery by Extraction; Plutonium- und Uranrückgewinnung durch Extraktion. →PUREX-Verfahren.

PUREX-Verfahren

Verfahren zur Wiederaufarbeitung abgebrannten Kernbrennstoffes zur Trennung von Uran und Plutonium von den Spaltprodukten und voneinander. Nach Auflösen des bestrahlten Brennstoffes in Salpetersäure werden durch organische Lösungsmittelextraktion - als organisches Lösungsmittel dient 30-prozentiges Tributylphosphat (TBP) in Kerosin – Uran und Plutonium in der organischen Phase gehalten, während die Spaltprodukte in der wässrigen, salpetersauren Phase verbleiben. Weitere Verfahrensschritte erlauben anschließend das Trennen von Uran und Plutonium voneinander.

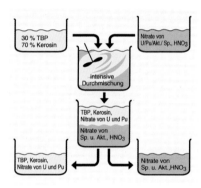

Prinzip des PUREX-Verfahrens zur Trennung von Uran und Plutonium von den Spaltprodukten.

PWR

Pressurized Water Reactor; →Druckwasserreaktor.

Q

Qualitätsfaktor

Begriff aus der Strahlendosimetrie. Aufgrund der Feststellung, dass die Wahrscheinlichkeit stochastischer Strahlenwirkungen nicht nur von der Energiedosis, sondern auch von der Strahlenart abhängt, wurde zur Definition der Äquivalentdosis der Qualitätsfaktor eingeführt. Der Qualitätsfaktor berücksichtigt den Einfluss der für die verschiedenen Strahlenarten unterschiedlichen Energieverteilung im zellulären Bereich im bestrahlten Körper. Der Qualitätsfaktor Q ist eine Funktion des linearen Energietransfers L. Zwischen dem Qualitätsfaktor und dem unbeschränkter linearer Energietransfer L wurde folgende Beziehung festgelegt:

unbeschränkter linearer Energietransfer L in Wasser (keV µm⁻¹)	$Q(L)$
$L \leq 10$	1
$10 < L < 100$	$0{,}32\,L - 2{,}2$
$L \geq 100$	$300 / \sqrt{L}$

Beziehung zwischen linearem Energietransfer und Qualitätsfaktor.

Qualitätssicherung

Zur Genehmigung kerntechnischer Anlagen ist die Sicherung der Qualität der zum Bau verwendeten Materialien, Apparate, Behälter, Rohrleitungen u. a. unbedingte Voraussetzung. Die vom Genehmigungsgeber geforderten Maßnahmen werden in einem Qualitätsprogramm erfasst. Vor-, Bau- und Abnahmeprüfungen erfolgen durch unabhängige Sachverständige.

Quellhöhe

Die Höhe der Quelle einer Emission über Grund. Sie ist ein Parameter bei der Ausbreitungsrechnung. Bei Emissionen kann durch thermischen Auftrieb der Luft die effektive Quellhöhe über der baulichen Kaminhöhe liegen (thermische Überhöhung).

R

R
Einheitenkurzzeichen für →Röntgen.

rad
Einheitenkurzzeichen für →Rad.

Rad
Frühere Einheit der Energiedosis (Rad: radiation absorbed dose); Einheitenkurzzeichen: rd oder rad. 1 Rad entspricht der Absorption einer Strahlungsenergie von 0,01 Joule pro Kilogramm Materie. Die neue Einheit der Energiedosis ist das Joule/Kilogramm mit dem besonderen Einheitennamen Gray, Kurzzeichen: Gy. 1 rd = 0,01 Gy.

radioaktive Stoffe
Radioaktive Stoffe im Sinne des Atomgesetz sind:
- Kernbrennstoffe, das sind
  a) Plutonium-239 und Plutonium-241,
  b) mit den Isotopen 235 oder 233 angereichertes Uran,
  c) jeder Stoff, der einen oder mehrere der in den Buchstaben a und b genannten Stoffe enthält,
  d) Stoffe, mit deren Hilfe in einer geeigneten Anlage eine sich selbst tragende Kettenreaktion aufrechterhalten werden kann und die in einer Rechtsverordnung bestimmt werden.
- Sonstige radioaktive Stoffe, das sind Stoffe, die, ohne Kernbrennstoff zu sein,
  a) ionisierende Strahlen spontan aussenden,
  b) einen oder mehrere der in Buchstabe a erwähnten Stoffe enthalten oder mit solchen Stoffen kontaminiert sind.

Die Strahlenschutzverordnung unterteilt weiter in:
- Umschlossene radioaktive Stoffe: radioaktive Stoffe, die ständig von einer allseitig dichten, festen, inaktiven Hülle umschlossen oder in festen inaktiven Stoffen ständig so eingebettet sind, dass bei üblicher betriebsmäßiger Beanspruchung ein Austritt radioaktiver Stoffe mit Sicherheit verhindert wird; eine Abmessung muss mindestens 0,2 cm betragen;
- offene radioaktive Stoffe: alle radioaktiven Stoffe mit Ausnahme der umschlossenen radioaktiven Stoffe;
- kurzlebige Radionuklide: radioaktive Stoffe mit einer Halbwertszeit bis zu 100 Tagen;
- langlebige Radionuklide: radioaktive Stoffe mit einer Halbwertszeit von mehr als 100 Tagen.

radioaktives Isotop
Synonym für →Radionuklid.

Radioaktivität
Eigenschaft bestimmter Stoffe, sich ohne äußere Einwirkung umzuwandeln und dabei eine charakteristische Strahlung auszusenden. Die
Radioaktivität wurde 1896 von Becquerel am Uran entdeckt. Wenn
die Stoffe, genauer gesagt die Radionuklide, in der Natur vorkommen, spricht man von natürlicher Radioaktivität; sind sie ein Produkt
von Kernumwandlungen in Kernreaktoren oder Beschleunigern, so
spricht man von künstlicher Radioaktivität. Über 3600 Radionuklide
sind heute bekannt. Kennzeichnend für jedes Radionuklid ist seine
→Halbwertszeit, das ist die Zeit, in der sich in einer vorgegebenen
Menge die Hälfte der Atomkerne umwandelt. Es sind Halbwertszeiten von mehreren Milliarden Jahren (Uran-238; noch sehr viel
langlebiger ist Tellur-128 mit einer Halbwertszeit von $7{,}2 \cdot 10^{24}$ Jahren)
bis zu millionstel Sekunden (Po-212) bekannt. Charakteristisch sind
auch die beim Zerfall emittierte Strahlung und ihre Energie. So zerfällt
Radium-226 unter Aussendung von Alphastrahlen, während Iod-131
Betastrahlen emittiert.

Radioaktivität, induzierte
Radioaktivität, die durch Bestrahlung, z. B. mit Neutronen, erzeugt
wird.

Radioaktivität, natürliche
Natürlich vorkommende Nuklide, die radioaktiv sind. Man unterscheidet zwischen natürlichen Radionukliden, die durch Kernreaktionen
der kosmischen Strahlung ständig neu gebildet werden, kosmoge-
nen Radionukliden (→Radionuklide, kosmogene) und primordialen
(uranfänglichen) Radionukliden (→Radionuklide, primordiale), die seit
Entstehen der Erde vorhanden sind und aufgrund ihrer langen Halbwertszeit noch nicht zerfallen sind, sowie den aus den primordialen
Radionukliden U-238, U-235 und Th-232 entstehenden Radionukliden der zugehörigen →Zerfallsreihe. (Siehe Tabelle Seite 165.)

Radiochemie
Teilgebiet der Chemie, das sich mit Reaktionen, Synthesen und Analysen befasst, bei denen Reaktionspartner radioaktiv sind. →Kernche-
mie.

Radioelement
Element, das keine stabilen Isotope besitzt. Der Begriff sollte nicht in
der Bedeutung „Radionuklid" benutzt werden.

Nuklid	Aktivität in Bq
H-3	25
Be-7	25
C-14	3800
K-40	4200
Rb-87	650
U-238, Th-234, Pa-234m, U-234	4
Th-230	0,4
Ra-226	1
kurzlebige Rn-222 Zerfallsprodukte	15
Pb-210, Bi-210, Po-210	60
Th-232	0,1
Ra-228, Ac-228, Th-228, Ra-224	1,5
kurzlebige Rn-220-Zerfallsprodukte	30

Natürliche radioaktive Stoffe im Menschen .

Radiographie
Verwendung durchdringender ionisierender Strahlung zur Untersuchung von Materialien. Die Strahlung schwärzt einen hinter der durchstrahlten Materialprobe angebrachten Film. Aus den Schwärzungsunterschieden kann auf Fehlstellen oder Inhomogenitäten im Material geschlossen werden.

Radioiod
Radioaktive Isotope des Iod.

Radioisotopengenerator
Anlage, die die beim radioaktiven Zerfall freigesetzte Wärme direkt in elektrische Energie umwandelt. Solche Generatoren arbeiten mit thermoelektrischen oder thermionischen Konvertern. Einsatz z. B. als Energiequelle bei sonnenfernen Raummissionen.

Radiologie
Im weiteren Sinne „medizinische Strahlenkunde", bestehend aus theoretischer Radiologie (Strahlenbiologie, medizinische Strahlenphysik) und klinischer Radiologie. Radiologie im engeren Sinne umfasst die Röntgendiagnostik und die Strahlentherapie.

Radiokohlenstoff
→Kohlenstoff-14.

Radiolyse
Dissoziation von Molekülen durch Strahlung. Beispiel: Wasser dissoziiert unter Strahleneinwirkung in Wasserstoff und Sauerstoff.

Radionuklid
Instabiles Nuklid, das spontan ohne äußere Einwirkung unter Strahlungsemission zerfällt. Über 2750 natürliche und künstliche Radionuklide sind bekannt.

Radionuklide, kosmogene
Viele kosmogene Radionuklide entstehen durch Kernreaktionen der energiereichen kosmischen Strahlung mit den Atomkernen der Erdatmosphäre. So entsteht z. B. das natürliche Radionuklid Kohlenstoff-14 (C-14) durch eine (n,p) Reaktion von Neutronen der kosmischen Strahlung mit Stickstoff-14 in der oberen Atmosphäre. Ein weiterer Anteil auf der Erde vorhandener kosmogener Radionuklide stammt aus Kernreaktionen der kosmischen Strahlung mit extraterrestrischer Materie, die als in der Atmosphäre verglühende Meteore oder als feste Meteoriten die Erde erreicht hat.

Radio-nuklid	Halbwerts-zeit	Radio-nuklid	Halbwerts-zeit	Radio-nuklid	Halbwerts-zeit
H-3	12,323 a	Si-32	172 a	Mn-53	$3,7 \cdot 10^6$ a
Be-7	53,3 d	P-32	14,3 d	Mn-54	312 d
Be-10	$1,6 \cdot 10^6$ a	S-35	87,5 d	Fe-55	2,73 a
C-14	5730 a	S-38	2,8 h	Fe-60	$1,5 \cdot 10^6$ a
Na-22	2,60 a	Cl-36	$3,0 \cdot 10^5$ a	Co-60	5,27 a
Na-24	15 h	Ar-39	269 a	Ni-59	$7,5 \cdot 10^4$ a
Al-26	$7,2 \cdot 10^5$ a	Ar-42	33 a	Ni-63	100 a
Mg-28	20,9 h	Ca-41	$1,0 \cdot 10^5$ a	Kr-85	10,7 a
Si-31	2,6 h	Ti-44	60,4 a	I-129	$1,6 \cdot 10^7$ a

Kosmogene Radionuklide.

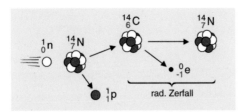

Entstehen von C-14 durch Bestrahlung von N-14.

Radionuklide, primordiale

Uranfängliche Radionuklide, die seit Entstehen der Erde vorhanden sind und aufgrund ihrer langen Halbwertszeit noch nicht vollständig zerfallen sind, sowie die aus den primordialen Radionukliden U-238, U-235 und Th-232 entstehenden Radionuklide der zugehörigen →Zerfallsreihen.

Nuklid	Halbwertszeit Jahre	Nuklid	Halbwertszeit Jahre
K-40	$1{,}3 \cdot 10^{9}$	La-138	$1{,}1 \cdot 10^{11}$
V-50	$1{,}4 \cdot 10^{17}$	Nd-144	$2{,}3 \cdot 10^{15}$
Ge-76	$1{,}5 \cdot 10^{21}$	Nd-150	$1{,}7 \cdot 10^{19}$
Se-82	$1{,}0 \cdot 10^{20}$	Sm-147	$1{,}1 \cdot 10^{11}$
Rb-87	$4{,}8 \cdot 10^{10}$	Sm-148	$7{,}0 \cdot 10^{15}$
Zr-96	$3{,}9 \cdot 10^{19}$	Gd-152	$1{,}1 \cdot 10^{14}$
Mo-100	$1{,}2 \cdot 10^{19}$	Lu-176	$2{,}6 \cdot 10^{10}$
Cd-113	$9{,}0 \cdot 10^{15}$	Hf-174	$2{,}0 \cdot 10^{15}$
Cd-119	$2{,}6 \cdot 10^{19}$	Ta-180	$1{,}2 \cdot 10^{15}$
In-115	$4{,}4 \cdot 10^{14}$	Re-187	$5{,}0 \cdot 10^{10}$
Te-123	$1{,}2 \cdot 10^{13}$	Os-186	$2{,}0 \cdot 10^{15}$
Te-128	$7{,}2 \cdot 10^{24}$	Pt-190	$6{,}5 \cdot 10^{11}$
Te-130	$2{,}7 \cdot 10^{21}$	Bi-209	$1{,}9 \cdot 10^{19}$

Primordiale Radionuklide außerhalb von Zerfallsreihen.

Radioökologie

Die Radioökologie setzt sich mit dem Verhalten und der Auswirkung radioaktiver Stoffe in der Biosphäre auseinander. Sie umfasst Produktion und Freisetzung, den Transport durch den abiotischen Teil der Biosphäre, die Nahrungsketten, die Aufnahme und Verteilung im Menschen und die Auswirkung der Strahlung auf Lebewesen.

Radiophotolumineszenz

Eigenschaft bestimmter Stoffe, bei Bestrahlung mit ionisierender Strahlung Fluoreszenzzentren zu bilden, die bei Anregung mit UV-Licht in einem anderen Spektralbereich Licht emittieren. Die emittierte Lichtintensität ist bei geeigneter Materialwahl der Zahl der Leuchtzentren und damit der eingestrahlten Dosis proportional. →Phosphatglasdosimeter.

Radiotoxizität

Maß für die Gesundheitsschädlichkeit eines Radionuklids. Strahlenart, Strahlenenergie, Resorption im Organismus, Verweildauer im Körper usw. beeinflussen den Grad der Radiotoxizität eines Radionuklids.

Radium

Radioaktives Element mit der Kernladungszahl 88. In der Natur kommt Radium zusammen mit Uran vor, das über eine Reihe von Alpha- und Betaemissionen in Radium zerfällt.

Radon

Aufgrund der sehr großen Halbwertszeiten enthält die Erdkruste seit ihrer Entstehung u. a. die Radionuklide Uran-238, Uran-235, Thorium-232. Diese wandeln sich über eine Reihe radioaktiver Zwischenprodukte mit sehr unterschiedlichen Halbwertszeiten um, bis als Endprodukt stabiles Blei entsteht. Zu diesen Zwischenprodukten gehören drei Radon-Nuklide: Radon-222 (Halbwertszeit 3,8 Tage) entsteht als Zerfallsprodukt von Radium-226, das aus dem radioaktiven Zerfall von Uran-238 hervorgeht. In der Zerfallsreihe des Thorium-232 tritt das Radon-220 (Halbwertszeit 54 s) und in der Zerfallsreihe des U-235 das Radon-219 (Halbwertszeit 3,96 s) auf. Überall dort, wo Uran und Thorium im Erdboden vorhanden sind, wird Radon freigesetzt und gelangt in die Atmosphäre oder in Häuser. Von

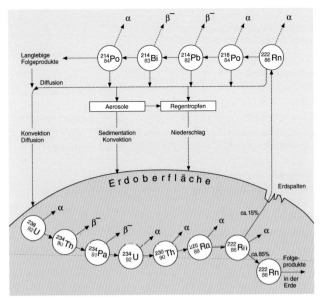

Rn-222 und seine radioaktiven Folgeprodukte in der bodennahen Luft.

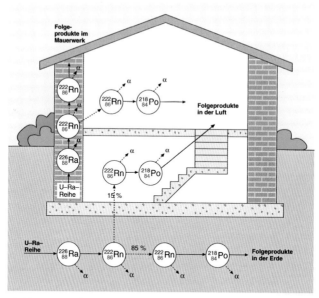

Eindringen von Radon in Wohnräume.

entscheidender Bedeutung für die Radonkonzentration in der Luft ist die Radiumkonzentration des Bodens und dessen Durchlässigkeit für dieses radioaktive Edelgas. Die Radonkonzentration in der bodennahen Atmosphäre ist neben den regionalen auch jahreszeitlichen und klimatisch bedingten Schwankungen unterworfen. In Gebäuden hängt die Radonkonzentration wesentlich von den baulichen Gegebenheiten ab. In Deutschland betragen die Jahresmittelwerte der Radonkonzentrationen in der bodennahen Luft etwa 15 Bq/m³ und in Gebäuden rund 60 Bq/m³. Radonkonzentrationen in Erdgeschosswohnräumen auch oberhalb 200 Bq/m³ sind nicht ungewöhnlich. Für die Strahlenexposition des Menschen ist nicht so sehr das Radon selbst von Bedeutung, vielmehr sind es die kurzlebigen Zerfallsprodukte. Diese gelangen mit der Atemluft in den Atemtrakt, wo ihre energiereiche Alphastrahlung strahlenempfindliche Zellen erreichen kann. Radon und seine kurzlebigen Zerfallsprodukte verursachen mit 1,1 Millisievert pro Jahr mehr als die Hälfte der gesamten effektiven Dosis durch natürliche Strahlenquellen.

Rasmussen-Bericht
Nach dem Leiter der Arbeitsgruppe, die in den USA die Reactor-Safety-Study (WASH-1400) erstellte, benannte Reaktorsicherheitsstudie. →Risikostudie.

Ratemeter
→Mittelwertmesser.

RBMK
In lateinische Schrift transkribierte Bezeichnung für einen russischen Reaktortyp: Реактор Большой Мощности Канальный (reaktor balschoi moschnosti kanalnui, Hochleistungs-Reaktor mit Kanälen). RBMK ist ein graphitmoderierter Siedewasser-Druckröhrenreaktor. Bei diesem Typ eines Siedewasserreaktors wird der Dampf nicht in einem Druckgefäß, sondern in bis zu 2000 separaten, die Brennelemente enthaltenden Druckröhren erzeugt. Die Benutzung von Graphit als Moderator führt zu einem großvolumigen Reaktorkern von 12 m Durchmesser und 7 m Höhe. Dies hat zur Folge, dass die Regelung des Reaktors neutronenphysikalisch relativ kompliziert ist und erhöhte Anforderungen an die Fahrweise der Regelstäbe stellt. In Russland sind elf RBMK-Einheiten mit je 1000 MWe und vier mit je 12 MWe in Betrieb.

RBW
→relative biologische Wirksamkeit.

rd
Einheitenkurzzeichen für →Rad.

RDB
→Reaktordruckbehälter.

Reaktivität
Maß für das Abweichen eines Reaktors vom kritischen Zustand. Entspricht dem um 1 verminderten Multiplikationsfaktor und ist somit im kritischen Zustand genau Null. Ist die Reaktivität positiv, steigt die Reaktorleistung an. Bei negativer Reaktivität sinkt der Leistungspegel.

Reaktor
Einrichtung, mit deren Hilfe sich eine Spaltungskettenreaktion (Kettenreaktion) einleiten, aufrechterhalten und steuern lässt. Hauptbestandteil ist eine Spaltzone mit spaltbarem →Kernbrennstoff. Ein Reaktor hat im allgemeinen einen →Moderator, eine Abschirmung und Regelvorrichtungen. Reaktoren werden zu Forschungszwecken oder zur Leistungserzeugung errichtet. Reaktoren, bei denen die Kettenreaktion durch thermische Neutronen (→Neutronen, thermische) aufrecht erhalten wird, werden thermische Reaktoren genannt; wird die Kettenreaktion durch schnelle Neutronen aufrechterhalten, spricht man von schnellen Reaktoren. Der erste Reaktor (→CP 1) wurde am 2. Dezember 1942 durch eine Forschergruppe unter der Leitung von

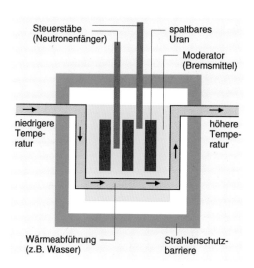

Reaktoraufbau, Prinzip.

Labels in figure:
- Steuerstäbe (Neutronenfänger)
- spaltbares Uran
- Moderator (Bremsmittel)
- niedrigere Temperatur
- höhere Temperatur
- Wärmeabführung (z.B. Wasser)
- Strahlenschutzbarriere

Fermi in Betrieb genommen. →Druckwasserreaktor, →Siedewasserreaktor.

Reaktor, gasgekühlter
Kernreaktor, dessen Kühlmittel ein Gas ist (Kohlendioxid, Helium). Die AGR-Anlagen in Großbritannien werden z. B. mit Kohlendioxid gekühlt.

Reaktor, schneller
Reaktor, bei dem die Spaltungen überwiegend durch schnelle Neutronen ausgelöst werden. Ein schneller Reaktor hat im Gegensatz zum thermischen Reaktor keinen Moderator.

Reaktor, thermischer
Kernreaktor, in dem die Spaltungskettenreaktion durch thermische Neutronen aufrechterhalten wird. Die meisten existierenden Reaktoren sind als thermische Reaktoren konstruiert.

Reaktordruckbehälter
Dickwandiger zylindrischer Stahlbehälter, der bei einem Kraftwerksreaktor den Reaktorkern umschließt. Er ist aus einem speziellen Feinkornstahl gefertigt, der sich gut schweißen lässt und eine hohe Zähigkeit bei geringer Versprödung unter Neutronenbestrahlung hat. Auf der Innenseite ist der Druckbehälter mit einer austenitischen Plattierung zum Schutz gegen Korrosion versehen. Bei einem 1300-MWe-Druckwasserreaktor beträgt die Höhe des Druckbehälters etwa 12 m, der Innendurchmesser 5 m, die Wandstärke des Zylin-

Reaktordruckbehälter, KKW Biblis A.

dermantels rund 250 mm und das Gesamtgewicht ohne Einbauten etwa 530 t. Er ist auf einen Druck von 17,5 MPa (175 bar) und eine Temperatur von 350 °C ausgelegt.

Reaktordruckgefäß
→Reaktordruckbehälter.

Reaktorgift
Substanzen mit großem Neutronenabsorptionsquerschnitt, die unerwünschterweise Neutronen absorbieren. Eine große Neutronenabsorption haben einige der bei der Spaltung entstehenden Spaltprodukte, so z. B. Xenon-135 und Samarium-149. Die Vergiftung eines Reaktors durch Spaltprodukte kann so stark werden, dass die Kettenreaktion zum Erliegen kommt.

Reaktorperiode
Die Zeit, in der die Neutronenflussdichte in einem Reaktor sich um den Faktor $e \approx 2{,}718$ (e: Basis des natürlichen Logarithmus) ändert, wenn die Neutronenflussdichte exponentiell zu- oder abnimmt.

Reaktorschnellabschaltung
Möglichst schnelle Abschalten eines Kernreaktors, im allgemeinen durch schnelles Einfahren der Abschaltstäbe. Notfälle oder Abwei-

chungen vom normalen Reaktorbetrieb führen dazu, dass die automatische Regeleinrichtung den Reaktorschnellschluss auslösen.

Reaktorschutzsystem

Ein System, das Informationen von verschiedenen Messeinrichtungen erhält, die die für die Sicherheit wesentlichen Betriebsgrößen eines Kernreaktors überwachen, und das imstande ist, automatisch eine oder mehrere Sicherheitsmaßnahmen auszulösen, um den Zustand des Reaktors in sicheren Grenzen zu halten.

Reaktorsicherheitskommission

Die Reaktorsicherheitskommission (RSK) berät entsprechend der Satzung vom 22.12.1998 das Bundesministerium für Umwelt, Naturschutz und Reaktorsicherheit in den Angelegenheiten der Sicherheit und damit in Zusammenhang stehenden Angelegenheiten der Sicherung von kerntechnischen Anlagen und der Entsorgung radioaktiver Abfälle. Die Reaktorsicherheitskommission besteht in der Regel aus zwölf Mitgliedern. In ihr sollen die Fachgebiete vertreten sein, die für die sachverständige Beratung des Bundesministeriums in den genannten Angelegenheiten erforderlich sind. Die Mitglieder müssen die Gewähr für eine sachverständige und objektive Beratung des Bundesministeriums bieten. Um eine ausgewogene Beratung sicherzustellen, soll die Reaktorsicherheitskommission so besetzt sein, dass die gesamte Bandbreite der nach dem Stand von Wissenschaft und Technik vertretbaren Anschauungen repräsentiert ist. Die Mitgliedschaft in der Reaktorsicherheitskommission ist ein persönliches Ehrenamt. Die Mitglieder der Kommission sind unabhängig und nicht an Weisungen gebunden. Die Kommission beschließt als Ergebnis ihrer Beratungen naturwissenschaftliche und technische Empfehlungen oder Stellungnahmen an das Bundesministerium. Sie trifft keine rechtlichen Bewertungen. Die Empfehlungen und Stellungnahmen der Kommission werden den Länderbehörden zur Kenntnis gegeben und der Öffentlichkeit auf Anfrage zur Verfügung gestellt.

Reaktorsteuerung

Einstellen der →Reaktivität zum Erreichen oder Einhalten eines gewünschten Betriebszustandes.

Reaktortypen, weltweit

→Kernkraftwerke, weltweit, Reaktortypen

Redundanz

In der Informationstheorie Bezeichnung für das Vorhandensein von an sich überflüssigen Elementen in einer Nachricht, die keine zusätzlichen Informationen liefern, sondern lediglich die beabsichtigte

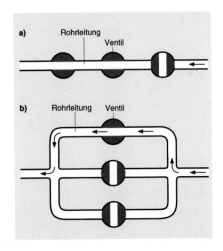

Prinzipdarstellung der Redundanz für die Schließfunktion (a) und Öffnungsfunktion (b) von Ventilen in einer Rohrleitung.

Grundinformation stützen. In der Reaktortechnik werden alle sicherheitstechnisch bedeutsamen Messwerte, z. B. die Neutronenflussdichte im Reaktor, von drei voneinander unabhängigen Messsystemen ermittelt und nur der Wert als richtig angesehen, der von mindestens zwei Systemen gleich angezeigt wird. Auch die Mehrfachauslegung wichtiger technischer Systeme (Notkühlsystem, Notstromgeräte) wird mit Redundanz bezeichnet. →Diversität.

Referenzschwelle

Wert einer Größe der Äquivalentdosis, der Aktivitätszufuhr oder der Kontamination, bei dessen Überschreitung bestimmte Handlungen oder Maßnahmen erforderlich werden.

Reflektor

Materialschicht unmittelbar um die Spaltzone eines Kernreaktors. Der Reflektor streut Neutronen in die Spaltzone zurück, die sonst entweichen würden. Die reflektierten Neutronen können wiederum Spaltungen auslösen und so die Neutronenbilanz des Reaktors verbessern.

Regelstab

Eine stab- oder plattenförmige Anordnung zur Regelung der Reaktivitätsschwankungen eines Kernreaktors. Der Regelstab besteht aus neutronenabsorbierendem Material (Cadmium, Bor usw.).

Reinelement

Chemisches Element, das nur aus einem stabilen Isotop besteht; z. B. Fluor, Aluminium, Gold.

relative biologische Wirksamkeit

Für einen bestimmten lebenden Organismus oder Teil eines Organismus das Verhältnis der Energiedosis einer Referenzstrahlung (meist 200 kV Röntgenstrahlen), die eine bestimmte biologische Wirkung erzeugt, zu der Energiedosis der betreffenden Strahlung, die die gleiche biologische Wirkung erzeugt. Der Begriff sollte nur in der Radiobiologie und nicht im Strahlenschutz verwendet werden.

Rem

Frühere Einheit der Äquivalentdosis, Kurzzeichen: rem. Für Strahlenschutzzwecke wurde häufig die Strahlendosis in Millirem (mrem) angegeben. 1 rem = 1000 mrem. Die neue Einheit der Äquivalentdosis ist das Joule durch Kilogramm mit dem besonderen Einheitennamen →Sievert. 1 rem = 0,01 Sv.

Reprocessing

→Wiederaufarbeitung von Kernbrennstoffen.

Restrisiko

Nicht näher zu definierendes, noch verbleibendes Risiko nach Beseitigung bzw. Berücksichtigung aller denkbaren quantifizierten Risiken bei einer Risikobetrachtung.

Richtungs-Äquivalentdosis

Die Richtungs-Äquivalentdosis $H'(0{,}07, \Omega)$ am interessierenden Punkt im tatsächlichen Strahlungsfeld ist die Äquivalentdosis, die im zugehörigen aufgeweiteten Strahlungsfeld in 0,07 mm Tiefe auf einem in festgelegter Richtung Ω orientierten Radius der →ICRU-Kugel erzeugt würde. Ein aufgeweitetes Strahlungsfeld ist ein idealisiertes Strahlungsfeld, in dem die Teilchenflussdichte und die Energie- und Richtungsverteilung der Strahlung an allen Punkten eines ausreichend großen Volumens die gleichen Werte aufweisen wie das tatsächliche Strahlungsfeld am interessierenden Punkt.

Ringspalt

Raum zwischen den beiden Teilen eines Doppelcontainments (Sicherheitsbehälter), der unter Unterdruck gehalten wird. Bei Undichtigkeiten im inneren Containment in den Ringraum eindringende radioaktive Stoffe werden abgesaugt und entweder in das innere Containment zurückgepumpt oder gefiltert und kontrolliert über den Abluftkamin abgegeben.

Risiko

Als Risiko wird insbesondere bei Risikovergleichen häufig die Multiplikation von Schadensumfang (welche Folgen?) mit der Eintrittshäufigkeit (wie oft kommt der Unfall vor?) definiert. Eine Technik mit häufig eintretenden Unfällen, aber geringen Folgen (z. B. Auto), kann risikoreicher sein als eine Technik mit seltenen, aber schweren Unfällen (Flugzeug). Diese Risikogröße ist der Maßstab, mit dem mögliche Folgen einer Technologie abgeschätzt bzw. die Folgen verschiedener Technologien verglichen werden.

Risikostudie

In der Bundesrepublik Deutschland wurde in Anlehnung an entsprechende Studien in den USA eine eigene umfassende Studie zur Bewertung des Risikos von Kernkraftwerken erstellt. Die Studie hatte zum Ziel, unter Berücksichtigung deutscher Verhältnisse das mit Unfällen in Kernkraftwerken verbundene Risiko zu ermitteln. Die erste Phase wurde im August 1979 abgeschlossen. Die ersten Risikountersuchungen hatten hauptsächlich das Ziel, das mit Unfällen in Kernkraftwerken verbundene Risiko abzuschätzen und dieses mit anderen zivilisatorischen und naturbedingten Risiken zu vergleichen. Dagegen wurden in den Arbeiten zur Phase B der deutschen Risikostudie umfangreiche Untersuchungen zum Störfallverhalten vorgenommen. Dabei wurden Störfälle in ihrem zeitlichen Verlauf, die mit ihnen verbundenen Belastungen und das Eingreifen der zur Störfallbeherrschung vorgesehenen Sicherheitssysteme eingehend analysiert. In diesen Untersuchungen ist die Bedeutung von anlageninternen Notfallmaßnahmen (Accident-Management-Maßnahmen) erkannt worden. So zeigen die Analysen, dass Kernkraftwerke in vielen Fällen auch dann noch über Sicherheitsreserven verfügen, wenn Sicherheitssysteme nicht wie vorgesehen eingreifen und sicherheitstechnische Auslegungsgrenzen überschritten werden. Diese Sicherheitsreserven können für anlageninterne Notfallmaßnahmen genutzt werden, mit denen das Risiko aus Unfällen weiter vermindert werden kann. Risikoanalysen sind geeignet, anlageninterne Notfallmaßnahmen zu identifizieren und aufzuzeigen, wieweit mit ihnen das Risiko aus Unfällen vermindert werden kann. Untersuchungen zu anlageninternen Notfallmaßnahmen bildeten daher einen Schwerpunkt in den Arbeiten zur Phase B der Studie. Die „Deutsche Risikostudie Kernkraftwerke Phase B" wurde im Juni 1989 von der Gesellschaft für Reaktorsicherheit (GRS) veröffentlicht.

Röntgen

Frühere Einheit der →Ionendosis, Kurzzeichen: R. Die Ionendosis von 1 Röntgen liegt vor, wenn durch Gamma- oder Röntgenstrahlung in 1 cm³ trockener Luft unter Normalbedingungen (1,293 mg Luft) eine Ionenmenge von einer elektrostatischen Ladungseinheit erzeugt wurde. Die neue Einheit der Ionendosis ist Coulomb durch Kilogramm (C/kg). 1 R = 258 µC/kg; 1 C/kg ≈ 3876 R.

Röntgenaufnahme

Darstellungen des lebenden menschlichen oder tierischen Körpers oder einer Sache mittels Röntgenstrahlen, um deren Beschaffenheit, Zustand oder Funktionen zum späteren Betrachten sichtbar zu machen.

Röntgenbehandlung

Bestrahlungen des lebenden menschlichen oder tierischen Körpers oder einer Sache mit Röntgenstrahlen, um deren Beschaffenheit, Zustand oder Funktionen zu beeinflussen.

Röntgendiagnostik

Zweig der Radiologie, der sich mit Röntgenuntersuchungen d. h. Röntgenaufnahmen und Röntgendurchleuchtungen zum Zweck der Diagnosestellung beschäftigt.

Röntgendurchleuchtung

Durchleuchtungen des lebenden menschlichen oder tierischen Körpers oder einer Sache mit Röntgenstrahlen, um deren Beschaffenheit, Zustand oder Funktionen zum gleichzeitigen Betrachten sichtbar zu machen.

Röntgenstrahlung

Durchdringende elektromagnetische Strahlung. Die Erzeugung der Röntgenstrahlung geschieht durch Abbremsung von Elektronen oder schweren geladenen Teilchen. In einer Röntgenröhre werden Elektronen durch eine hohe Gleichspannung beschleunigt und auf eine Metallelektrode geschossen. Die dabei entstehende Bremsstrahlung nennt man Röntgenstrahlung.

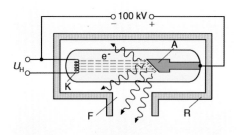

Vereinfachte Schnittzeichnung einer Röntgenröhre
(UH: Heizspannung, K: Kathode, A: Anode, e⁻: aus der Katho-
de austretende und zur Anode beschleunigte Elektronen,
R: Röhrenabschirmung, F: Strahlungsaustrittfenster)

Röntgenverordnung

Verordnung über den Schutz vor Schäden durch Röntgenstrahlen (Röntgenverordnung – RöV) vom 8. Januar 1987, in der Fassung der Bekanntmachung vom 30. April 2003, zuletzt geändert durch die Verordnung zur Änderung strahlenschutzrechtlicher Verordnungen vom 4. Oktober 2011. Sie regelt den Umgang, den Betrieb, die Anwendung und die Schutzvorschriften für Röntgenanlagen und für bestimmte Elektronenbeschleuniger.

RöV

→Röntgenverordnung.

RSK

→Reaktorsicherheitskommission.

Rückkühlanlagen

Kühlturm (nass; trocken; zwangsbelüftet; Naturzug) oder Kühlteich zur Kühlung des erwärmten Kühlwassers eines Kraftwerkes vor Rückführung in den Kühlkreislauf zur Reduzierung des Frischwasserverbrauchs zu Kühlzwecken.

Ruheenergie

Aus der Relativitätstheorie folgt, dass zwischen Masse und Energie eine Äquivalenzbeziehung besteht. Die Energie ist gleich dem Produkt aus Masse und dem Quadrat der Lichtgeschwindigkeit: $E = mc^2$. Die Ruheenergie E_0 ist also das Energieäquivalent eines ruhenden, d. h. nicht bewegten Teilchens. So beträgt z. B. die Ruheenergie des Protons 938,257 MeV. Die Ruheenergie von 1 g Masse entspricht etwa $2,5 \cdot 10^7$ kWh.

Ruhemasse

Die Masse eines Teilchens, das sich in Ruhe befindet. Nach der Relativitätstheorie ist die Masse geschwindigkeitsabhängig und nimmt mit wachsender Teilchengeschwindigkeit zu. Ist m_0 die Ruhemasse, v die Teilchengeschwindigkeit und c die Lichtgeschwindigkeit, so errechnet sich die geschwindigkeitsabhängige Masse m aus:

$$m = \frac{m_0}{\sqrt{1 - (v/c)^2}}$$

S

Safeguard
Maßnahmen zur Kernmaterialüberwachung. Im wesentlichen sind das Maßnahmen zur Bilanzierung, Einschließung, Umschließung und beobachtenden Überwachung. Die Maßnahmen müssen einzeln oder in Kombination eine rechtzeitige Entdeckung einer Spaltstoffabzweigung aus dem Prozess gewährleisten.

Sattdampf
→Nassdampf.

Schild, biologischer
Absorbermaterial rings um einen Reaktor; dient zur Verringerung der Menge ionisierender Strahlung auf Werte, die für den Menschen ungefährlich sind. →Schild, thermischer.

Schild, thermischer
Abschirmung eines Reaktors zwischen Reflektor und biologischem Schild; dient zur Herabsetzung der Strahlenschäden und der Bestrahlungserwärmung im Druckgefäß und im biologischen Schild.

Schlüsselmesspunkt
Begriff aus dem Bereich der Kernmaterialüberwachung. Ort, an dem das Kernmaterial in einer Form vorliegt, die seine Messung zur Bestimmung des Materialflusses oder des Bestandes ermöglicht. Schlüsselmesspunkte umfassen – jedoch nicht ausschließlich – die Eingänge und Ausgänge und die Lager in →Materialbilanzzonen.

Schneller Brutreaktor
Kernreaktor, dessen Kettenreaktion durch schnelle Neutronen aufrechterhalten wird und der mehr spaltbares Material erzeugt als er verbraucht. Der Brutstoff U-238 wird unter Neutroneneinfang und zwei nachfolgende Betazerfälle in den Spaltstoff Pu-239 umgewandelt. Die Kernspaltung erfolgt zur Erzielung eines hohen Bruteffekts praktisch ausschließlich mit schnellen Neutronen. Da die Neutronen möglichst wenig abgebremst werden sollen, scheidet Wasser als Kühlmittel wegen seiner Bremswirkung aus. Aus technischen Gründen ist Natrium, das bei Temperaturen oberhalb 97,8 °C flüssig ist, besonders gut geeignet. Der Schnelle Brüter kann das Uran in Verbindung mit einer Wiederaufarbeitung der bestrahlten Brennelemente und Wiedereinsatz des erzeugten Plutoniums und des rezyklierten Urans bis zu 60-fach besser ausnutzen als die Leichtwasserreaktoren.

Schneller Reaktor
Reaktor, in dem die Spaltungskettenreaktion hauptsächlich durch schnelle Neutronen aufrechterhalten wird. Schnelle Reaktoren enthalten keinen Moderator, da eine Geschwindigkeitsverminderung der bei der Spaltung entstehenden schnellen Spaltneutronen vermieden werden muss.

Schnellschluss
Möglichst schnelles Abschalten eines Kernreaktors, im allgemeinen durch schnelles Einfahren der Abschaltstäbe. Notfälle oder Abweichungen vom normalen Reaktorbetrieb führen dazu, dass die automatische Regeleinrichtung den Reaktorschnellschluss auslösen.

Schwebstofffilter
Filter zur Abscheidung von trockenen Aerosolen.

Schnellspaltfaktor
Anzahl der in einem Kernreaktor durch sämtliche Spaltungen erzeugten schnellen Neutronen zur Anzahl der durch thermische Spaltungen erzeugten schnellen Neutronen.

Schwefelwasserstoffverfahren
Verfahren zur Schwerwassergewinnung, das die negative Temperaturabhängigkeit der Gleichgewichtskonstanten der Reaktion $H_2S + HDO \Leftrightarrow HDS + H_2O$ nutzt. Der bei hoher Temperatur an Deuterium angereicherte Schwefelwasserstoff gibt bei niedriger Temperatur einen Teil des Deuteriums an das Wasser ab. Im Gegenstromverfahren zwischen einer heißen und einer kalten Kolonne ergibt sich zwischen den Kolonnen eine Deuteriumanreicherung.

Schwellendetektor
Detektor zum Nachweis von Neutronenstrahlung oberhalb einer bestimmten Energie (Schwellenenergie). Schwefel ist z. B. ein Schwellendetektor. über die Reaktion S-32 (n,p) P-32 werden nur Neutronen mit einer Energie > 2 MeV gemessen.

Schwellenwertdosis
Kleinste Energie- oder Körperdosis, die eine bestimmte Wirkung hervorruft.

Schwerer Wasserstoff
→Deuterium.

Schweres Wasser

Deuteriumoxid, D_2O; Wasser, das an Stelle der zwei leichten Wasserstoffatome zwei Deuteriumatome enthält. Natürliches Wasser enthält ein Deuteriumatom pro 6500 Moleküle H_2O. D_2O hat einen niedrigen Neutronenabsorptionsquerschnitt. Es ist daher als Moderator in Natururanreaktoren verwendbar.

Schwerwasserreaktor

Mit schwerem Wasser (D_2O) gekühlter und/oder moderierter Reaktor. Beispiel: →CANDU-Reaktoren; D_2O-Druckwasserreaktor Atucha, Argentinien.

Schwimmbadreaktor

Reaktor, in dem Brennelemente in ein oben offenes Wasserbecken, dessen Wasser als Moderator, Reflektor und Kühlmittel dient, eingetaucht sind. Dieser Reaktortyp wird für Forschung und Ausbildung benutzt.

Scram

Amerikanischer Sprachgebrauch für →Schnellschluss (scram, am. Slang: abhauen).

Sekundärenergie

Durch Umwandlung aus Primärenergien erzeugte Energieform, z. B. Strom aus Gas, Kernenergie, Kohle, Öl; Heizöl und Benzin aus Erdöl; Koks und Kokereigas aus Steinkohle.

Sekundärkühlkreis

Kühlkreissystem, das Wärme aus dem primären Kühlkreis übernimmt und abführt.

Sekundärkühlmittel

Kühlmittel zum Abführen der Wärme vom Kreislauf des Primärkühlmittels.

Selbstabsorption

Absorption einer Strahlung in der strahlenemittierenden Substanz selbst.

Selbsterhitzung

Bei einer hohen Konzentration von Radionukliden in einem System kann die Produktion von Zerfallswärme die Wärmeabfuhr aus dem System übersteigen. Es liegt dann Selbsterhitzung vor. Selbsterhitzung ist z. B. bei der Lagerung von abgebrannten Brennelementen und hochradioaktiven Abfalllösungen durch die Betriebskühlung zu verhindern.

Sellafield

Standort zahlreicher kerntechnischer Einrichtungen in Cumbria, England. Am Standort Sellafield ist die Wiederaufarbeitungsanlage THORP seit 1994 in Betrieb. Von 1956 bis 2003 waren die vier Gas-Graphit-Reaktoren des Kernkraftwerks Calder Hall in Betrieb. Ein Teil des Standorts Sellafield ist unter dem Namen Windscale bekannt, an dem sich 1957 in einem der beiden militärischen Plutonium-Produktionsreaktoren ein Unfall ereignete.

Sicherheitsbarrieren

Der sichere Einschluss des radioaktiven Inventars einer kerntechnischen Anlage erfolgt nach dem Mehrfachbarrierenprinzip, d. h. zur Freisetzung radioaktiver Stoffe müssen diese mehrere verschiedene, hintereinander geschaltete Barrieren passieren. Barrieren eines Kernreaktors sind z. B.:

- Rückhaltung von Spaltprodukten im Kernbrennstoff selbst,
- Einschluss des Kernbrennstoffes in Hüllrohren,
- Einschluss der Brennelemente im Reaktordruckbehälter und Primärkühlkreislauf,
- gasdichter Sicherheitsbehälter.

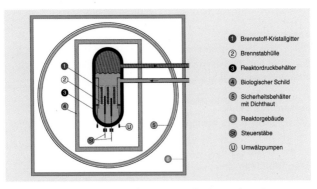

Sicherheitsbarrieren eines Kernkraftwerks zur Verhinderung der Freisetzung radioaktiver Stoffe und ionisierender Strahlung.

Sicherheitsbehälter

Gasdichte Umhüllung um einen Reaktor und die Kreislauf- und Nebenanlagen, damit – auch nach einem Störfall – keine radioaktiven Stoffe unkontrolliert in die Atmosphäre und Umgebung entweichen können. Der Sicherheitsbehälter ist eine der Barrieren im Kernkraftwerk, die das Entweichen radioaktiver Stoffe in die Umgebung erschweren. Er umschließt den nuklearen Teil der Anlage und ist so ausgelegt, dass er bei schweren Störungen den austretenden Dampf aufnimmt, ohne zu versagen. Der Sicherheitsbehälter eines Druckwasserreaktors ist z. B. eine stählerne Kugel mit ca. 50 m Durchmesser und 30 mm Wanddicke. Dazu gehören schnellschließende Armaturen der herausführenden Rohrleitungen sowie Personen- und Materialschleusen. Den Behälter umgibt eine bis zu 2 m dicke Stahlbetonkuppel zum Schutz gegen äußere Einwirkungen. Die Innenwand der Kuppel ist gasdicht mit einer Stahlhaut ausgekleidet. In dem Ringraum zwischen Sicherheitsbehälter und Stahlhaut herrscht Unterdruck. Die beim Normalbetrieb aus dem Sicherheitsbehälter austretenden radioaktiven Stoffe gelangen in die Unterdruckzone und über Filter zum Abluftkamin. Im Störfall wird die Luft aus der Unterdruckzone in den Sicherheitsbehälter zurückgepumpt.

Sicherheitsbericht

Kerntechnische Anlagen müssen so ausgelegt sein, dass die Schutzziele des Atomgesetzes eingehalten werden. Dies gilt nicht nur für den Normalbetrieb und die sicherheitstechnisch unbedeutenden Betriebsstörungen, sondern auch für Stör- und Schadensfälle. Daher müssen im Sicherheitsbericht eines Kernkraftwerkes neben Kapiteln über Standort, detaillierter technischer Anlagenbeschreibung, radiologischer und klimatologischer Auswirkung auf die Umgebung bei bestimmungsgemäßem Betrieb insbesondere auch Angaben für Störfallauswirkungen vorhanden sein. Der Sicherheitsbericht muss im Rahmen des Genehmigungsverfahrens öffentlich zur Einsichtnahme ausgelegt werden. Er dient Gutachtern und Behörden als wesentliche Unterlage bei der Prüfung auf Erteilung oder Versagen einer Genehmigung.

Siedewasserreaktor

Kernreaktor, in dem Wasser sowohl als Kühlmittel als auch als Moderator dient und in der Spaltzone siedet. Der entstehende Dampf wird im allgemeinen direkt zum Antrieb einer Turbine verwendet. Beispiel: Kernkraftwerk Gundremmingen, Block C, Bruttoleistung 1344 MWe. Die 784 Brennelemente, die rund 136 t Kernbrennstoff enthalten, befinden sich in dem zu etwa zwei Drittel mit Wasser gefüllten Druckbehälter. Das Wasser strömt von unten nach oben durch den Reaktorkern und führt dabei die in den Brennstäben entwickelte Wärme ab. Ein Teil des Wassers verdampft. Nach einer Dampf-Wasser-Trennung im oberen Teil des Druckbehälters wird der Sattdampf mit einer Temperatur von 286 °C und einem Druck von ca. 70 bar (7 MPa) direkt der Turbine zugeführt. Die Dampfmenge beträgt bis zu 7477 t Dampf pro Stunde. Die Turbine ist mit einem Drehstromgenerator gekoppelt. Der aus der Turbine austretende Dampf wird im Kondensator verflüssigt. Dazu sind pro Stunde etwa 160 000 m³ Kühlwasser erforderlich, die aus dem separaten Kühlturmkreislauf stammen. Das Speisewasser wird durch Vorwärmanlagen auf eine Temperatur

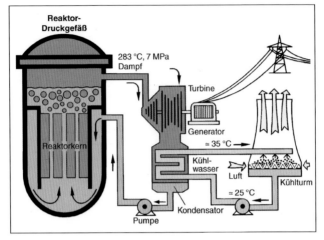

Prinzip eines Kernkraftwerks mit Siedewasserreaktor.

von etwa 215 °C gebracht und dem Reaktor wieder zugeführt. Die 193 Regelstäbe, die das neutronenabsorbierende Material enthalten, werden elektromotorisch (Normalantrieb) oder hydraulisch (Schnellabschaltung) von unten in den Reaktorkern eingefahren. Aus dem Sicherheitsbehälter führen die Rohrleitungen in das Maschinenhaus. Eine Reihe von Sicherheitsvorrichtungen ist eingebaut, um bei einer Störung eine sofortige Trennung des Reaktors vom Maschinenhaus zu erreichen.

Sievert
Besonderer Einheitenname für die Organdosis und die effektive Dosis, →Dosis; Einheitenkurzzeichen: Sv; benannt nach Rolf Sievert (1896 bis 1966), einem schwedischen Wissenschaftler, der sich um Einführung und Weiterentwicklung des Strahlenschutzes verdient gemacht hat. 1 Sv = 100 Rem.

SKE
→Steinkohleneinheit.

Skyshine
Durch Streuung in Luft entstehende Streustrahlung einer primären Gammastrahlenquelle.

SNR-300
Geplanter schneller natriumgekühlter Reaktor in Kalkar/Rhein, mit einer elektrischen Bruttoleistung von 327 MW. Nach fast vollständiger Fertigstellung aus politischen Gründen nicht in Betrieb gegangen.

Spallation

Kernumwandlung, bei der ein energiereiches Geschossteilchen aus dem getroffenen Kern zahlreiche einzelne Teilchen (Protonen, Neutronen) herausschlägt. Zuerst als Wirkung der kosmischen Strahlung beobachtet.

Spaltausbeute, Spaltproduktausbeute

Anteil der Spaltungen, der zu einem speziellen Nuklid führt. Die Summe aller Spaltausbeuten ist bei Spaltung eines Kerns in zwei Teile gleich zwei. Spaltprodukte mit Massenzahlen um 95 und 138 haben bei Spaltung von U-235 durch thermische Neutronen besonders hohe Spaltausbeuten.

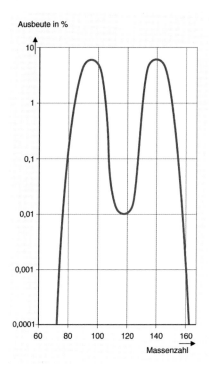

Spaltausbeute, Summe der Ausbeuten aller Nuklide mit einer bestimmten Massenzahl bei Spaltung von U-235 durch thermische Neutronen in Abhängigkeit von den Massenzahl.

Spaltbarkeit

Eigenschaft eines Nuklides, durch irgendeinen Kernprozess gespalten zu werden.

Spaltgas

Bei der Kernspaltung entstehende gasförmige Spaltprodukte, z. B. Kr-85.

Spaltgasraum

Zum Auffangen des während des nuklearen Abbrandes entstehenden Spaltgases freigelassener Raum im oberen Teil eines jeden →Brennstabes.

Spaltkammer

Neutronendetektor mit guter Diskriminierung gegenüber anderen Strahlenarten. In spaltbarem Material, das sich innerhalb eines Gasionisationsdetektors, z. B. einer Ionisationskammer, befindet, lösen die Neutronen Spaltungen aus. Die energiereichen Spaltprodukte erzeugen wegen ihrer hohen Ionisierungsdichte vom Untergrund gut unterscheidbare Spannungsimpulse.

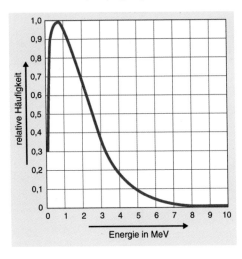

Energieverteilung der bei der Spaltung von U-235 entstehenden Neutronen.

Spaltneutron

Neutronen, die aus dem Spaltungsprozess stammen und ihre ursprüngliche Energie beibehalten haben.

Spaltneutronenausbeute

Mittlere Anzahl der Spaltneutronen zur Anzahl der insgesamt im Brennstoff absorbierten Neutronen.

Spaltprodukte

Nuklide, die durch Spaltung oder nachfolgenden radioaktiven Zerfall der durch Spaltung direkt entstandenen Nuklide entstehen. (Siehe Abbildung Seite 187.)

Spaltproduktgift

→Reaktorgift, das ein Spaltprodukt ist; z. B. Xe-135.

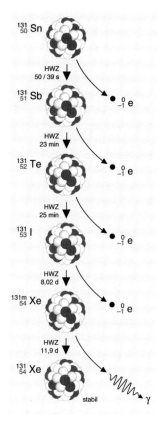

$^{131}_{50}$ Sn

HWZ
50 / 39 s

$^{131}_{51}$ Sb $\bullet\,^{\ 0}_{-1}$ e

HWZ
23 min

$^{131}_{52}$ Te $\bullet\,^{\ 0}_{-1}$ e

HWZ
25 min

$^{131}_{53}$ I $\bullet\,^{\ 0}_{-1}$ e

HWZ
8,02 d

$^{131m}_{54}$ Xe $\bullet\,^{\ 0}_{-1}$ e

HWZ
11,9 d

$^{131}_{54}$ Xe

stabil   γ   *Zerfallskette des primären Spaltprodukts Sn-131.*

Spaltstoff

Jeder Stoff, der sich durch Neutronen spalten lässt, wobei weitere Neutronen frei werden, z. B. U-235, Pu-239.

Spaltstoffflusskontrolle

→Kernmaterialüberwachung.

Spaltung

→Kernspaltung.

Spaltung, spontane

Eigenschaft sehr schwerer Atomkerne, sich ohne Anregung von außen zu spalten; meist überlagert durch andere Zerfallsarten. Die Halbwertszeit für Spontanspaltung bei U-238 beträgt $8 \cdot 10^{15}$ Jahre, d. h., dass pro Gramm U-238 sich etwa alle 2,5 Minuten ein Kern durch Spontanspaltung umwandelt. Die Halbwertszeit des U-238 für Alphazerfall beträgt demgegenüber „nur" $4,5 \cdot 10^9$ Jahre, pro Gramm U-238 wandeln sich daher rund 750 000 Uranatome pro Minute durch Alphazerfall um. Cf-254 und Fm-256 wandeln sich fast ausschließlich durch spontane Spaltung um.

Spaltung, thermische
Kernspaltung durch thermische Neutronen. →Neutronen, thermische.

Spaltzone
Teil des Kernreaktors, in dem die Spaltungskettenreaktion abläuft.

Speicherring
Gerät der Hochenergiephysik. In einer ringförmigen Vakuumröhre innerhalb von Magnetfeldanordnungen werden die mittels eines Teilchenbeschleunigers auf hohe Energien beschleunigten Teilchen (Protonen, Elektronen) gruppenweise gespeichert. Zur Erzielung von Kernreaktionen können diese Teilchengruppen gegen in umgekehrter Richtung umlaufende Teilchengruppen gerichtet werden. Dadurch wird eine bessere Ausnutzung der Teilchenenergie bei den Zusammenstößen erreicht.

Sperrbereich
Bereich des →Kontrollbereiches, in dem die Ortsdosisleistung höher als 3 mSv pro Stunde sein kann.

Spitzenlastkraftwerk
Kraftwerke der Elektrizitätserzeugung, die aufgrund ihrer betriebstechnischen und wirtschaftlichen Eigenschaften zur Deckung der Spitzenlast eingesetzt werde. Als Spitzenlastkraftwerke werden Gasturbinenanlagen sowie Speicher- und Pumpspeicherwasserkraftwerke eingesetzt.

Spontanspaltung
→Spaltung, spontane.

SSK
→Strahlenschutzkommission.

Stabdosimeter
Messgerät in Stabform zur Bestimmung der Dosis ionisierender Strahlung. Die Entladung eines aufgeladenen Kondensators ist ein Maß für die vom Träger des Dosimeters empfangene Dosis.

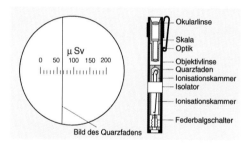

Stabdosimeter.

Stableistung

Maß für die Größe der pro Länge des Brennstabes erreichbaren Wärmeleistung. Sie wird in W/cm Stablänge angegeben (z. B. mittlere Stableistung KKW Grohnde: 212 W/cm).

Steinkohleneinheit

Bezugseinheit für die energetische Bewertung verschiedener Energieträger. 1 kg Steinkohleneinheit (kg SKE) entspricht einem mit 7000 Kilokalorien (7000 kcal ≈ 29,3 MJ ≈ 8,141 kWh) festgelegten Wert und damit etwa dem Heizwert der Steinkohle, der je nach Sorte 29,3 MJ/kg (Gasflammkohle) bis 33,5 MJ/kg (Anthrazit) beträgt.

1 kg Benzin	1,59	kg SKE,
1 kg Heizöl	1,52	kg SKE,
1 m³ Erdgas	1,35	kg SKE,
1 kg Anthrazit	1,14	kg SKE,
1 kg Steinkohle	1,00	kg SKE,
1 kg Steinkohlekoks	0,97	kg SKE,
1 kg Braunkohlebrikett	0,72	kg SKE,
1 m³ Stadtgas	0,60	kg SKE,
1 kg Brennholz	0,57	kg SKE,
1 kg Brenntorf	0,56	kg SKE,
1 kg Rohbraunkohle	0,34	kg SKE,
1 kWh	0,123	kg SKE.

Bei der vollständigen Spaltung von 1 kg U-235 werden 19 Milliarden Kilokalorien frei, d. h. 1 kg Uran-235 entspricht 2,7 Millionen kg SKE.

Stellarator

Versuchsanordnung zur kontrollierten Kernfusion. In einem Stellarator wird die schraubenförmige Verdrillung der Feldlinien um die Torus-Seele durch äußere Spulen erzeugt. Ein Stellarator kommt im Gegensatz zum →Tokamak ohne einen Längsstrom im Plasma aus. Er kann im Prinzip stationär arbeiten. In einem Stellarator wird der magnetische Käfig durch ein einziges Spulensystem erzeugt. Der Verzicht auf den ringförmigen Plasmastrom bedeutet jedoch die Aufgabe der beim Tokamak vorhandenen Axialsymmetrie; Plasma und Magnetspu-

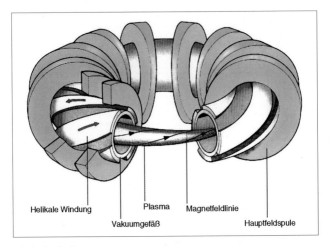

Helikale Windung   Plasma   Magnetfeldlinie
Vakuumgefäß   Hauptfeldspule

Prinzip des Stellarators.

len besitzen eine kompliziertere Form. Für ein Fusionskraftwerk könnten Stellaratoren eine technisch einfachere Lösung sein als Tokamaks. Auf theoretischem Wege ist diese Frage nicht zu beantworten; sie experimentell zu entscheiden, ist das Ziel der WENDELSTEIN-Experimente des Max-Planck-Instituts für Plasmaphysik.

Steuerstab
Steuerelement zur Veränderung der Reaktivität eines Reaktors.
→Regelstab.

Stilllegung von Kernkraftwerken
Voraussetzung für den Beginn der Stilllegungsarbeiten ist, dass Kernbrennstoff, Kühlmittel und die radioaktiven Betriebsabfälle aus der Anlage entfernt sind. Dadurch wird das ursprüngliche Aktivitätsinventar weitgehend auf die in den aktivierten und kontaminierten Komponenten enthaltene Aktivität reduziert. Diese Restaktivität liegt dann überwiegend nur noch in fester Form vor und beträgt ein Jahr nach Außerbetriebnahme weniger als ein Prozent des Aktivitätsinventars einer in Betrieb befindlichen Anlage. Je nach Umständen des Einzelfalles ergeben sich drei Stilllegungshauptvarianten: gesicherter Einschluss, Teilbeseitigung mit gesichertem Einschluss, totale Beseitigung.

stochastische Strahlenwirkung
Wirkungen ionisierender Strahlung, bei denen die Wahrscheinlichkeit, dass sie auftreten, jedoch nicht ihr Schweregrad, eine Funktion der Dosis ist. Nichtstochastische Wirkungen, heute deterministische

Strahlenwirkungen genannt, sind solche, bei denen der Schweregrad der Wirkung mit der Dosis variiert. Während für deterministische Strahlenwirkungen Schwellenwerte der Dosis (keine Effekte unterhalb dieser Werte) nachgewiesen werden, liegen für die stochastischen Strahlenwirkungen keine gesicherten Erkenntnisse für die Existenz oder Nichtexistenz von Dosisschwellwerten vor. In dem für Strahlenschutzzwecke relevanten Dosisbereich gehören vererbbare Schäden und Krebs und Leukämie zu den stochastischen Strahlenwirkungen. Die Internationale Strahlenschutzkommission gibt in der ICRP-Publication 103 von 2007 für Krebs und Leukämie einen Wert von 5,5 % pro Sievert und vererbbare Schäden von 0,2 % pro Sievert an. Zur Verdeutlichung dieses Wertes folgende Rechnung: Die jährliche natürliche Strahlenexposition von 2,1 mSv in Deutschland führt bei den rund 82 Mio. Einwohnern zu einer Gesamtdosis von 172 000 Sv. Wird dieser Wert mit dem Risikofaktor der Internationalen Strahlenschutzkommission für die Gesamtsterblichkeit von 5 % pro Sievert multipliziert, so ergeben sich rechnerisch bei Annahme der Gültigkeit dieses Risikofaktors in diesem Dosisbereich durch die natürliche Strahlung jährlich rund 8600 Sterbefälle.

Störfall

Ereignisablauf, bei dessen Eintreten der Betrieb der Anlage oder die Tätigkeit aus sicherheitstechnischen Gründen nicht fortgeführt werden kann und für den die Anlage auszulegen ist oder für den bei der Tätigkeit vorsorglich Schutzvorkehrungen vorzusehen sind.

Störfallablaufanalyse

Methodische Untersuchung des Ablaufes eines Störfalles. Die Störfallablaufanalyse dient der Ermittlung physikalischer, chemischer und technischer Vorgänge beim Ablauf eines Störfalles sowie der Bestimmung der Auswirkung bezüglich Art und Menge der beim Störfall freigesetzten Radionuklide. Die aus der Störfallablaufanalyse möglichen Rückschlüsse auf die Qualität des untersuchten technischen Systems initiieren in der Regel Maßnahmen zur Steigerung von Systemsicherheit und -zuverlässigkeit.

Störfalleintrittsanalyse

Methodische Analyse zur Untersuchung von Möglichkeit und Wahrscheinlichkeit des Eintritts von Störfällen anhand von Ereignis- und Fehlerbäumen.

Störfallkategorien

Die meldepflichtigen Ereignisse in kerntechnischen Anlagen werden in Deutschland nach der →AtSMV entsprechend der sicherheitstechnischen und radiologischen Bedeutung unterschiedlichen Kategorien zugeordnet, die den Behörden innerhalb bestimmter Zeiten nach Kenntniss des Ereignisses zu melden sind.

- Kategorie S: unverzüglich,
- Kategorie E: spätestens nach 24 Stunden,
- Kategorie N: spätestens nach fünf Werktagen,
- Kategorie V: spätestens nach zehn Werktagen.

Die Internationale Atomenergieorganisation hat eine „Internationale Bewertungsskala für bedeutsame Ereignisse in kerntechnischen Anlagen" erarbeitet, die auch in Deutschland neben den oben genannten Meldekategorien angewandt wird. →INES.

Störfallvorsorge

Die atomrechtliche Genehmigung von kerntechnischen Anlagen verpflichtet den Betreiber zur Störfallvorsorge und zu Schutzmaßnahmen. Zusammen mit der behördlichen Katastrophenschutzplanung umfasst die Störfallvorsorge alle Maßnahmen zur Minderung der Auswirkung von Störfällen und Unfällen auf die Umwelt.

Strahlenbiologie

Die Strahlenbiologie befasst sich mit den Wirkungsmechanismen und Effekten von Strahlungen, insbesondere ionisierenden Strahlungen, auf biologische Systeme, und zwar auf subzellulärer und zellulärer Ebene sowie auf den Ebenen von Zellsystemen und Organismen. Aufgabengebiete:

- Verwendung von Strahlung zur Erforschung biologischer Phänomene,
- Verwendung von Strahlung zur Aufklärung der Grundlagen des Tumorwachstums und der Strahlenbehandlung,
- Erarbeitung und Verbesserung der Grundlagen für die Abschätzung des somatischen und genetischen Risikos und Umsetzung der Ergebnisse,
- Erarbeitung und Verbesserung der Grundlagen zur Erkennung und Modifikation strahlungsbedingter Krankheiten.

Strahlenchemie

Zweig der Chemie, der sich mit der Wirkung energiereicher Strahlung (z. B. Gamma- oder Neutronenstrahlen) auf chemische Systeme befasst.

strahlenexponierte Person

→beruflich strahlenexponierte Person.

Strahlenexposition, Baumaterial

Das zum Hausbau verwendete Baumaterial hat einen Einfluss auf die Strahlendosis des Menschen durch natürlich radioaktive Stof-

fe. Die Strahlung ist innerhalb von Gebäuden, die aus Ziegel oder
Beton errichtet sind, größer als in Gebäuden aus Holz oder manchen
Fertigteilelementen, da in diesem Baumaterial weniger natürliche
radioaktive Stoffe enthalten sind.

Baustoff	zusätzliche jährliche Strahlenexposition, mSv
Holz	0
Kalksandstein, Sandstein	0 bis 0,1
Ziegel, Beton	0,1 bis 0,2
Naturstein, technisch erzeugter Gips	0,2 bis 0,4
Schlackenstein, Granit	0,4 bis 2

Strahlenexposition durch Baumaterial.

Strahlenexposition, berufliche

Im Jahr 2011 wurden in Deutschland rund 350 000 Personen während ihrer beruflichen Tätigkeit mit Personendosimetern überwacht.
Davon waren rund 78 % im medizinischen Bereich tätig. Die Summe
der Jahresdosis aller mit Personendosimetern überwachten Personen
im Jahr 2011 betrug 38,5 Personen-Sievert. Die mittlere Jahres-Personendosis aller Überwachten betrug 0,11 mSv. Bei 82 % der im medizinischen Bereich und bei 76 % der im nichtmedizinischen Bereich
mit Personendosimetern überwachten Personen lagen die ermittelten
Werte unter der kleinsten feststellbaren Dosis von 0,05 mSv im Jahr.
Für die 66 856 Personen mit einer von Null verschiedenen Jahresdosis
ergibt sich eine mittlere Jahres-Personendosis von 0,58 mSv.
Die Betreiber von Flugzeugen müssen die durch die erhöhte kosmische Strahlung verursachte Strahlenexposition des fliegenden

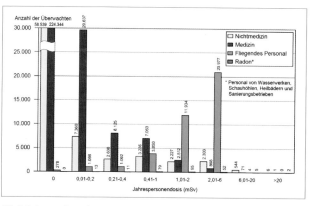

*Häufigkeitsverteilung der Personendosis überwachter Personen im Jahr 2011,
(BT-Drucksache 17/14395).*

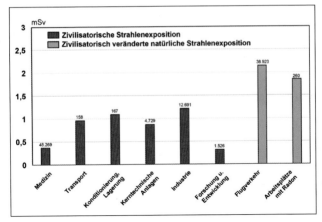

Mittlere Jahres-Personendosis überwachter Personen in Deutschland im Jahr 2011 in den verschiedenen Tätigkeitsbereichen, (BT-Drucksache 17/14395).

Personals mit amtlich zugelassenen Rechenprogrammen ermitteln. Im Jahr 2011 wurden in Deutschland 39 201 Personen überwacht, die Kollektivdosis dieser Personen betrug 83 Personen-Sievert. Damit ergibt sich eine mittlere Jahresdosis von 2,12 mSv. Das fliegende Personal ist damit eine der am höchsten strahlenexponierten Berufsgruppen in Deutschland.

Strahlenexposition, Grenzwerte
Wert der Dosis einer ionisierenden Strahlung, der auf der Basis von Empfehlungen wissenschaftlicher Gremien vom Gesetzgeber als das Maximum festgelegt wurde, dem eine Person ausgesetzt werden darf. Für verschiedene Personengruppen sind unterschiedliche Dosisgrenzwerte festgesetzt. Bei jedem Umgang mit radioaktiven Stoffen und ionisierender Strahlung muss darüber hinaus der Grundsatz beachtet werden, dass jede unnötige Strahlenexposition zu vermeiden ist und jede Strahlenexposition, auch unterhalb der gesetzlich festgelegten Grenzwerte, so gering wie möglich zu halten ist.
Die in den Euratom-Grundnormen von 1996 festgelegten Grenzwerte wurden durch die Strahlenschutzverordnung vom 20. Juli 2001 und die Röntgenverordnung vom 18. Juni 2002 in deutsches Recht übernommen. Die für die verschiedenen Organe und Gewebe für beruflich strahlenexponierte Personen geltenden Grenzwerte im Kalenderjahr sind in der Tabelle wiedergegeben. Für berufstätige Schwangere und Auszubildende gelten geringere Werte als die für beruflich exponierten Personen.
Für Einzelpersonen der Bevölkerung beträgt der Grenzwert der effektiven Dosis im Kalenderjahr 1 mSv; der Grenzwerte der Organdosis

Körperdosis	Dosisgrenzwert im Kalenderjahr
effektive Dosis	20 mSv
Organdosis	
Gebärmutter, Keimdrüsen, rotes Knochenmark	50 mSv
Bauchspeicheldrüse, Blase, Brust, Dickdarm, Dünndarm, Gehirn, Leber, Lunge, Magen, Milz, Muskel, Niere, Nebennieren, Speiseröhre, Thymusdrüse	150 mSv
Schilddrüse, Knochenoberfläche	300 mSv
Haut, Hände, Unterarme, Füße und Knöchel,	500 mSv

Dosisgrenzwerte im Kalenderjahr für beruflich strahlenexponierte Personen nach der Strahlenschutzverordnung.

für die Augenlinse beträgt 15 mSv und der für die Haut 50 mSv im Kalenderjahr. Bei der Ableitung radioaktiver Stoffe mit Abluft oder Abwasser sind die technische Auslegung und der Betrieb der Anlagen so zu planen, dass folgende Grenzwerte im Kalenderjahr durch diese Ableitungen jeweils nicht überschritten werden:

- effektive Dosis sowie Dosis für Keimdrüsen, Gebärmutter, rotes Knochenmark: 0,3 mSv
- Bauchspeicheldrüse, Blase, Brust, Dickdarm, Dünndarm, Gehirn, Leber, Lunge, Magen, Milz, Muskel, Niere, Nebennieren, Schilddrüse, Speiseröhre, Thymusdrüse: 0,9 mSv
- Knochenoberfläche, Haut: 1,8 mSv

Die Grenzwerte müssen an der ungünstigsten Einwirkungsstelle unter Berücksichtigung sämtlicher relevanter Belastungspfade, der Ernährungs- und Lebensgewohnheiten der Referenzperson und einer möglichen Vorbelastung durch andere Anlagen und Einrichtungen eingehalten werden.

Strahlenexposition, Kernkraftwerke

Aus den Ergebnissen der Emissionsüberwachung wird die Strahlenexposition in der Umgebung der kerntechnischen Anlagen für die in der Strahlenschutzverordnung definierte Referenzperson nach dem Verfahren ermittelt, das in der „Allgemeinen Verwaltungsvorschrift zur Ermittlung der Strahlenexposition durch die Ableitung radioaktiver Stoffe aus kerntechnischen Anlagen oder Einrichtungen" festgelegt ist. Die Berechnung der Strahlenexposition der Bevölkerung wird jährlich durch die Bundesregierung in einem Bericht an den Deutschen Bundestag veröffentlicht. Im Jahr 2011 ergaben sich durch die Ableitung radioaktiver Stoffe mit der Abluft als größten Wert der effektiven Dosis für Erwachsene 0,003 mSv für den Standorte der Kernkraftwerke in Gundremmingen; dies ist 1 % des Grenzwertes nach der Strahlenschutzverordnung. Für Kleinkinder ergab sich für die effektive Dosis ein Wert von 0,006 mSv für denselben Standort. Der größte berechnete Wert der Schilddrüsendosis für Kleinkinder ergibt sich mit 0,006 mSv (weniger als 1 % des entsprechenden Dosisgrenzwerts) ebenfalls für den Standort Gundremmingen.

Zur Berechnung der Strahlenexposition durch die Ableitung radioaktiver Stoffe mit dem Abwasser werden in den Berechnungen ebenfalls ungünstige Verzehrs- und Lebensgewohnheiten angenommen, so z. B. ein hoher Konsum an Fischen, die unmittelbar unterhalb der Ableitung des Kernkraftwerkes gefangen wurden, und ein Aufenthalt von 1000 Stunden am Flussufer unterhalb der Anlage. Der größte berechnete Wert der effektiven Dosis betrug für Erwachsene 0,001 mSv am Standort des Kernkraftwerkes Emsland. Dies entspricht 0,3 % des Dosisgrenzwertes.

Die Strahlenexposition am Unterlauf der Flüsse wurde näher betrachtet, wobei jeweils sämtliche Emittenten berücksichtigt wurden. Für das Mündungsgebiet des Neckars wurde eine effektive Dosis von 0,0008 mSv für Erwachsene und 0,0013 mSv für Kleinkinder berechnet, die entsprechenden Werte für den Main betragen 0,0002 mSv und 0,0004 mSv. Am Unterlauf der Weser ergaben sich 0,0002 mSv für Erwachsene und 0,0003 mSv für Kleinkinder. Für die Donau wurden 0,0003 bzw. 0,0006 mSv und für den Rhein 0,0001 mSv ermittelt. Zu den Werten trägt vor allem die äußere Bestrahlung auf Überschwemmungsgebieten bei.

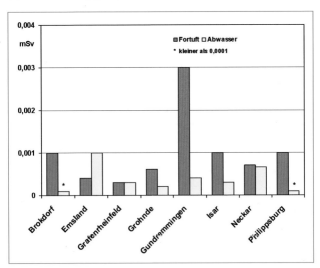

Strahlenexposition für Erwachsene am ungünstigsten Punkt in der Umgebung von Kernkraftwerken durch die Emission radioaktiver Stoffe mit der Fortluft und dem Abwasser 2011, (BT-Drucksache 17/14395).

Strahlenexposition, kosmische

Die energiereiche Strahlung, die aus dem Weltraum kommend in die Erdatmosphäre eindringt, bezeichnet man als primäre kosmische Strahlung oder primäre Höhenstrahlung, die entsprechend ihrem Entstehungsort in eine galaktische und eine solare Komponente unterteilt wird. Die galaktische Strahlung besteht überwiegend aus sehr energiereichen Protonen, einem rund zehnprozentigen Anteil von Heliumkernen und einem sehr viel kleineren Anteil von schweren Kernen, zusätzlich auch Photonen und Elektronen. Das Energiespektrum der Protonen reicht von wenigen Millionen Elektronvolt (MeV) bis zu mehr als 10^{14} MeV mit einem Intensitätsmaximum bei 10^2 bis 10^5 MeV. Die Protonenenergien der solaren Komponente der kosmischen Strahlung liegen überwiegend unter 100 MeV.

Das Magnetfeld der Erde lenkt insbesondere die niederenergetischen geladenen Primärteilchen zurück in den Weltraum. Dieser Effekt ist abhängig von der geomagnetischen Breite, daher ist die Flussdichte der Protonen und anderer Kerne am äußeren Rand unserer Atmosphäre an den magnetischen Polen größer als in der Äquatorregion. Wechselwirkungsprozesse mit Atomkernen in den hohen Atmosphärenbereichen führen zu Sekundärteilchen und elektromagnetischer Strahlung, die zusammen die sogenannte sekundäre kosmische Strahlung bilden.

Die Breitenabhängigkeit der von Photonen und der ionisierenden Komponente der kosmischen Strahlung hervorgerufen Dosis in Meereshöhe ist gering. In äquatorialen Breiten ist ihr Dosisbeitrag etwa 10 % geringer als in polaren geomagnetischen Breiten. Es besteht eine ausgeprägte Höhenabhängigkeit; entspricht doch die abschirmende Wirkung der Atmosphäre der einer 10 m dicken Wasserschicht.

In einer geographischen Breite von 50° beträgt die Dosisleistung durch die ionisierende Komponente der kosmischen Strahlung (überwiegend Myonen sowie Elektronen und Photonen) im Freien 31 nSv/h.

Die Zunahme der Dosisleistung der ionisierenden Komponente mit der Höhe lässt sich bis zu Höhen von einigen Kilometern nach der folgenden Formel berechnen:

$$E_{ion}(h) = E_{ion}(0) \cdot [0{,}21 \cdot e^{-1.649\,h} + 0{,}79\,e^{0.4528\,h}].$$

Dabei ist $E_{ion}(0)$ die Dosisleistung in Meereshöhe und h die Höhe in km.

Zur Berechnung der effektiven Dosis wird üblicherweise ein Aufenthaltsanteil von 20 % im Freien und 80 % in Häusern mit einer Abschirmung von 20 % durch die Gebäude (Abschirmfaktor 0,8) angenommen. Daraus ergibt sich in Meereshöhe eine effektive Jahresdosis durch die ionisierende Komponente von 0,23 mSv.

Der Dosisbeitrag durch die Neutronenkomponente der kosmischen Strahlung hat eine ausgeprägte Breitenabhängigkeit und eine gegenüber der ionisierenden Strahlungskomponente deutlich größere Höhenabhängigkeit. Die Neutronendosisleistung in Meerehöhe in Breiten um 50° beträgt 9 nSv/h; bei 70° – 90° 11 nSv/h, bei 30° – 40° 5,3 nSv/h und bei 0° – 20° 3,7 nSv/h. Die Höhenabhängigkeit des Dosisbeitrags durch die Neutronenkomponente lässt sich mit folgenden Formeln abschätzen:

$$E_N(h) = E_N(0) \cdot e^h \qquad \text{für } h < 2 \text{ km,}$$
$$E_N(h) = E_N(0) \cdot 2 \, e^{0,7\,h} \text{ für } h > 2 \text{ km.}$$

$E_N(0)$ ist die Neutronendosisleistung in Meereshöhe und h die Höhe in km.

Für Meereshöhe in einer Breite von 50° folgt daraus – Aufenthaltsanteil von 20 % im Freien und 80 % in Häusern, Abschirmung durch Gebäude 20 % – eine effektive Jahresdosis von 0,07 mSv. Entsprechend den obigen Formeln steigt der Anteil der ionisierenden Komponente an der gesamten effektiven Dosis bei zunehmender Höhe langsamer an als der Anteil durch die Neutronenkomponente. In 500 m Meereshöhe beträgt der Anteil der ionisierenden Komponente 0,25 mSv und der der Neutronenkomponente 0,11 mSv pro Jahr (Aufenthaltszeiten im Freien und in Häusern und deren Abschirmung bei diesen und den folgenden Angaben berücksichtigt); für 1000 m entsprechend 0,29 mSv und 0,15 mSv pro Jahr. Ständiger Aufenthalt auf der Zugspitze führt mit 1,8 mSv pro Jahr – davon

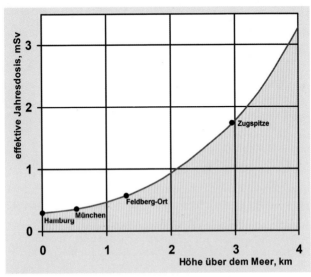

Kosmische Strahlenexposition in Abhängigkeit von der Höhe.

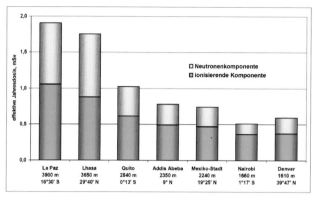

Kosmische Strahlenexposition in hochgelegenen Städten (Aufenthaltszeit 20 % im Freien und 80 % in Gebäuden, Abschirmung durch Gebäude 20 %).

0,7 mSv pro Jahr durch die ionisierende Komponente 1,1 mSv pro Jahr durch die Neutronenkomponente – zu einer sechsmal höheren effektiven Dosis als auf Helgoland. Den Dosisanstieg mit der Höhe für eine Breite von 50 ° zeigt die folgende Abbildung.

UNSCEAR hat unter Berücksichtigung der Verteilung der Weltbevölkerung nach geographischer Breite, Aufenthaltshöhe und Abschirmung durch Gebäude einen Mittelwert der effektiven Jahresdosis pro Person von 0,38 mSv errechnet. Die durchschnittlichen Jahresdosen liegen dabei im Bereich von 0,3 mSv bis 2 mSv.

Strahlenexposition, Kraftwerke

Nicht nur Kernkraftwerke emittieren radioaktive Stoffe mit der Abluft. Fossile Brennstoffe enthalten in unterschiedlicher Konzentration natürlich radioaktive Stoffe, die bei der Verbrennung freigesetzt werden. Unterschiedliche Feuerungstechniken führen durch die temperaturabhängige Flüchtigkeit zu stark variierenden Anreicherungen in der Flugasche. Für eine erzeugte elektrische Energie von 1 GWa beträgt

Primär-energieträger	maximale effektive Jahresdosis in der Umgebung, µSv	dosisrelevante Nuklide
Braunkohle	0,5 bis 2	U-238, Th-232 und
Steinkohle	1 bis 4	Folgeprodukte, insbesondere
Öl	1	Ra-226, Pb-210, Po-210
Erdgas	0,2 bis 1	Radon-222 und Folgeprodukte
Kernenergie	0,1 bis 5	Spalt- und Aktivierungsprodukte

Strahlenexposition durch Kraftwerke mit verschiedenen Primärenergieträgern, normiert auf die Erzeugung einer elektrischen Energie von 1 GWa.

die Emission an langlebigen alphastrahlenden Stoffen etwa 10 GBq
bei einem Steinkohle- und 1 GBq bei einem Braunkohlekraftwerk.
Die für verschiedene Kraftwerke an der ungünstigsten Einwirkungsstelle auftretende effektive Dosis liegt im Bereich von 0,1 bis einigen
Mikrosievert pro Jahr.

Strahlenexposition, medizinische

Die mittlere effektive Dosis der Bevölkerung in Deutschland durch
die medizinische Anwendung ionisierender Strahlen und radioaktiver
Stoffe beträgt im Jahr 1,9 mSv. Die Röntgendiagnostik bedingt den
größten Anteil an der zivilisatorischen Strahlenexposition der Bevölkerung. In den Jahren 1996 bis 2010 ist die Anzahl der Röntgenuntersuchungen in Deutschland zwar von jährlich 1,8 Röntgenuntersuchen
pro Einwohner auf etwa 1,66 zurückgegangen, von Bedeutung in
Bezug auf die mittelere Dosis ist aber die Zunahme der besonders
dosisintensiven Computer-Tomographie-Untersuchungen um über
50 % in diesem Zeitraum.
Jährlich werden in Deutschland rund 135 Millionen Röntgenuntersuchungen durchgeführt. Die mittlere effektive Dosis pro Einwohner
in Deutschland durch die Röntgendiagnostik errechnet sich zurzeit
zu etwa 1,8 mSv pro Jahr. Die durch die Röntgendiagnostik bewirkte
jährliche effektive Strahlendosis ist in anderen Industrieländern zum
Teil wesentlich geringer; sie beträgt in Großbritannien 0,38 und in der
Schweiz 1,2 mSv, sie ist aber auch – wie in den USA mit 2,25 mSv –
in einigen Ländern größer.

Untersuchungsart	effektive Dosis in mSv
Computertomographie	
Bauchraum	8,8 – 16,4
Lendenwirbelsäule	4,8 – 8,7
Brustkorb	4,2 – 6,7
Hirnschädel	1,7 – 2,3
Untersuchung mit Aufnahmen und Durchleuchtung	
Arteriographie und Intervention	10 – 30
Darm	5 – 12
Magen	4 – 8
Harntrakt	2 – 5
Gallenblase	1 – 8
Untersuchung mit Aufnahme	
Lendenwirbelsäule	0,6 – 1,1
Beckenübersicht	0,3 – 0,7
Mammographie beidseits	0,2 – 0,4
Halswirbelsäule	0,1 – 0,2
Brustkorb	0,02 – 0,04
Zahn	$\leq 0,01$

Typische Werte der effektiven Dosis für einige Röntgenuntersuchungen,
(BT-Drucksache 17/14395).

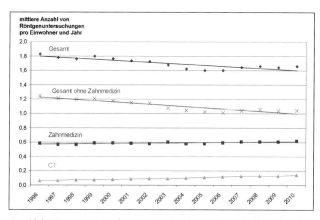

Anzahl der Röntgenuntersuchungen pro Einwohner und Jahr in Deutschland, (BT-Drucksache 17/14395).

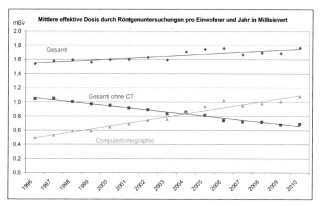

Beiträge der klassischen Röntgendiagnostik und der Computertomographie zur effektiven Dosis der Bevölkerung in Deutschland, (BT-Drucksache 17/14395).

Der Dosisbeitrag durch die Anwendung radioaktiver Stoffe zur Diagnose ist in Deutschland gegenüber dem durch die Röntgendiagnostik vergleichsweise gering. In der nuklearmedizinischen Diagnostik wurden in Deutschland im Zeitraum 2006–2010 jährlich etwa 3 Millionen Radionuklidapplikationen durchgeführt. Das entspricht einer Anwendungshäufigkeit von 36,4 Untersuchungen pro 1000 Einwohner. Am häufigsten wurden bei den ambulanten Patienten Szintigraphien der Schilddrüse und des Skeletts durchgeführt. Die mittleren effektiven Dosiswerte nuklearmedizinischer Untersuchungen waren bei Entzündungsuntersuchungen mit 7,7 mSv am höchsten, gefolgt von Herzszintigraphien mit 7,4 mSv und Tumorszintigraphien mit 6,5 mSv. Die am häufigsten angewendete Schilddrüsenszintigraphie be-

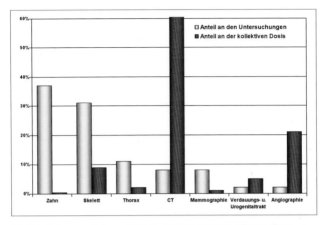

Häufigkeit der verschiedenen Röntgenuntersuchungen und ihr jeweiliger prozentualer Beitrag zur kollektiven Dosis durch die Röntgendiagnostik, Deutschland 2010, (Daten aus BT-Drucksache 17/14395).

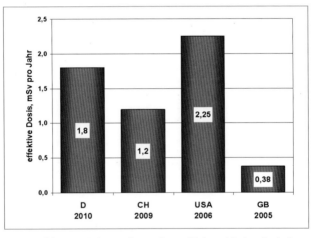

Mittlere effektive Dosis der Bevölkerung in verschiedenen Ländern durch die Röntgendiagnostik.

wirkt eine effektive Dosis von durchschnittlich 0,9 mSv pro Untersuchung. Gemittelt über die Jahre 2006 bis 2010 ergibt sich eine kollektive effektive Dosis von 7200 Personen-Sievert pro Jahr. Rechnerisch ergibt sich damit eine jährliche effektive Dosis pro Einwohner von rund 0,1 mSv.

Werte der effektiven Dosis durch die Strahlentherapie sind nicht berechenbar, da das Effektivdosiskonzept auf therapeutische Bestrahlungen nicht anwendbar ist.

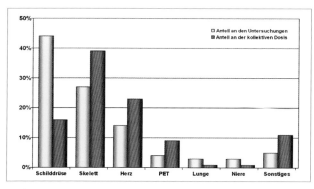

Häufigkeit nuklearmedizinischer Untersuchungen und ihr jeweiliger prozentualer Beitrag zur kollektiven Dosis durch die Nuklearmedizin, Deutschland 2010, (Daten aus BT-Drucksache 17/14395).

Strahlenexposition, natürliche

In Deutschland beträgt die natürliche Strahlenexposition für die meisten Einwohner 1 bis 6 mSv/Jahr mit einem mittleren Wert von 2,1 mSv/Jahr. Zur effektiven Dosis aus allen natürlichen Strahlungsquellen tragen die äußere Strahlenexposition zu einem Drittel und die innere Strahlenexposition zu zwei Drittel bei. Die Dosis durch äußere

Exposition durch	jährliche effektive Dosis in mSv		
	Bestrahlung von außen	Bestrahlung von innen	gesamt
kosmische Strahlung in Meereshöhe ionisierende Komponente Neutronen	0,23 0,07		} 0,3
in 1 000 m Höhe ionisierende Komponente Neutronen	0,29 0,15		} 0,44
kosmogene Radionuklide		0,02	0,02
primordiale Radionuklide K-40	0,15	0,17	0,3
U-238-Reihe U-238 → Ra-226 Rn-222 → Po-214 Pb-210 → Po-210	} 0,11	0,01 1,1 0,12	} 1,3
Th-232-Reihe Th-232 → Ra-224 Rn-220 → Tl-208	} 0,14	0,02 0,05	} 0,2
Summe	0,7	1,4	2,1

Beiträge der verschiedenen Quellen zur natürlichen Strahlenexposition in Deutschland.

Bestrahlung stammt zu etwa gleichen Anteilen von der kosmischen Strahlung, Kalium-40 und den Nukliden der Uran- und Thorium-Reihe. Die effektive Dosis durch inkorporierte Radionuklide wird zu etwa 3/4 durch Radon-222 und Radon-220 und insbesondere deren kurzlebige Folgeprodukte verursacht, dann folgen Kalium-40 und Polonium-210.

Auf Grund neuer Erkenntnisse über das Lungenkrebsrisikos durch Radon und seine Folgeprodukte empfiehlt die Internationale Strahlenschutzkommission geänderte Faktoren zur Umrechnung der Radonkonzentration in effektive Dosis. Eine Anwendung dieser Berechnungsvorschläge erhöht die mittlere effektive Dosis durch Inhalation von Radon und seine Folgeprodukte von 1,1 auf 2,2 mSv/a.

Strahlenexposition, natürliche und zivilisatorische

Die effektive Dosis aus allen natürlichen und künstlichen Strahlenquellen beträgt für einen Einwohner in Deutschland im Mittel 4 Millisievert im Jahr. Diese Dosis stammt etwa jeweils zur Hälfte aus der natürlichen und der medizinischen Strahlenexposition, insbesondere aus der Röntgendiagnostik. Gegenüber den Beiträgen zur Strahlendosis durch Natur und Medizin und insbesondere unter Berücksichtigung der nicht unerheblichen Streuung dieser Dosiswerte sind alle anderen Dosisbeiträge faktisch zu vernachlässigen.

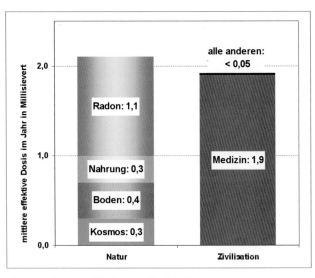

Mittlere Strahlenexposition in Deutschland, 2011.

Strahlenexposition, Radon

Radon-222 und Radon-220 sind natürliche radioaktive, gasförmige Stoffe. Rn-222, kurz auch nur Radon genannt, entsteht beim Zerfall von Radium-226, Teil der Uran-Radium-Reihe. Rn-220 entsteht beim Zerfall von Radium-224 aus der Thorium-Reihe und wird deshalb auch mit Thoron bezeichnet. Von diesen beiden Radon-Isotopen verursacht insbesondere das Radon-222 durch seine kurzlebigen Folgeprodukte Po-218, Pb-214, Bi-214 und Po-214 den bei weitem größten Beitrag zur natürlichen Strahlenexposition des Menschen. Überall dort, wo Uran im Erdboden vorhanden ist, wird Radon freigesetzt und gelangt in die freie Atmosphäre und in die Häuser.

Die Radonkonzentration in der bodennahen Atmosphäre unterliegt systematischen klimatischen und jahreszeitlichen Schwankungen. In Gebäuden hängt die Radonkonzentration wesentlich von den baulichen Gegebenheiten ab. Die Jahresmittelwerte der Radonkonzentration der bodennahen Luft in Deutschland überdecken den Bereich von 8 bis 30 Bq pro m^3. Die Häufigkeitsverteilung der Radonkonzentrationswerte in den Wohnungen folgt weitgehend einer logarithmischen Normalverteilung mit einem Mittelwert von 50 Bq pro m^3. Untersuchungen deuten darauf hin, dass in 10 % der Wohnungen die Radonkonzentration über 80 Bq pro m^3 und in 1 % der Wohnungen über 200 Bq pro m^3 liegt.

Aus den Mittelwerten der Radonkonzentration im Freien in Deutschland von 15 Bq pro m^3 und in Häusern von 49 Bq pro m^3 lässt sich unter Berücksichtigung der jeweiligen Aufenthaltsdauer und unter Verwendung der in der Strahlenschutzverordnung festgelegten Regelungen zur Dosisermittlung durch Radon die mittlere effektive Jahresdosis durch Radon und seine Zerfallsprodukte zu 1,1 mSv berechnen. Es ist davon auszugehen, dass bei Anwendung der von der Internationalen Strahlenschutzkommission vorgeschlagenen Berechnungsverfahren zur Ermittlung der effektiven Dosis durch Radoninhalation sich der Dosiswert etwa verdoppelt, also die Radoninhalation mit 2,2 mSv zur mittleren effektiven Jahresdosis beträgt.

Strahlenexposition, terrestrische

Die terrestrische Strahlung stammt aus den natürlich radioaktiven Stoffen, die in unterschiedlicher Konzentration überall auf der Erde vorhanden sind. Die von der terrestrischen Strahlung hervorgerufene Dosisleistung ist abhängig von den geologischen Formationen des Untergrundes und wechselt daher von Ort zu Ort. Im Mittel ergibt sich durch die terrestrische Strahlung in Deutschland eine externe Strahlendosis von 0,4 mSv pro Jahr, in einigen Gebieten Brasiliens und Indiens sind diese Werte etwa zehnmal so hoch.

Gebiet	mittlere effektive Jahresdosis der Bewohner mSv	Jahres-Ortsdosis im Freien bis zu mSv
Deutschland	0,4	5
Indien: Gebiete in Kerala und Tamil Nadu	4	55
Brasilien: Gebiete in Espirito Santo	6	175
Iran: Gebiete der Stadt Ramsar	6	1200

Strahlendosis durch die terrestrische Strahlung in verschiedenen Gebieten.

Strahlenexposition, Vergleichbarkeit, natürlich/zivilisatorisch

Alle Arten ionisierender Strahlen bewirken die gleichen primären physikalischen Prozesse der Ionisation oder Anregung von Atomen oder Molekülen des bestrahlten Materials. Dies ist unabhängig davon, ob sie natürlichen oder künstlichen Ursprungs sind. Wenn die Strahlenexpositionen in der Einheit Sievert angegeben werden, so sind sie direkt vergleichbar, gleichgültig, ob es sich um natürliche oder künstliche, von innen oder von außen kommende Strahlenexpositionen handelt.

Strahlenexposition, zivilisatorische

Den Hauptteil der zivilisatorischen Strahlenexposition bewirkt die medizinische Röntgenstrahlenanwendung zu diagnostischen Zwecken. Die daraus resultierende mittlere effektive Strahlendosis der Bevölkerung beträgt in Deutschland 1,8 mSv im Jahr 2010. Hinzu kommt die Strahlenexposition durch die nuklearmedizinische Diagnostik

Ursache der Strahlendosis	effektive Jahresdosis in mSv Mittelwert für die Bevölkerung	Wertebereich für Einzelpersonen
Medizin (2010)	1,9	0,01 über 30
Flugreisen	0,01	0,01 bis 3
Tschernobyl-Unfall	0,005	0,002 bis 0,04
Kernwaffentests	0,005	0,002 bis 0,01
fossile Energieträger	0,001	0,001 bis 0,01
Kernkraftwerke	0,001	0,001 bis 0,01
Beruf	*0,31**	0,1 bis 20
gesamt	1,9	

* nur auf die beruflich exponierten Personen bezogen

Zivilisatorische Strahlenexposition in Deutschland, 2011.

mit 0,1 mSv im Jahr. Der Flugverkehr trägt für die Bevölkerung in Deutschland mit rund 0,01 mSv zur jährlichen effektiven Dosis bei. Die zusätzliche Strahlendosis auf einem Flug Frankfurt – New York – Frankfurt beträgt etwa 0,1 mSv. Ein weiterer Beitrag zur Strahlendosis ergibt sich aus den noch bestehenden Auswirkungen der oberirdischen Kernwaffenversuche. Die Strahlendosis als Folge des weltweiten Fallouts nimmt seit der Einstellung der Kernwaffentests in der Atmosphäre ab. Sie betrug Mitte der 60er Jahre bis zu 0,2 mSv pro Jahr, zurzeit ist die Exposition etwa 0,005 mSv pro Jahr. Die jährliche effektive Dosis durch den Tschernobyl-Unfall, die 1986 rund 0,1 mSv betrug, liegt zurzeit bei etwa 0,005 mSv. Die mittlere Bevölkerungsdosis durch die friedliche Nutzung der Kernenergie beträgt für die Einwohner im Umkreis von 3 km um ein Kernkraftwerk infolge Abgabe radioaktiver Stoffe mit der Abluft weniger als 0,0003 mSv pro Jahr. Der Mittelwert der gesamten zivilisatorischen jährlichen Strahlenexposition in Deutschland ergibt sich zu 1,9 mSv.

Strahlenhygiene
Feststellungen und Maßnahmen zum Erkennen und Beurteilen biologischer Strahlenwirkungen beim Menschen, Maßnahmen zum Strahlenschutz und damit zusammenhängende technische Fragen der medizinischen und nichtmedizinischen Anwendung ionisierender Strahlen sowie Grundsätze zur Indikation für Anwendungen ionisierender Strahlen.

Strahlenkrankheit
Als Folge einer kurzzeitigen hohen Strahlenexposition des ganzen Körpers auftretende Symptome. →Strahlenwirkung bei hohen Ganzkörperbestrahlungen.

Strahlenmedizin
Teilgebiet der Medizin mit den Fachgebieten Strahlenbiologie, Röntgendiagnostik, Strahlentherapie, Nuklearmedizin.

Strahlenpass
Die Strahlenschutzverordnung und die Röntgenverordnung legen fest, dass bei einer Beschäftigung in Kontrollbereichen in fremden Anlagen und Einrichtungen, die zu einer effektiven Dosis von mehr als 1 Millisievert im Kalenderjahr führen kann, ein „Strahlenpass" vorliegen muss. Die „Allgemeine Verwaltungsvorschrift Strahlenpass" vom 14. Juni 2004 legt Form und Inhalt des Strahlenpasses für beruflich strahlenexponierte Personen und die Anforderungen an die Registrierung und das Führen eines Strahlenpasses fest.

Strahlenphysik
Teil der Physik, der sich mit den Eigenschaften und physikalischen Wirkungen ionisierender Strahlen befasst.

Strahlenschaden, biologischer
Nachteilige Änderung in den biologischen Eigenschaften als Folge der Einwirkung ionisierender Strahlung.

Strahlenschaden, Frühsymptome
Akute Strahlenschäden des Menschen werden nur nach Bestrahlungen mit sehr hohen Dosen beobachtet. Die zeitliche Abfolge der Krankheitssymptome ist dosisabhängig. →Strahlenwirkung bei hohen Ganzkörperbestrahlungen.

Strahlenschaden, physikalisch-chemischer
Nachteilige Änderung in den physikalischen und chemischen Eigenschaften eines Materials als Folge der Einwirkung ionisierender Strahlung.

Strahlenschäden beim Menschen
Als Folge einer Strahlenexposition können somatische und vererbbare Effekte auftreten. Die somatischen Effekte treten bei den exponierten Personen selbst auf, die vererbbaren Effekte können sich nur bei den Nachkommen manifestieren. Bei den somatischen Strahlenwirkungen unterscheidet man zwischen →stochastischen und →deterministischen Strahlenwirkungen.

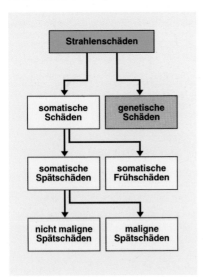

Einteilung der Strahlenschäden.

Strahlenschutz

Strahlenschutz befasst sich mit dem Schutz von Einzelpersonen, deren Nachkommen und der Bevölkerung in ihrer Gesamtheit vor den Wirkungen ionisierender Strahlung. Ziel des Strahlenschutzes ist es, deterministische Strahlenwirkungen zu verhindern und die Wahrscheinlichkeit stochastischer Wirkungen auf Werte zu begrenzen, die als annehmbar betrachtet werden. Eine zusätzliche Aufgabe besteht darin, sicherzustellen, dass Tätigkeiten, die eine Strahlenexposition mit sich bringen, gerechtfertigt sind.

Strahlenschutzbeauftragter

Der Strahlenschutzverantwortliche hat entsprechend den Vorschriften der Strahlenschutz- und der Röntgenverordnung Strahlenschutzbeauftragte zu bestellen, soweit dies für den sicheren Betrieb der Anlage und die Beaufsichtigung der Tätigkeiten notwendig ist. Strahlenschutzbeauftragte müssen die für den Strahlenschutz erforderliche Fachkunde nachweisen.

Strahlenschutzbereiche

Bei genehmigungspflichtigen Tätigkeiten nach Strahlenschutzverordnung und Röntgenverordnung sind Strahlenschutzbereiche einzurichten. Je nach Höhe der zu erwartenden Strahlenexposition wird zwischen Überwachungsbereich, Kontrollbereich und Sperrbereich unterschieden. Dabei sind die äußere und die innere Strahlenexposition zu berücksichtigen. Entsprechend Röntgenverordnung und Strahlenschutzverordnung gelten folgende Werte:

- Überwachungsbereiche
  Überwachungsbereiche sind nicht zum Kontrollbereich gehörende betriebliche Bereiche, in denen Personen im Kalenderjahr eine effektive Dosis von mehr als 1 Millisievert oder höhere Organdosen als 15 Millisievert für die Augenlinse oder 50 Millisievert für die Haut, die Hände, die Unterarme, die Füße und Knöchel erhalten können.
- Kontrollbereiche
  Kontrollbereiche sind Bereiche, in denen Personen im Kalenderjahr eine effektive Dosis von mehr als 6 Millisievert oder höhere Organdosen als 45 Millisievert für die Augenlinse oder 150 Millisievert für die Haut, die Hände, die Unterarme, die Füße und Knöchel erhalten können.
- Sperrbereiche (nur Strahlenschutzverordnung)
  Sperrbereiche sind Bereiche des Kontrollbereiches, in denen die Ortsdosisleistung höher als 3 Millisievert pro Stunde sein kann.

Kontrollbereiche und Sperrbereiche sind abzugrenzen und deutlich sichtbar zu kennzeichnen. Maßgebend bei der Festlegung der Grenze von Kontrollbereich oder Überwachungsbereich ist eine Aufenthaltszeit von 40 Stunden je Woche und 50 Wochen im Kalenderjahr, soweit keine anderen begründeten Angaben über die Aufenthaltszeit vorliegen.

Strahlenschutzkommission

Nach der Satzung der Strahlenschutzkommission (SSK) hat die SSK den Auftrag, das Bundesministerium für Umwelt, Naturschutz und Reaktorsicherheit in den Angelegenheiten des Schutzes vor den Gefahren ionisierender und nichtionisierender Strahlen zu beraten. Wichtige Schwerpunkte dieser Beratung sind:

- Bewertung biologischer Strahlenwirkungen und Dosis-Wirkungsbeziehungen,
- Dosisgrenzwerte und daraus abgeleitete Grenzwerte,
- Entwicklung der Strahlenexposition der Gesamtbevölkerung, spezieller Gruppen der Bevölkerung und beruflich strahlenexponierter Personen,
- Maßnahmen zum Schutz vor den Gefahren ionisierender und nichtionisierender Strahlen,
- Notfallschutz und Planung von Maßnahmen zur Reduzierung der Strahlenexposition bei kerntechnischen Notfällen und Katastrophen,
- Ausbreitungsmodelle für die beim genehmigten Umgang mit radioaktiven Stoffen freigesetzten Radionuklide,
- Auswertung internationaler Empfehlungen für den Strahlenschutz
- Aufstellung von Forschungsprogrammen zu Fragen des Strahlenschutzes sowie deren wissenschaftliche Begleitung.

Die Mitgliedschaft in der SSK ist ein persönliches Ehrenamt. Die Mitglieder sind unabhängig und nicht an Weisungen gebunden. In der Regel besteht die Strahlenschutzkommission aus 14 Experten, die besondere Erfahrungen auf einem der folgenden Fachgebiete besitzen: Strahlenmedizin, Radioökologie, Strahlenbiologie, Strahlenrisiko, Strahlenschutztechnik, Notfallschutz, Nichtionisierende Strahlung.

Strahlenschutzverantwortlicher

Strahlenschutzverantwortlicher ist, wer Tätigkeiten ausführt, die nach Atomgesetz, Strahlenschutzverordnung oder Röntgenverordnung einer Genehmigung oder Anzeige bedürfen oder wer radioaktive Mineralien aufsucht, gewinnt oder aufbereitet. Die dem Strahlenschutzverantwortlichen auferlegten Pflichten entstehen unmittelbar mit Aufnahme der Tätigkeit.

Strahlenschutzverordnung

Verordnung über den Schutz vor Schäden durch ionisierende Strahlen (Strahlenschutzverordnung – StrlSchV) vom 20. Juli 2001, zuletzt geändert durch Artikel 5 des Gesetzes vom 24.02.2012. Zusammen mit der Röntgenverordnung soll die Strahlenschutzverordnung sicherstellen, das Ziel des Atomgesetzes zu erreichen: Leben, Gesundheit und Sachgüter vor den Gefahren der Kernenergie und der schädlichen Wirkung ionisierender Strahlen zu schützen. Die Strahlenschutzverordnung ist das Regelwerk, um den Grundsatz des Strahlenschutzes zu erreichen:

- jede unnötige Strahlenexposition oder Kontamination von Mensch und Umwelt zu vermeiden,
- jede Strahlenexposition oder Kontamination von Mensch und Umwelt unter Beachtung des Standes von Wissenschaft und Technik und unter Berücksichtigung aller Umstände des Einzelfalles auch unterhalb der festgesetzten Grenzwerte so gering wie möglich zu halten.

Strahlenschutzvorsorgegesetz

Gesetz zum vorsorgenden Schutz der Bevölkerung gegen Strahlenbelastung (Strahlenschutzvorsorgegesetz – StrVG) vom 19. Dezember 1986, zuletzt geändert durch Artikel 1 des Gesetzes vom 8. April 2008. Die Auswirkungen des Reaktorunfalls von Tschernobyl haben gezeigt, dass die zu der Zeit in der Bundesrepublik Deutschland geltenden Gesetze und Verordnungen auf dem Gebiet des Strahlenschutzes nur unzureichende administrative Regelungen für den Fall eines kerntechnischen Unfalles im Ausland mit Auswirkungen auf das Gebiet der Bundesrepublik enthielten. Das Strahlenschutzvorsorgegesetz regelt die Zuständigkeiten von Bund und Ländern für die Durchführung von Messungen, der Bewertung der Messdaten und Anordnungen zu Beschränkungen und Verboten beim Verkauf von Lebensmitteln und sonstigen Stoffen.

Strahlentherapie

Strahlenbehandlung. Im engeren Sinne wird darunter jede Behandlung von Menschen mit ionisierenden Strahlungen verstanden. Viele Strahlenbehandlungen werden bei Krebserkrankungen durchgeführt.

Strahlenwirkung bei hoher Ganzkörperbestrahlung

Die zu erwartenden Wirkungen bei einer kurzzeitigen Ganzkörperbestrahlung sind in der Tabelle auf Seite 212 angegeben.

Strahlung

Energieausbreitung durch Materie oder den freien Raum. In der Atomphysik ist dieser Begriff auch auf schnell bewegte Teilchen ausgedehnt worden (Alpha- und Betastrahlung, freie Neutronen usw.).

Strahlung, charakteristische

Beim Übergang eines Elektrons der Hülle auf eine weiter innen gelegene Schale von einem Atom emittierte elektromagnetische

Dosis	Wirkung
bis 0,5 Gy	keine nachweisbare Wirkung außer geringfügigen Blutbildveränderungen
0,5 bis 1 Gy	bei 5 bis 10 % der Exponierten etwa einen Tag lang Erbrechen und Übelkeit
1 bis 1,5 Gy	bei etwa 25 % der Exponierten Erbrechen und Übelkeit am ersten Tag, gefolgt von anderen Symptomen der Strahlenkrankheit; keine Todesfälle zu erwarten
1,5 bis 2,5 Gy	bei etwa 25 % der Exponierten Erbrechen und Übelkeit am ersten Tag, gefolgt von anderen Symptomen der Strahlenkrankheit; einzelne Todesfälle möglich
2,5 bis 3,5 Gy	bei fast allen Exponierten Erbrechen und Übelkeit am ersten Tag, gefolgt von anderen Symptomen der Strahlenkrankheit; etwa 20 % Todesfälle innerhalb von 2 bis 6 Wochen nach Exposition; etwa 3 Monate lange Rekonvaleszenz der Überlebenden
3,5 bis 5 Gy	bei allen Exponierten Erbrechen und Übelkeit am ersten Tag, gefolgt von anderen Symptomen der Strahlenkrankheit; etwa 50 % Todesfälle innerhalb eines Monats; etwa 6 Monate lange Rekonvaleszenz der Überlebenden
5 bis 7,5 Gy	bei allen Exponierten Erbrechen und Übelkeit innerhalb 4 Stunden nach Exposition, gefolgt von anderen Symptomen der Strahlenkrankheit. Bis zu 100 % Todesfälle; wenige Überlebende mit Rekonvaleszenzzeiten von etwa 6 Monaten
10 Gy	bei allen Exponierten Erbrechen und Übelkeit innerhalb 1 bis 2 Stunden; wahrscheinlich keine Überlebenden
50 Gy	fast augenblicklich einsetzende schwerste Krankheit; Tod aller Exponierten innerhalb einer Woche

Wirkungen einer innerhalb eines kurzen Zeitraums erhaltenen Ganzkörperdosis.

Strahlung. Die Wellenlänge ist abhängig vom jeweiligen Element und der Übergangsart.

Strahlungsdetektor

Gerät oder Material, in dem Strahlung Vorgänge auslöst, die zum Nachweis oder zur Messung der Strahlung geeignet sind. →Dosimeter, →Geiger-Müller-Zähler, →Proportionalzähler, →Szintillationszähler.

Strahlungs-Wichtungsfaktor

Die Wahrscheinlichkeit stochastischer Strahlenwirkungen ist nicht nur von der Energiedosis abhängig, sondern auch von der Art und Energie der Strahlung, die die Dosis verursacht. Dies wird durch die Wichtung der Energiedosis mit einem Faktor berücksichtigt, der sich auf die Strahlenqualität bezieht. Für Photonen- und Elektronenstrahlung hat der Strahlungs-Wichtungsfaktor unabhängig von der

Strahlenart und -energie	Strahlungs-Wichtungsfaktor w_R
Photonen, aller Energien	1
Elektronen, Myonen, alle Energien	1

Neutronen
  < 10 keV
  10 keV bis 100 keV
  > 100 keV bis 2 MeV
  > 2 MeV bis 20 MeV
  > 20 MeV
	5
	10
	20
	10
	5

Protonen > 2 MeV	5
Alphateilchen, Spaltfragmente, schwere Kerne	20

Strahlungs-Wichtungsfaktor w_R nach Strahlenschutzverordnung.

Strahlenart und -energie	Strahlungs-Wichtungsfaktor w_R
Photonen, aller Energien	1
Elektronen, Myonen, alle Energien	1

Neutronen
  <1 MeV
  1 MeV $\geqslant E_n \geqslant$ 50 MeV
  50 MeV
	$2{,}5 + 18{,}2\ e^{-[\ln (E_n)]^2/6}$
	$5{,}0 + 17{,}0\ e^{-[\ln (2E_n)]^2/6}$
	$2{,}5 + 3{,}25\ e^{-[\ln (0{,}04E_n)]^2/6}$

Protonen und geladene Pionen	2
Alphateilchen, Spaltfragmente, schwere Kerne	20

Strahlungs-Wichtungsfaktor w_R nach ICRP-Empfehlung von 2007.

Energie der Strahlung den Wert 1, für Alpha-Strahlung den Wert 20. Für Neutronenstrahlung ist der Wert energieabhängig und beträgt zwischen 5 und 20.

Die Internationale Strahlenschutzkommission hat auf der Grundlage einer erneuten Bewertung in ihrer Empfehlung von 2007 (ICRP-Publ. 103) einen überarbeiteten und erweiterten Satz von Strahlungswichtungsfaktoren erarbeitet. Diese Daten wurden in den Entwurf „Festlegung grundlegender Sicherheitsnormen für den Schutz vor den Gefahren einer Exposition gegenüber ionisierender Strahlung" der Europäischen Kommission übernommen. Sie werden nach Annahme dieses Richtlinien-Entwurfs durch den EU-Ministerrat in deutsches Recht übernommen.

Streuung

Vorgang, bei dem eine Änderung der Richtung oder Energie eines einfallenden Teilchens oder Quants durch Stoß mit einem anderen Teilchen oder Teilchensystem verursacht wird.

Streuung, unelastische

Streuvorgang, bei dem die Summe der kinetischen Energie vor und nach dem Stoß verschieden ist.

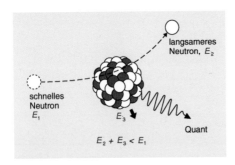

Unelastische Streuung eines Neutrons.

StrlSchV

→Strahlenschutzverordnung.

Stromerzeugung, Deutschland

Die Brutto-Stromerzeugung in Deutschland betrug 2012 insgesamt 617,6 Mrd. kWh. Weit überwiegend beruht die Stromversorgung auf Braunkohle (25,7 %), Steinkohle (19,1 %) und Kernenergie (16,1 %). Erdgas war mit 11,3 % beteiligt. Die erneuerbaren Energieträger trugen insgesamt mit knapp 23 % bei, überwiegend Wind (7,3 %, Biomasse (5,8 %), Wasser (3,4 %) und Photovoltaik (4,5 %). (Quelle: AG Energiebilanzen)

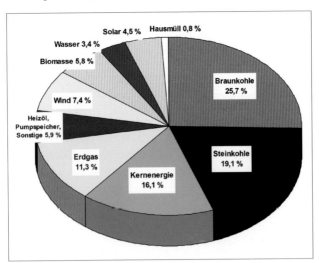

Energieträger der Bruttostromerzeugung in Deutschland, 2012.

Stromerzeugung, Kernkraftwerke in Deutschland

In deutschen Kernkraftwerken wurden im Jahr 2012 brutto insgesamt
99,5 Mrd. kWh aus Kernenergie in elektrische Arbeit umgewandelt.
Spitzenreiter war das Kernkraftwerk Isar-2 mit 12,1 Mrd. kWh.

Jahr	Bruttostromerzeugung Mrd. kWh
1961	0,024
1970	6,0
1980	42,6
1990	152,5
2000	169,6
2005	163,0
2008	148,8
2010	140,6
2012	99,5

Strom aus Kernenergie in Deutschland.

Stromerzeugung, Kernkraftwerke in Europa

In Europa wurden im Jahr 2012 rund 1114 Milliarden kWh Strom
aus Kernenergie erzeugt. Frankreich hatte mit 74,8 % den höchsten
Nuklearstromanteil. (Siehe Tabelle Seite 216.)

Stromerzeugung, Kernkraftwerke weltweit

Im Jahr 2011 wurden insgesamt netto rund 2 517 Mrd. kWh Strom
aus Kernenergie erzeugten. Seit Beginn der nuklearen Stromerzeugung im Jahr 1951 wurden bis Ende 2011 insgesamt rund 69 760
Mrd. kWh erzeugt. Die kumulierten Betriebserfahrungen bis Januar
2013 betragen 15 080 Reaktorbetriebsjahre.

SUR 100

Siemens-Unterrichts-Reaktor; ein zu Unterrichtszwecken von Siemens
gebauter Reaktortyp mit einer Dauerleistung von 100 Milliwatt. Der
SUR-100 ist ein homogener Reaktor; die Spaltzone besteht aus einer
Mischung von auf 20 % angereichertem Uran mit Polyäthylen.

SWR

→Siedewasserreaktor.

Synchrotron

Beschleuniger, bei dem Teilchen auf einer Kreisbahn mit festem
Radius umlaufen. Die Beschleunigung erfolgt durch elektrische Felder,
die Führung auf der Kreisbahn durch Magnetfelder. Die Kreisbahn
des DESY-Synchrotrons HERA in Hamburg hatte eine Länge von

Land	Erzeugung aus Kernenergie in Mrd. kWh	Kernenergie-Anteil in Prozent
Belgien	38,5	51,0
Bulgarien	14,9	31,6
Deutschland	94,1	16,1
Finnland	22,1	32,6
Frankreich	407,4	74,8
Großbritannien	64,0	18,1
Niederlande	3,7	4,4
Rumänien	10,6	19,4
Russland	166,3	17,8
Schweden	61,5	38,1
Schweiz	24,5	35,9
Slowakische Republik	14,4	53,8
Slowenien	5,2	36,0
Spanien	58,7	20,5
Tschechien	28,6	35,3
Ukraine	84,9	46,2
Ungarn	14,8	45,9
Summe	1114,2	–
Summe EU-Länder	838,5	–

Daten zur Stromerzeugung der Länder in Europa, die Kernenergie nutzen, 2012.

6,3 km. Je größer der Durchmesser des Synchrotrons ist, desto größere Teilchenenergien können erreicht werden. Das Karlsruher Institut für Technologie (KIT) betreibt die Synchrotronstrahlungsquelle ANKA (Angströmquelle Karlsruhe) zur wissenschaftlichen und kommerziellen Nutzung.

Synchrozyklotron
→Zyklotron, bei dem die Frequenz der Beschleunigungsspannung mit der Zeit so abnimmt, dass sie sich den langsameren Umläufen der beschleunigten Teilchen genau anpasst. Die Abnahme der Beschleunigung der Teilchen ergibt sich aus der Massenzunahme mit der Energie, wie sie die spezielle Relativitätstheorie beschreibt. Teilchenenergien bis 700 MeV sind erreichbar.

Szintillationszähler

Nachweisgerät für ionisierende Strahlung durch Registrierung der Lichtblitze (Szintillationen), die durch die Strahlung in bestimmten Materialien, den Szintillatoren, erzeugt werden.

Szintillator

Substanz, bei der durch auftreffende ionisierende Strahlung Lichtblitze erzeugt werden (Fluoreszenz). Zum Nachweis für Gammastrahlung eignen sich besonders NaI(Tl)-Einkristalle, für Betastrahlung ist Anthrazen oder das in Toluol gelöste Diphenyloxazol geeignet. ZnS(Ag) ist ein günstiger Szintillator zum Nachweis von Alphastrahlung.

T

Tail-End

Der letzte Verfahrensabschnitt der Wiederaufarbeitung zur Herstellung der an die Brennelementhersteller abzugebenden Endprodukte. Endprodukte sind Uranylnitratlösung und Plutoniumnitratlösung.

Tandem-Beschleuniger

Spezielle Bauart eines Van-de-Graaff-Beschleunigers. Es werden z. B. negative H-Ionen beschleunigt, durch Wechselwirkung mit Materie umgeladen (Abstreifen der Elektronen) und die Protonen durch nochmaliges Durchlaufen dergleichen Potentialdifferenz weiter beschleunigt.

Target

Materiestück, auf das man Strahlung auftreffen lässt, um in dieser Materie Kernumwandlungen hervorzurufen.

TBP

→Tributylphosphat.

TEG

Teilerrichtungsgenehmigung im atomrechtlichen Genehmigungsverfahren.

Teilchenbeschleuniger

→Beschleuniger.

Teilkörperdosis

Mittelwert der Äquivalentdosis über das Volumen eines Körperabschnittes oder eines Organs, im Falle der Haut über die kritische Fläche (1 cm² im Bereich der maximalen Äquivalentdosis in 70 Mikrometer Tiefe).

Temperaturkoeffizient der Reaktivität

Beschreibt die Reaktivitätsänderungen, die bei Änderung der Betriebstemperatur eines Reaktors eintreten. Der Koeffizient ist negativ, wenn eine Temperatursteigerung die →Reaktivität verringert. Negative Temperaturkoeffizienten sind sicherheitstechnisch wünschenswert, weil sie dazu beitragen, Leistungsexkursionen zu vermeiden.

terrestrische Strahlung

Strahlung durch die natürlich radioaktiven Stoffe im Boden. Die terrestrische Strahlung bewirkt eine externe Strahlenexposition des Menschen. →Strahlenexposition, terrestrische.

thermionische Umwandlung

Umwandlung von Wärme in Elektrizität durch Ausdampfen von Elektronen aus einer heißen Metallfläche und Kondensation auf einer kühleren Oberfläche. Mechanisch bewegte Teile sind nicht erforderlich.

thermische Säule

In einigen Forschungsreaktoren vorhandenes Bauteil zur Erzeugung thermischer Neutronen für Versuchszwecke. Sie besteht aus einer großen Anhäufung von Moderatorsubstanz (häufig Graphit) neben der Spaltzone oder dem Reflektor des Reaktors. Aus dem Reaktor austretende Neutronen dringen in die thermische Säule ein und werden dort abgebremst. Der Anteil thermischer Neutronen am Gesamtneutronenspektrum wird dadurch stark erhöht.

thermischer Brutreaktor

Brutreaktor, in dem die Spaltungskettenreaktion durch thermische Neutronen aufrechterhalten wird. Thermische Brutreaktoren wandeln nicht spaltbares Th-232 in spaltbares U-233 um. →Brutreaktor.

Thermolumineszenzdosimeter

Radiothermolumineszenz ist die Eigenschaft eines Kristalls, bei Erwärmung Licht auszusenden, wenn dieser vorher ionisierender Strahlung ausgesetzt war. In weiten Bereichen ist die emittierte Lichtmenge der eingestrahlten Dosis proportional. Man nutzt zur Dosisbestimmung z. B. den Radiothermolumineszenzeffekt von Kalzium- oder Lithiumfluorid.

thermonukleare Reaktion

Kernreaktion, bei der die beteiligten Teilchen die für die Reaktion erforderliche Reaktionsenergie aus der thermischen Bewegung beziehen. →Fusion.

THORP

*Th*ermal *O*xide *R*eprocessing *P*lant, Sellafield, Lake District, England. Wiederaufarbeitungsanlage für oxidische Brennelemente mit einem maximalen Jahresdurchsatz von 1200 t Uran. Am Standort Sellafield (früher Windscale) ist seit 1964 auch eine Anlage zur Wiederaufarbeitung von Magnox- und AGR-Brennelementen aus britischen Reaktoren in Betrieb.

Three Mile Island

Kernkraftwerk bei Harrisburg, Pennsylvania, USA, mit zwei Druckwasserreaktoren. Im Block 2 ereignete sich am 28.3.1979 ein schwerer Unfall mit partieller Kernschmelze. Die Spaltprodukte wurden fast vollständig im Reaktordruckbehälter und im Sicherheitsbehälter zurückgehalten. Da die Rückhaltefunktion des Sicherheitsbehälters entsprechend der Auslegung funktionierte, kam es nur zu Aktivitätsfreisetzungen von Xenon-133 und sehr geringen Anteilen I-131 in die Umgebung, die zu einer rechnerisch maximalen Dosis von 0,85 mSv führten.

THTR-300
Thorium-Hochtemperaturreaktor in Hamm-Uentrop/Lippe, Hochtemperaturreaktor mit einer elektrischen Bruttoleistung von 308 MW, nukleare Inbetriebnahme am 13.9.1983. Am 29.9.1988 endgültig abgeschaltet. Die Anlage befindet sich seit Oktober 1997 im sicheren Einschluss.

Tiefendosis, relative
Begriff aus der Radiologie. Verhältnis einer Energiedosis in einer bestimmten Tiefe innerhalb eines Körpers zu der Energiedosis an einem Bezugspunkt des Körpers auf dem Zentralstrahl. Bei Röntgen- oder Gammastrahlung hängt die Lokalisierung des Bezugspunktes von der Energie der Strahlung ab. Er liegt bei niedrigen Energien an der Oberfläche, bei hohen Energien an der Stelle des Höchstwertes der Energiedosis.

Tiefen-Personendosis
→Äquivalentdosis in 10 mm Tiefe im Körper an der Tragestelle des Personendosimeters, Kurzbezeichnung $H_p(10)$. →Dosis.

Tieftemperaturrektifikation
Verfahren zur Entmischung von Gasen durch Verflüssigung des Gasgemisches bei tiefen Temperaturen (ca. minus 120 bis minus 200 °C) und anschließender Trennung aufgrund unterschiedlicher Siedepunkte (Rektifikation).

TLD
→Thermolumineszenzdosimeter.

Tochter- und Enkelnuklid
In einer Zerfallsreihe radioaktiver Stoffe entsteht als Zerfallsprodukt eines Ausgangsnuklids (Mutternuklids) zunächst das Tochternuklid und daraus durch Zerfall das Enkelnuklid. Beispiel: Das bei der Spaltung entstehende Iod-137 (Mutternuklid) zerfällt über Xenon-137 (Tochter), Cäsium-137 (Enkel), Barium-137m (Urenkel) in das stabile Barium-137 (Ururenkel). →Zerfallsreihe, natürliche.

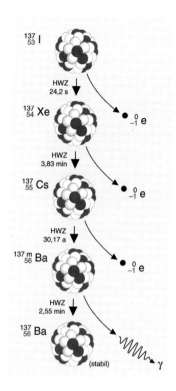

${}^{137}_{53}$ I

HWZ
24,2 s

${}^{137}_{54}$ Xe

${}^{0}_{-1}$ e

HWZ
3,83 min

${}^{137}_{55}$ Cs

${}^{0}_{-1}$ e

HWZ
30,17 a

${}^{137\,m}_{56}$ Ba

${}^{0}_{-1}$ e

HWZ
2,55 min

${}^{137}_{56}$ Ba

(stabil)

γ

Mutter/Tochter/Enkel-Nuklide in der Zerfallsreihe von Iod-137 bis Barium-137.

Tokamak

Versuchsanordnung zur kontrollierten Kernfusion. In einem Tokamak schließen zwei sich überlagernde Magnetfelder das Plasma ein: zum einen das toroidale Feld, das durch äußere Spulen erzeugt wird, und zum anderen das Feld eines im Plasma fließenden Stroms. Im kombinierten Feld laufen die Feldlinien dann schraubenförmig um die Seele des Torus. Auf diese Weise wird die zum Einschluss des Plasmas nötige Verdrillung der Feldlinien und der Aufbau magnetischer Flächen erreicht. Außer dem durch die äußeren Feldspulen erzeugten Toroidalfeld und dem durch den Strom im Plasma erzeugten Feld benötigt der Tokamak noch ein drittes, vertikales Feld (Poloidalfeld), das die Lage des Stromes im Plasmagefäß fixiert. Der Strom im Plasma wird vorwiegend benötigt, um das einschließende Magnetfeld zu erzeugen. Zudem sorgt er für eine wirksame Anfangsheizung des Plasmas. Der Plasmastrom wird normalerweise durch eine Transformatorspule induziert. Wegen des Transformators arbeitet ein Tokamak nicht kontinuierlich, sondern gepulst. Da jedoch ein Kraftwerk aus technischen Gründen nicht gepulst betrieben werden sollte, werden Methoden untersucht, einen kontinuierlichen Strom – zum Beispiel durch Hoch-

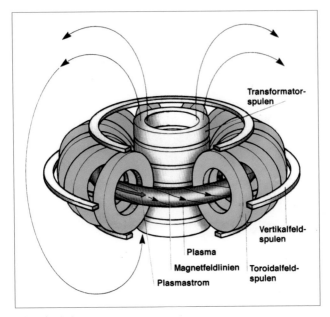

Tokamak-Prinzip.

frequenzwellen – zu erzeugen. Die Fusionsforschungsanlage →JET ist nach dem Tokamak-Prinzip gebaut. Auch der Fusionsreaktor →ITER wird nach diesem Prinzip gebaut.

Tracer
Zur Markierung von Substanzen zugesetztes Radionuklid, um Mischungs-, Verteilungs- und Transportvorgänge mittels der vom Tracer emittierten Strahlung untersuchen zu können.

Transienten
Jede wesentliche Abweichung der Betriebsparameter eines Kernkraftwerkes (u. a. Leistung, Druck, Temperatur, Kühlmitteldurchsatz) von den Sollwerten, die zu einem Ungleichgewicht zwischen Wärmeerzeugung und Wärmeabfuhr im Reaktor führen kann.

Transmutation
Umwandlung der beim Betrieb von Kernreaktoren durch Neutronen einfang im U-238 entstehenden langlebigen Nuklide der Elemente Plutonium, Neptunium, Americium und Curium in stabile oder kurzlebige Nuklide. Insbesondere bei der direkten Endlagerung abgebrannter Brennelemente erfordern die zum Teil sehr langen Halbwertszeiten der Alphastrahlen emittierenden Nuklide Np-237,

Pu-238, Pu-239, Pu-240, Am-241, Am-243, Cm-243 und Cm-244 den Nachweis der Sicherheit der Lagerung über sehr lange Zeiträume. Durch Kernumwandlungen, entweder durch direkte Spaltung wie bei Pu-239 oder Umwandlung in leicht spaltbare Nuklide durch Neutroneneinfang, entstehen letztendlich relativ kurzlebige oder stabile Spaltprodukte. Dazu ist es erforderlich, den abgebrannten Kernbrennstoff wiederaufzuarbeiten, diese Transuranelemente von den Spaltprodukten abzutrennen und in geeigneten Kernreaktoren durch Neutronen umzuwandeln. Neben Reaktoren als Neutronenquelle für die Umwandlung werden durch Beschleuniger getriebene unterkritische Anordnungen als Möglichkeit des „Verbrennens" von Pu und höherer Aktiniden diskutiert. Da durch einen starken Protonenstrahl aus einem Beschleuniger und daraus ausgelöste Spallationen in einem geeigneten Targetmaterial eine hohe Neutronenzahl bereitgestellt werden kann, ist eine gute Voraussetzung für solche Transmutationsmaschinen gegeben. Da zudem in solchen Anlagen keine sich selbst erhaltende Kettenreaktion abläuft, werden Vorteile hinsichtlich des Sicherheitsverhaltens erwartet.

Transport radioaktiver Stoffe
Der Transport radioaktiver Stoffe auf öffentlichen Verkehrswegen bedarf grundsätzlich der Genehmigung. Je nach Art und Menge der transportierten radioaktiven Stoffe müssen bestimmte Verpackungsvorschriften beachtet werden. Die insbesondere für den Transport abgebrannter Brennelemente erforderliche sogenannte Typ-B-Verpackung muss entsprechend international vereinbarter Regelungen folgenden Tests standhalten:
- freier Fall aus 9 m Höhe auf ein unnachgiebiges, mit einer Stahlplatte armiertes Betonfundament,
- freier Fall aus 1 m Höhe auf einen Stahldorn mit einem Durchmesser von 15 cm und einer Höhe von mindestens 20 cm,
- Feuertest bei 800 °C über 30 Minuten im Anschluss an die Fallversuche,
- Untertauchen in Wasser für 15 Stunden und einer Wassertiefe von 15 m oder bei einer Zulassung für eine besonders große Gesamtaktivität für 1 Stunde und einer Wassertiefe von 200 m.

In den USA, England und Deutschland wurde diese Art von Behältern in speziellen Versuchsreihen noch höheren Belastungen ausgesetzt, ohne dass die Behälter undicht wurden:
- Zusammenprall von Brennelementtransporter und Lokomotive (relative Geschwindigkeit 130 km/h),
- Fall aus 600 m Höhe (maximale Aufprallgeschwindigkeit von 400 km/h) auf harten Wüstenboden,
- Aufprall eines tonnenschweren Projektils mit einer Geschwindigkeit von 300 m/s = 1080 km/h.

Transuranelement

Chemisches Element im Periodensystem, dessen Kernladungszahl größer als 92, der des Urans, ist. Mit Ausnahme der in sehr geringen Mengen entdeckten Plutonium-Isotope Pu-244 (Halbwertszeit rund 80 Millionen Jahre) und Pu-239 (ständige Neubildung in uranhaltigen Gesteinen durch Neutroneneinfang in U-238 durch die Neutronen aus der Spontanspaltung des U-238) müssen alle Transuranelemente künstlich hergestellt werden.

Element- name	Symbol	Ordnungs- zahl	Element- name	Symbol	Ordnungs- zahl
Neptunium	Np	93	Seaborgium	Sb	106
Plutonium	Pu	94	Bohrium	Bh	107
Americium	Am	95	Hassium	Hs	108
Curium	Cm	96	Meitnerium	Mt	109
Berkelium	Bk	97	Darmstadtium	Ds	110
Californium	Cf	98	Roentgenium	Rg	111
Einsteinium	Es	99	Copernicium	Cn	112
Fermium	Fm	100	noch ohne Namen		113
Mendelevium	Md	101	Flerovium	Fl	114
Nobelium	No	102	noch ohne Namen		115
Lawrencium	Lw	103	Livermorium	Lv	116
Rutherfordium	Rf	104	noch ohne Namen		117
Dubnium	Db	105	noch ohne Namen		118

Transuran-Elemente.

Trennanlage

Anlage zur Isotopentrennung. →Diffusionstrennverfahren, →Trenndüsenverfahren, →Gaszentrifugenverfahren.

Trennarbeit

Begriff aus der Uranisotopentechnik. Die Trennarbeit ist ein Maß für den zur Erzeugung von angereichertem Uran zu leistenden Aufwand.

Trenndüsenverfahren

Verfahren zur Isotopentrennung, speziell zur Trennung der Uranisotope. Durch die Expansion des Gasstrahls in einer gekrümmten Düse bewirken die Zentrifugalkräfte eine Trennung der leichten von der schweren Komponente.

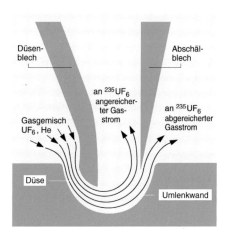

Prinzip des Trenndüsenverfahrens.

Trennfaktor
Der Trennfaktor ist der Quotient aus dem Verhältnis der Isotopen-häufigkeit eines bestimmten Isotops zu der Summe der Isotopenhäu-figkeiten anderer Isotope nach einem Trennungsprozess und diesem Verhältnis vor dem Trennungsprozess.

Tributylphosphat
In der Wiederaufarbeitung beim →PUREX-Prozess als organisches Extraktionsmittel zur U- und Pu-Extraktion aus der Kernbrennstofflö-sung eingesetzt. Im PUREX-Prozess wird TBP auf 15 bis 40 % mit Kerosin verdünnt.

TRIGA
Abkürzung für: Training, Research and Isotope Production Reactor der General Atomic. Ein Forschungsreaktor vom TRIGA-Typ ist an der Universität Mainz in Betrieb.

Trimmstab
Trimmstäbe dienen in einem Kernreaktor zur Kompensation der Über-schussreaktivität eines frisch beladenen Reaktors und zur Einflussnah-me auf die Neutronenflussverteilung.

Tritium
Radioaktives Isotop des Wasserstoffs mit zwei Neutronen und einem Proton im Kern. Tritium wird z. B. zur Herstellung von Leuchtfarben, als Indikator in Tracer-Versuchen und als Brennstoff in kontrollierten Fusionsversuchen verwendet. Tritium ist ein Betastrahler mit einer Maximalenergie von 18 keV und mit einer Halbwertszeit von 12,323 Jahren.

Triton
Atomkern des →Tritiums. Er besteht aus einem Proton und zwei
Neutronen.

Trockenkühlturm
Kühlturm zur Rückkühlung von Wasser, bei dem kein direkter Kontakt
zwischen dem zu kühlenden Wasser und dem Kühlmedium Luft
besteht. Das erwärmte Wasser wird, ähnlich wie in einem Kraftfahr-
zeugkühler, von Luft gekühlt und wieder zum Kondensator geleitet.

Trockenlager
Lagerung bestrahlter Brennelemente ohne Verwendung von Wasser
als Kühlmittel.

Tschernobyl
Am Standort Tschernobyl, 130 km nordwestlich von Kiew, sind
zwischen 1977 und 1983 vier Reaktorblöcke vom Typ RBMK 1000
in Betrieb gegangen. Im Block 4 ereignete sich am 26.4.1986 der
bisher schwerste Unfall bei der friedlichen Nutzung der Kernenergie.
Der Unfall im Kernkraftwerk von Tschernobyl ist zwar auch auf eine
Kette von falschen Entscheidungen und verbotenen Eingriffen der
Bedienungsmannschaft zurückzuführen, letztlich sind aber das unzureichende Reaktorsicherheitskonzept für das Eintreten des Unfalls
und das Fehlen eines druckfesten, die Reaktoranlage umschließen-
den Sicherheitsbehälters für die Freisetzung der großen Mengen an
radioaktiven Stoffen verantwortlich. Der Reaktorunfall entwickelte
sich während eines Experimentes mit dem Turbinen-Generatorsatz
der Kraftwerksanlage. Durch Bedienungsfehler und grundlegende
reaktorphysikalische Auslegungsfehler der Reaktoranlage kam es zu
einem starken Leistungsanstieg – bis zum 100-fachen der Nennleis-
tung. Durch die Überhitzung des Brennstoffes barsten Brennstabhüllen, und es kam zu einer heftigen Brennstoff/Wasser-Reaktion
mit stoßartigem Druckaufbau und Zerstörung des Reaktorgebäudes.
Große Teile des Graphitmoderators und der Anlage wurden in Brand
gesetzt. Während dieser Zerstörungsphase wurden schätzungsweise
acht Tonnen radioaktiven Brennstoffes aus dem Kern in das Gebäude
und die Umgebung geschleudert. Durch die unmittelbar einsetzende
Brandbekämpfung gelang es, die Brände außerhalb des Reaktorgebäudes und am Maschinenhaus in vier Stunden zu löschen. Um
den Brand des Moderatorgraphits im Reaktor zu ersticken und zur
Eindämmung der Unfallfolgen wurde der Block 4 in den folgenden
Tagen aus der Luft mit insgesamt 5000 Tonnen Blei, Sand und Lehm
zugeschüttet. Bis November 1986 wurde der Reaktorblock Tschernobyl 4 unter einer Struktur aus meterdickem Beton – Sarkophag
genannt – „begraben".

Die massive Freisetzung radioaktiver Spaltprodukte aus dem zerstörten Reaktor erstreckte sich über insgesamt zehn Tage. Aufgrund der thermischen Auftriebseffekte erfolgte die Freisetzung, insbesondere die der leichtflüchtigen Spaltprodukte wie Iod und Cäsium, bis in große Höhen (1500 m und darüber). Dies führte zu einer Verteilung der in die Atmosphäre freigesetzten Aktivität von $4 \cdot 10^{18}$ Bq über weite Teile Europas. Die am 26. April freigesetzten radioaktiven Stoffe gelangten aufgrund der vorherrschenden Windrichtung nach Nordwesten und erreichten am 28. April Schweden. Der dort gemessene Aktivitätsanstieg der Luft war im Westen der erste Hinweis auf den Unfall. Aufgrund der Wetterverhältnisse gelangte die Aktivitätsemission des 27. April über Polen und die vom 29. und 30. April über den Balkan nach Mitteleuropa. Am 29. April erreichte die radioaktive Wolke das Gebiet der Bundesrepublik Deutschland.

Das Kraftwerkspersonal und insbesondere das zur Brandbekämpfung eingesetzte Personal waren sehr stark von der Strahlung betroffen. Die Dosiswerte betrugen bis zu 16 Gy. 203 Personen mit akutem Strahlensyndrom wurden in Kliniken behandelt. 31 Personen starben infolge Verbrennungen und Strahlenüberexposition. Die Strahlenexposition in der 4 km westlich vom Standort gelegenen Stadt Pripyat mit 45 000 Einwohnern erreichte am Tag nach dem Unfall bis zu 6 mSv/h. Die Bevölkerung wurde daraufhin evakuiert. In den nächsten Tagen wurden dann weitere 90 000 Personen aus der 30-km-Zone um den Standort evakuiert. Eine Wiederbesiedlung der 10-km-Zone ist nicht beabsichtigt, die landwirtschaftliche Nutzung der 10- bis 30-km-Zone wird vom Erfolg von Dekontaminationsprogrammen und dem Ergebnis radiologischer Untersuchungen abhängig gemacht. Durch meteorologische Einflüsse bedingt sind die aus der radioaktiven Wolke abgelagerten Aktivitätsmengen in den Regionen der Bundesrepublik sehr unterschiedlich – im Norden und Westen deutlich geringer als im Süden und Südosten. Daher ist keine bundeseinheitliche Darstellung hinsichtlich der resultierenden Strahlendosis, die zudem noch stark von der individuellen Ernährungsgewohnheit abhängt, möglich. Die Inhalationsdosis wurde fast ausschließlich durch die Luftaktivität in der Zeit vom 1. bis 5. Mai 1986 bestimmt. Die Ingestionsdosis ergibt sich fast ausschließlich durch I-131, Cs-134 und Cs-137. Die Strahlenexposition in den Folgejahren ist wesentlich geringer als im ersten Jahr nach dem Unfall, da die Effekte der Oberflächenkontamination, die direkt (z. B. über Gemüse) oder indirekt (z. B. über Milch und Fleisch) zur Strahlenexposition beitrugen, entfallen. Die Strahlenexposition in Deutschland betrug für Kleinkinder, für die sich gegenüber Erwachsenen generell höhere Dosiswerte errechnen, für das Jahr des Unfalls zwischen 0,1 mSv in Gebieten nördlich der Donau und 0,6 mSv für Bereiche des Voralpengebiets. Berechnet man die entsprechenden Dosiswerte für die gesamte Lebenszeit, so ergibt sich ein Gesamtbetrag zwischen 0,4 mSv bzw. 2,4 mSv für die Personengruppe, die zum Unfallzeitpunkt Kleinkinder waren. Für Einzelpersonen mit extremen Lebens- und Verzehrgewohnheiten können sich maximale Dosiswerte bis zum Zwei- oder Dreifachen dieser Werte ergeben.

Personen-gruppe	Zeitraum	Norden	Süden	Voralpen
		effektive Dosis in mSv		
Kleinkinder	1. Jahr	0,12	0,35	0,6
	Lebenszeit	0,4	1,3	2,4
Erwachsene	1. Jahr	0,1	0,3	0,5
	Lebenszeit	0,4	1,1	2,1

Mittlere Strahlenexposition durch den Tschernobyl-Unfall in den verschiedenen Gebieten Deutschlands.

Block 2 der insgesamt vier Reaktorblöcke am Standort Tscherno-byl wurde am 11.10.1991 und Block 1 am 30.11.1996 endgültig abgeschaltet. Am 15.12.2000 wurde mit Block 3 der letzte Reaktor in Tschernobyl endgültig abgeschaltet.

Überhitzung

Die Erhitzung eines →Sattdampfes zu Heißdampf. In Kraftwerken wird dieses Verfahren zur Verbesserung des Wirkungsgrades und zur Verringerung der Kondensation in den Turbinen angewandt.

überkritische Anordnung

Anordnung von Kernbrennstoff, deren effektiver →Multiplikationsfaktor infolge Brennstoffmenge, geometrischer Anordnung, Moderation und Reflexion über 1 liegt.

überkritischer Reaktor

Kernreaktor, bei dem der effektive Multiplikationsfaktor größer als 1 ist. Die Reaktorleistung steigt dann ständig an.

Überschussreaktivität

Größerer Reaktivitätswert, als zur Erreichung der Kritikalität eines Reaktors erforderlich ist. Überschussreaktivität wird bei der Beladung eines Reaktors mit Brennelementen vorgesehen, um den →Abbrand und die Ansammlung von →Spaltproduktgiften während des Betriebes ausgleichen zu können. Die daher beim frisch beladenen Reaktor bestehende Überschussreaktivität wird durch die Stellung der Trimm- und Regelstäbe oder durch den Zusatz von Bor zum Primärkühlmittel ausgeglichen.

Überwachungsbereich

Ein Überwachungsbereich ist ein Strahlenschutzbereich, für den festgelegte Dosisgrenzwerte gelten, und der einer Überwachung nach festgelegten Vorschriften unterliegt. Ein Überwachungsbereich ist ein nicht zum Kontrollbereich gehörender Strahlenschutzbereich, in dem Personen im Kalenderjahr eine effektive Dosis von mehr als 1 Millisievert oder höhere Organdosen als 15 Millisievert für die Augenlinse oder 50 Millisievert für die Haut, die Hände, die Unterarme, die Füße und Knöchel erhalten können.

Umgang mit radioaktiven Stoffen

Unter Umgang mit radioaktiven Stoffen fallen: Gewinnung, Erzeugung, Lagerung, Bearbeitung, Verarbeitung, sonstige Verwendung und Beseitigung von radioaktiven Stoffen im Sinne des Atomgesetzes sowie der Betrieb von Bestrahlungsvorrichtungen. Als Umgang gilt auch die Aufsuchung, Gewinnung und Aufbereitung von radioaktiven Bodenschätzen im Sinne des Bundesberggesetzes.

Umgebungs-Äquivalentdosis

Die Umgebungs-Äquivalentdosis $H^*(10)$ am interessierenden Punkt im tatsächlichen Strahlungsfeld ist die Äquivalentdosis, die im zugehörigen ausgerichteten und aufgeweiteten Strahlungsfeld in 10 mm Tiefe auf dem der Einfallsrichtung der Strahlung entgegengesetzt orientierten Radius der ICRU-Kugel erzeugt würde. Ein ausgerichtetes und aufgeweitetes Strahlungsfeld ist ein idealisiertes Strahlungsfeld, das aufgeweitet und in dem die Strahlung zusätzlich in eine Richtung ausgerichtet ist.

Umgebungsüberwachung

Überwachung der Umgebung einer Anlage auf Schadstoffe, Lärm u. a. unter Berücksichtigung definierter Messorte, z. B. Anlagengrenze, Siedlungszonen u. a. Die Überwachung kann auch durch selbsttätig registrierende und alarmgebende Messstationen erfolgen. Betreiber kerntechnischer Anlagen sind zur Umgebungsüberwachung verpflichtet.

Umlaufkühlung

Im Kreislauf geführtes Kühlmedium (Wasser) zur Wärmeabfuhr. Die Wärmeabgabe erfolgt dabei über einen Kühlturm.

umschlossene radioaktive Stoffe

Radioaktive Stoffe, die ständig von einer allseitig dichten, festen, inaktiven Hülle umschlossen oder in festen inaktiven Stoffen ständig so eingebettet sind, dass bei üblicher betriebsmäßiger Beanspruchung ein Austritt radioaktiver Stoffe mit Sicherheit verhindert wird; eine Abmessung muss mindestens 0,2 cm betragen.

Umwandlung, radioaktive

Eine spontane Kernumwandlung, bei der Teilchen emittiert werden oder ein Hüllenelektron eingefangen wird oder eine spontane Spaltung eines Kerns eintritt.

Umweltbelastung

Eine vom Menschen verursachte Störung von Ökosystemen, die zu Abweichungen von deren Normalverhalten führt.

Umweltverträglichkeitsprüfung

Die Umweltverträglichkeitsprüfung ist ein verwaltungsbehördliches Verfahren, das der Entscheidung über die Zulässigkeit von Vorhaben dient. Die Umweltverträglichkeitsprüfung umfasst die Ermittlung, Beschreibung und Bewertung der Auswirkungen eines Vorhabens auf Menschen, Tiere und Pflanzen, Boden, Wasser, Luft, Klima und Landschaft, einschließlich der jeweiligen Wechselwirkungen, sowie auf Kultur- und sonstiger Sachgüter. Sie wird unter Einbeziehung der Öffentlichkeit durchgeführt. Das Gesetz über die Umweltverträglichkeitsprüfung enthält in seinem Anhang eine Auflistung der Vorhaben, für die eine Umweltverträglichkeitsprüfung vorzunehmen ist.

Unfall
Ereignisablauf, der für eine oder mehrere Personen eine effektive Dosis von mehr als 50 Millisievert zur Folge haben kann.

Unfall, größter anzunehmender
→GAU.

UNSCEAR
United Nations Scientific Committee on the Effects of Atomic Radiation; wissenschaftlicher Ausschuss der Generalversammlung der Vereinten Nationen über die Wirkung ionisierender Strahlung. UNSCEAR erstellt regelmäßig Berichte für die UN-Vollversammlung über die Strahlenexposition und die Wirkungen ionisierender Strahlung. Der UNSCEAR 2008 Report „Sources and effects of ionizing radiation" mit den wissenschaftlichen Anhängen
- Medical radiation exposures
- Exposures of the public and workers from sources of radiation
- Radiation exposures in accidents
- Health effects due to radiation from the Chernobyl accident
- Effects of ionizing radiation on non-human biota

und einem Umfang von fast 800 Seiten wurde im Jahr 2010 veröffentlicht. Der im Mai 2011 veröffentlichte UNSCEAR Report 2011 „Summary of Low-dose Radiation Effects on Health" ist nur eine kurze Zusammenfassung des Reports von 2008.

unterkritische Anordnung
Anordnung aus Spaltstoff und eventuell Moderator, deren →Multiplikationsfaktor unter 1 liegt und in der somit keine Kettenreaktion aufrechterhalten werden kann.

unterkritische Masse
Spaltstoffmenge, die in ihrer Menge unzureichend oder in der Geometrie so angeordnet ist, dass sich in ihr eine Kettenreaktion nicht aufrechterhalten kann.

Untersuchungsschwelle
Wert der Körperdosis oder der Aktivitätszufuhr, bei dessen Überschreitung Untersuchungen über die Wirksamkeit von Strahlenschutzmaßnahmen erforderlich sind. Die Höhe des Wertes richtet sich nach der jeweiligen Betriebs- oder Anwendungsart. →Interventionsschwelle.

Uran
Natürliches radioaktives Element der Kernladungszahl 92. Die in der
Natur vorkommenden Isotope sind das spaltbare Uran-235 (0,7205 %
des natürlichen Urans), das mit thermischen Neutronen nicht spaltbare Uran-238 (99,2739 % des natürlichen Urans) und das Uran-234,
ein Folgeprodukt des radioaktiven Zerfalls des Uran-238 (0,0056 %).

Uran, abgereichertes
Uran mit einem geringeren Prozentsatz an U-235 als die im natürlichen Uran vorkommenden 0,7205 %. Es fällt bei der →Uranisotopen-
trennung an.

Uran, angereichertes
Uran, bei dem der Prozentsatz des spaltbaren Isotops U-235 über den
Gehalt von 0,7205 % des Natururans hinaus gesteigert ist. Zur Anreicherung sind verschiedene Verfahren möglich: →Diffusionstrennver-
fahren, →Gaszentrifugenverfahren, →Trenndüsenverfahren.

Urangewinnung, weltweit
Im Jahre 2011 wurden weltweit in 19 Ländern rund 54 600 t Uran
gewonnen, jeweils zu rund 30 % im Übertage-, Untertage und im
Lösungsbergbau. Die Uran-Produktion in der EU betrug 364 t, davon
52 t in Deutschland (aus Grubenwasserreinigung).

Land	Urangewinnung in Tonnen
Australien	5 983
Brasilien	265
China	1 500
Deutschland	52
Frankreich	6
Indien	400
Kanada	9 145
Kasachstan	19 451
Malawi	846
Namibia	3 258
Niger	4 351
Pakistan	45
Rumänien	77
Russland	2 993
Republik Südafrika	582
Tschechien	229

Land	Urangewinnung in Tonnen
Ukraine	890
USA	1 537
Usbekistan	3 000
Summe Welt	54 610

Urangewinnung 2011 (in t Uran). Quelle: WNA, London

Uranhexafluorid (UF$_6$)

UF$_6$ ist das Prozessmedium bei allen Trennverfahren zur Urananreiche-rung. Wesentlich ist hierbei, dass Fluor ein Reinelement ist und damit allein die Massenunterschiede von U-235 und U-238 den Trennvor-gang bestimmen.

Uranreserven

Die derzeit gesicherten Uran-Vorkommen betragen 5,4 Millionen t Uran (OECD/NEA: Uranium 2009: Resources, Production and De-mand) bezogen auf die Kostenkategorie < 130 US $/kg Uran und 6,3 Millionen t Uran in der Kostenkategorie < 260 US $/kg Uran. In den niedrigeren Kostenkategorien betragen die gesicherten Vorkommen 3,7 Millionen t (< 80 US $/kg Uran) bzw. 0,8 Millionen t (< 40 US $/kg Uran). Bei einem derzeitigen weltweiten Jahresverbrauch von rund 68 000 t Uran ist auf der Grundlage dieser Vorkommen eine Ver-sorgung für über 200 Jahre gesichert. Neben diesem bergtechnisch gewinnbaren Natururan stehen weltweit etwa 1,8 Millionen t Uran aus Lagerbeständen (Kernbrennstoffkreislauf, militärische Abrüstung) zur Verfügung.

Urantrennarbeit
→Trennarbeit.

Uranylnitrat

Endprodukt der Wiederaufarbeitung, UO$_2$ (NO$_3$)$_2$, saure Uransalzlö-sung; Vorprodukt des durch →Konversion zu gewinnenden UF$_6$, das wiederum nach Anreicherung und Überführung in UO$_2$ als Kern-brennstoff in Brennelementen eingesetzt wird.

UTA
Urantrennarbeit; →Trennarbeit.

VAK

Versuchsatomkraftwerk Kahl/Main, Siedewasserreaktor mit einer elektrischen Bruttoleistung von 16 MW. Baubeginn am 1.7.1958, nukleare Inbetriebnahme am 13.11.1960, Beginn des Leistungsbetriebs am 1.2.1962. VAK war das erste Kernkraftwerk in der Bundesrepublik Deutschland. Am 25.11.1985 wurde es endgültig außer Betrieb genommen. Die kumulierte Stromerzeugung betrug 2,1 Milliarden Kilowattstunden. Der vollständige Abbau der Anlage wurde am 24.9.2010 beendet.

Van-de-Graaff-Generator

Maschine zur Erzeugung sehr hoher Gleichspannungen, die zur Beschleunigung geladener Teilchen auf hohe Energien (bis 12 MeV) dient. Durch ein nichtleitendes endloses Band werden elektrische Ladungen auf eine isolierte Hohlkugel transportiert, die sich dadurch auf sehr hohe Spannung auflädt.

VEK

→Verglasungseinrichtung Karlsruhe.

Ventilatorkühlturm

Kühlturm mit Ventilator zur Abführung der Kühlluft. Gegenüber dem →Naturzugkühlturm hat der Ventilatorkühlturm den Vorteil der geringeren Bauhöhe und den Nachteil der höheren Betriebskosten. →Umlaufkühlung.

Verdopplungszeit

Die Zeit, in der sich der Spaltstoffeinsatz eines Brutreaktors verdoppelt. Je nach Brutreaktorkonzeption ergeben sich Verdopplungszeiten von 8 bis 20 Jahren.

Verfestigung

Radioaktiver Abfall wird in der Regel erst durch Einbinden in eine Matrix, durch Verfestigen, endlagerfähig. Die Stabilität des Verfestigungsproduktes wird dabei den Erfordernissen der Abfallart, beispielsweise Radiotoxizität, Zerfallswärme, Halbwertszeit u. a., angepasst. Kriterien der Verfestigung sind:
- mechanische Beständigkeit zur Vermeidung von Dispergierung,
- Strahlenschutzbeständigkeit zur Vermeidung von Radiolyse,
- Wärmeleitfähigkeit zur Abfuhr von Zerfallswärme.

Für schwach- und mittelradioaktiven Abfall sind Zementmörtel und für hochradioaktiven Abfall Borosilikatglas Verfestigungsmaterialien.

Verfügbarkeit

Maß für die Fähigkeit eines Kraftwerkes, eines Blockes oder eines Anlagenteiles, die betriebliche Funktion zu erfüllen. Es sind Zeit- und Arbeitsverfügbarkeit zu unterscheiden:

- Zeitverfügbarkeit ist das Verhältnis der Verfügbarkeitszeit (Betriebs- und Reservezeit) zur Kalenderzeit. Die Zeitverfügbarkeit kennzeichnet die Zuverlässigkeit einer Anlage.
- Arbeitsverfügbarkeit ist das Verhältnis der verfügbaren Arbeit zur theoretisch möglichen Arbeit in der Berichtsspanne. Kennzeichnet die Zuverlässigkeit der Anlage summarisch unter Berücksichtigung aller Voll- und Teilausfälle.

Vergiftung

Einige der beim Betrieb eines Reaktors entstehenden Spaltprodukte haben einen großen Einfangquerschnitt für Neutronen (z. B. Xe-135). Um den Reaktor auf seiner Leistungsstufe zu halten, muss die Regeleinrichtung zur Kompensation des Reaktivitätsäquivalentes der Reaktorgifte verstellt werden. Reaktorgifte (z. B. Borsäurelösung) werden in wassermoderierte Reaktoren zur Notabschaltung eingespritzt. Bei Druckwasserreaktoren wird Borsäurelösung zur Kompensation von Überschussreaktivität verwendet.

Verglasung

Die bei der Wiederaufarbeitung anfallenden hochradioaktiven Spaltproduktlösungen müssen in ein endlagerfähiges Produkt überführt werden. Als Methode hierfür hat sich die Verglasung erwiesen. Beim französischen AVM-Verfahren wird die hochradioaktive Abfalllösung auf hohe Temperatur erhitzt. Dabei verdampft die Flüssigkeit, und das entstandene Granulat wird unter Zugabe von Glasfritte bei 1100 °C zu Glas geschmolzen. Dieses Verfahren wird in der französischen Wiederaufarbeitungsanlage La Hague genutzt. Bei dem im Forschungszentrum Karlsruhe entwickelten Verfahren wird die hochradioaktive Abfalllösung unmittelbar einer 1150 °C heißen Glasschmelze zugegeben. Die Flüssigkeit verdampft und die radioaktiven Feststoffe sind homogen in die Glasschmelze eingelagert. Bei beiden Verfahren wird die Glasschmelze in 1,3 m hohe 150-l-Stahlbehälter, die etwa 400 kg Glasprodukt aufnehmen, abgefüllt. Die Wärmeproduktion eines solchen Behälters beträgt aufgrund des radioaktiven Zerfalls der Inhaltsstoffe 1,5 bis 2 kW.

Verglasungseinrichtung Karlsruhe VEK

Die VEK ist eine auf dem Gelände der Wiederaufarbeitungsanlage Karlsruhe errichtete Anlage zur Verglasung der zwischen 1971 und 1990 bei der Wiederaufarbeitung von 208 t abgebrannter Kernbrennstoffe angefallenen rund 60 m³ hochradioaktiven Abfalllösung.

Diese enthielt etwa 8 t Feststoffe, darunter 504 kg Uran und
16,5 kg Plutonium. Die Gesamtaktivität des flüssigen Abfalls betrug
zum Zeitpunkt der Verglasung etwa 10^{18} Becquerel. Die Betriebsgenehmigung für die VEK wurde Ende Februar 2009 erteilt. Am
22.6.2010 war die Verglasung der hochradioaktiven Abfalllösung
abgeschlossen. Die Stahlbehälter mit dem verglasten Abfallprodukt,
sogenannte Kokillen, wurden in fünf Castor®-Behälter der Bauart
CASTOR® HAW 20/28 CG verpackt und in das Transportbehälterlager
des Zwischenlagers Nord (ZLN) in Rubenow, Mecklenburg-Vorpommern, verbracht.

Verlorene Betonabschirmung
Endabfallgebinde für mittelradioaktiven Abfall erhalten zur Strahlenabschirmung eine Umkleidung aus einer Zementmörtelschicht.
Diese Abschirmung ist mit dem Abfallgebinde praktisch unlöslich
verbunden, gelangt daher mit in die Endlagerstätte und gilt damit als
„verloren".

Verlustenergie
Diejenige Energiemenge, die bei Umwandlung, Transport und Endver-
brauch für die Nutzung verloren geht.

Vernichtungsstrahlung
Beim Aufeinandertreffen eines Teilchens und eines Antiteilchens, z. B.
Elektron und Positron werden diese als Teilchen „vernichtet" und die
Masse dieser Teilchen in Energie umgewandelt. Elektron und Positron
haben eine Ruhemasse, die zusammen einer Energie von 1,02 MeV
entspricht. Bei der „Vernichtung" beider Teilchen entstehen zwei
Gammaquanten von je 0,511 MeV.

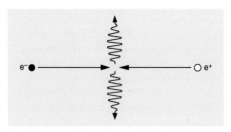

*Auftreten von Ver-
nichtungsstrahlung
beim Aufeinander-
treffen von Elektron
und Positron.
Es entstehen zwei
Gammaquanten
von jeweils
0,511 MeV.*

Versuchsreaktor
Kernreaktor, der speziell für die Prüfung von Materialien und Reaktor-
komponenten unter Neutronen- und Gammaflüssen und Temperatur-
bedingungen eines normalen Kraftwerk-Reaktorbetriebes ausgelegt
ist.

verzögert kritisch

Gleichwertig mit →kritisch. Man benutzt den Begriff, um zu betonen, dass die →verzögerten Neutronen notwendig sind, um den kritischen Zustand zu erreichen.

VE Wasser

Abkürzung für vollentsalztes Wasser; durch Destillation oder Ionenaustauschverfahren gewonnenes demineralisiertes (entsalztes) Wasser für medizinische oder technische Zwecke.

Vielfachzerlegung

→Spallation.

Vielkanalanalysator

Impulshöhenanalysator, der die Impulse energieproportionaler Detektoren entsprechend der Amplitude und damit der Strahlenenergie sortiert und im entsprechenden Kanal registriert. Vielkanalanalysatoren besitzen bis über 8000 Kanäle.

Void-Effekt

Das Entstehen von Dampf- oder der Eintrag von Gasblasen in den Moderator und/oder das Kühlmittel eines Reaktors beeinflussen die Kritikalität des Reaktors. Der Void-Effekt kann durch die Auslegung des Reaktorkerns entscheidend beeinflusst werden. Da es z. B. bei einem thermischen Reaktor ein optimales Verhältnis von Moderator- zu Brennstoffvolumen gibt, liegt bei einem übermoderierten Reaktor ein Void-Effekt mit positivem Koeffizienten vor; eine Erhöhung des Dampfblasenanteils vergrößert den Neutronenmultiplikationsfaktor und damit die Reaktorleistung. Umgekehrt liegen die Verhältnisse bei einem infolge der Kernauslegung untermoderierten Reaktor; hier verringert die Erhöhung des Dampfblasenanteils den Neutronenmultiplikationsfaktor und somit die Reaktorleistung. Ein hinsichtlich Dampfblasen- und Gaseintrag inhärent sicherer Reaktor muss daher immer leicht untermoderiert sein; er besitzt einen negativen Void-Koeffizienten. →Dampfblasen-Koeffizient.

W

WAK
→Wiederaufarbeitungsanlage Karlsruhe.

Warme Werkstatt
Werkstatt zur Instandsetzung von radioaktiv kontaminierten Komponenten aus Kontrollbereichen. Ausstattung konventionell, jedoch nach Strahlenschutzgesichtspunkten abgestufte Arbeitsbereiche entsprechend der Zuordnung zu Strahlenschutzzonen.

Wasserstoffbombe
Kernwaffe, die die Energiefreisetzung von Kernfusionsreaktionen nutzt. Ausgangsmaterial ist z. B. Lithiumdeuterid (LiD). Zur Zündung, d. h. zum Erreichen der zur Fusion erforderlichen Temperatur, wird eine Atombombe benutzt. Die bei der D/D-Fusionsreaktion (^{2}H + ^{2}H → ^{3}He + n) entstehenden Neutronen reagieren mit dem Lithium und erzeugen Tritium (^{6}Li + n → ^{3}H + ^{4}He; ^{7}Li + n → ^{3}H + ^{4}He + n), das dann seinerseits mit Deuterium zu Helium weiter reagiert (^{3}H + ^{2}H → ^{4}He + n). Die Gesamtenergiefreisetzung der Reaktionsabläufe ^{6}Li + D beträgt 22,4 MeV und der Reaktionsabläufe ^{7}Li + D beträgt 15,1 MeV. Die erste Wasserstoffbombe wurde am 1. November 1952 auf der Insel Elugelab im nördlichen Eniwetok-Atoll gezündet. Die Explosionsstärke betrug 10,4 Megatonnen TNT-Äquivalent.

Wechselwirkung
Einfluss eines physikalischen Körpers auf einen anderen Körper oder auch die Kopplung zwischen einem Feld und seiner Quelle. Es gibt Wechselwirkungen verschiedenster Art, z. B. Gravitationswechselwirkung, elektromagnetische Wechselwirkung, schwache Wechselwirkung, starke Wechselwirkung.

Wechselwirkung, schwache
Wechselwirkung zwischen Elementarteilchen, bei der die Parität nicht erhalten bleibt, z. B. Betazerfall.

Wechselwirkung, starke
Die starke Wechselwirkung bewirkt den Zusammenhalt der Nukleonen im Atomkern. Sie ist neben der elektromagnetischen und der schwachen Wechselwirkung die dritte bekannte Wechselwirkung zwischen den Elementarteilchen. Die starke Wechselwirkung verhält sich zur elektromagnetischen, zur schwachen und zur Gravitationswechselwirkung wie $1 : 10^{-3} : 10^{-15} : 10^{-40}$.

Weglänge, mittlere freie
Die von einem Teilchen (Photon, Atom oder Molekül) zwischen aufei-
nanderfolgenden Stößen zurückgelegte mittlere Weglänge.

Weichteilgewebe
Für dosimetrische Zwecke gilt als Weichteilgewebe ein homogenes
Material der Dichte 1 mit einer Zusammensetzung (nach Massenge-
halt) aus 10,1 % Wasserstoff, 11,1 % Kohlenstoff, 2,6 % Stickstoff
und 76,2 % Sauerstoff.

Wichtungsfaktor
→Gewebe-Wichtungsfaktor, →Strahlungs-Wichtungsfaktor.

Wiederaufarbeitung
Anwendung chemischer Verfahren, um aus dem Kernbrennstoff nach
seiner Nutzung im Reaktor (abgebrannter Kernbrennstoff) die Wert-
stoffe – das noch vorhandene Uran und den neu entstandenen Spaltstoff Plutonium – von den Spaltprodukten, den radioaktiven Abfällen,
zu trennen: Großtechnisch mehrjährig erprobt ist zur Wiederaufarbeitung das →PUREX-Verfahren. Ein abgebranntes Brennelement hat -
wenn man vom Strukturmaterial absieht – etwa folgende Zusammensetzung: 96 % Uran, 3 % Spaltprodukte, 1 % Plutonium und geringe
Anteile von →Transuran-Elementen. Das zurückgewonnene Uran und
das Plutonium können nach entsprechender chemischer Bearbeitung
wieder als Brennstoff in einem Kernkraftwerk eingesetzt werden. Die
in einer Wiederaufarbeitungsanlage mit einem Jahresdurchsatz von
350 t jährlich zurückgewinnbaren Kernbrennstoffe entsprechen bei
Einsatz in den heute üblichen Leichtwasserreaktoren der Energiemenge von ca. 10 Mio. t Steinkohle. Durch den Wiederaufarbeitungspro-

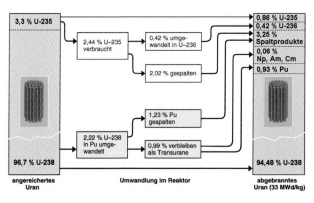

*Zusammensetzung des Kernbrennstoffs für Leichtwasserreaktoren vor und
nach dem Reaktoreinsatz.*

zess wird der hochradioaktive Abfall (Spaltprodukte) abgetrennt und durch →Verglasung in eine Form gebracht, die eine sichere Endlagerung gewährleistet.

Wiederaufarbeitungsanlage Karlsruhe

Die Wiederaufarbeitungsanlage Karlsruhe (WAK) war ausgelegt auf einen Jahresdurchsatz von 35 t Uran mit einer Anreicherung bis 3 % U-235. Der Aufschluss der Brennelemente erfolgte im Chop-leach-Verfahren, die U/Pu-Trennung im zweizyklischen →PUREX-Prozess mit 30 % TBP in n-Dodekan. Seit der Inbetriebnahme der Anlage im Jahr 1971 wurden bis zum Ende des Auflösebetriebs im Jahr 1990 rund 200 t bestrahlter Kernbrennstoff aufgearbeitet und über 1 t Plutonium abgetrennt. Das gesamte in der WAK abgetrennte Plutonium entspricht bei 70 % spaltbarem Anteil dem Energieinhalt von 1,5 Mio. t Steinkohle. Zur Verfestigung des bei der Wiederaufarbeitung angefallenen hochradioaktiven, flüssigen Abfalls mit einem Volumen von 60 m³ wurde auf dem WAK-Gelände die →Verglasungseinrichtung Karlsruhe errichtet. Die Arbeiten zur Demontage der WAK haben 1996 begonnen. Der Abriss aller Gebäude einschließlich der Verglasungseinrichtung soll in den Jahren 2021/2023 abgeschlossen sein.

Wiederaufarbeitungsanlagen, weltweit

Land	Standort	Kapazität t U / a	Inbetriebnahme bzw. Betriebsdauer
B	Mol	60	1966 – 1974
D	Karlsruhe	35	1971 – 1990
F	Marcoule, UP 1	600	1958 – 1997
F	La Hague, UP 2 (GG)	800	1966 – 1974
F	La Hague, UP 2-400 (DWR)	400	1976 – 2003
F	La Hague, UP 2-800	1000	1996
F	La Hague, UP 3	1000	1990
GB	Windscale	300/750	1951 – 1964
GB	Sellafield, Magnox	1500	1964
GB	Dounreay	8	1980 – 1998
GB	Sellafield, THORP	900	1994
IND	Trombay	60	1965
IND	Tarapur	100	1982
IND	Kalpakkam	100	1998

Land	Standort	Kapazität t U / a	Inbetriebnahme bzw. Betriebsdauer
J	Tokai Mura	90	1977 – 2006
J	Rokkashomura	800	2006 – 2007
RUS	Mayak B *	400	1948 – 196?
RUS	Tscheljabinsk	400	1971
RUS	Krasnojarsk	800	
USA	Hanford, T-Plant *		1945 – 1956
USA	Hanford, B-Plant *	1 t/d	1945 – 1957
USA	Hanford, REDOX *	15 t/d	1952 – 1967
USA	Hanford, PUREX *	2.400	1956 – 1972/ 1983 – 1988
USA	Savannah River Site *	~ 3.000	1952 – 2002
USA	West Valley	300	1966 – 1972

Wiederaufarbeitungsanlagen. Quellen: IAEA/INFCIS und andere.
* ausschließlich militärische Nutzung.

Wigner-Effekt

Durch Bestrahlung – überwiegend durch schnelle Neutronen – hervorgerufene Veränderung der Gitterstruktur von Graphit.

Wigner-Energie

Gespeicherte Energie im bestrahlten Graphit eines Graphitreaktors. Die auf Zwischengitterplätzen sitzenden Graphitatome bewirken diese Energiespeicherung (→Wigner-Effekt). Bei Graphittemperaturen über 250 °C rekombinieren diese Fehlstellen. Dabei wird Energie, die Wigner-Energie, frei.

Wirkungsgrad

Verhältnis von abgegebener Nutzleistung zur aufgewendeten Leistung einer Maschine. Der Wirkungsgrad bezieht sich auf einen bestimmten Betriebspunkt, z. B. den Volllastbetrieb.

Wirkungsquerschnitt

Maß für die Wahrscheinlichkeit des Auftretens einer Reaktion. Der Wirkungsquerschnitt stellt die scheinbare Fläche dar, die ein Zielkern einem ankommenden Teilchen bietet. Der Wirkungsquerschnitt wird in Flächeneinheiten angegeben. Häufig werden Neutronen-Wirkungsquerschnitte in der Einheit Barn – Einheitenkurzzeichen: b – angegeben. 1 Barn ist gleich 10^{-28} m^2.

Wischtest

Zur Feststellung einer auf Festkörperoberflächen vorhandenen radioaktiven Kontamination dient neben der direkten Messung der Wischtest. Bei diesem einfach zu handhabenden Test durch Abwischen, z. B. mittels Papiervlies, gelangt ein Teil der auf der Oberfläche haftenden Kontamination auf das Papier und kann ausgemessen werden.

X

Xenonvergiftung

Verminderung der →Reaktivität eines Reaktors durch den sehr starken Neutroneneinfang im Spaltprodukt Xe-135. Der Anstieg der Xe-135-Konzentration nach dem Abschalten eines Reaktors kann bewirken, dass der Reaktor erst nach Abklingen der Xe-135-Konzentration wieder angefahren werden kann.

Yellow cake

Endprodukt der Uranerzbearbeitung. Yellow Cake *(„gelber Kuchen")* besteht zu rund 80 % aus Uran, überwiegend U_3O_8 und Beimengungen von Ammoniumdiuranat. Aus zwei Tonnen abgebautem Erz wird ungefähr ein Kilogramm Yellow Cake gewonnen. Der Name rührt von der Farbe und Struktur des Produkts aus den früheren Verarbeitungsprozessen her. Das heutige Fertigungsprodukt ist nicht mehr gelb sondern braun bis schwarz.

Z

Zählrohr
→Geiger-Müller-Zähler, →Proportionalzähler.

Zeitverfügbarkeit
Verhältnis der Verfügbarkeitszeit (Betriebs- und Reservezeit) eines Kraftwerks zur Kalenderzeit. Kennzeichnet die Zuverlässigkeit einer Anlage ohne Berücksichtigung von Minderleistungen während der Betriebszeit. Arbeitsverfügbarkeit.

Zelle, heiße
→Heiße Zelle.

Zentrifuge
→Gaszentrifugenverfahren.

Zerfall
Die spontane Umwandlung eines Nuklides in ein anderes Nuklid oder in einen anderen Energiezustand desselben Nuklides. Jeder Zerfalls-prozess hat eine bestimmte →Halbwertszeit. Ra-226 zerfällt unter Aussendung von Alpha-Strahlen mit einer Halbwertszeit von 1600 Jahren in Rn-222, Co-60 unter Aussendung von Beta-Strahlen und nachfolgend Gamma-Strahlen mit einer Halbwertszeit von 5,272 Jahren in Ni-60.

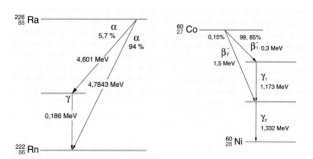

Zerfall von Co-60 in Ni-60.

Zerfallskonstante
Die Zerfallskonstante eines radioaktiven Zerfalls ist gleich dem Reziprokwert der mittleren →Lebensdauer τ. Zwischen der Zerfalls-konstanten λ, der mittleren Lebensdauer τ und der →Halbwertszeit T bestehen folgende Beziehungen:

$$\lambda = \tau^{-1} = T^{-1} \cdot \ln 2.$$

Zerfallsreihen, natürliche

Die beim Zerfall der sehr langlebigen natürlichen Radionuklide U-238 (Halbwertszeit 4,5 Mrd. Jahre), U-235 (Halbwertszeit 0,7 Mrd. Jahre) und Th-232 (Halbwertszeit 14 Mrd. Jahre) entstehenden Nuklide sind wieder radioaktiv, sodass sie ihrerseits wieder zerfallen. So entstehen sogenannte Zerfallsreihen, die erst enden, wenn ein nicht mehr radioaktives Nuklid entsteht. Vom U-238 geht die Uran-Radium-Zerfallsreihe aus, die über 18 Zwischenstufen beim stabilen Blei-206 endet. Uran-235 steht am Anfang der Uran-Actinium-Zerfallsreihe, die über 15 Radionuklide zum Blei-207 führt. Mit zehn Zwischenstufen ist die bei Thorium-232 beginnende und zum Blei-208 führende Thorium-Zerfallsreihe die kürzeste.

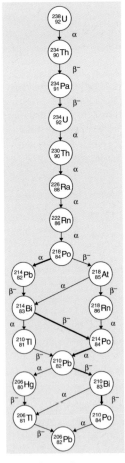

Uran-Radium-Reihe.

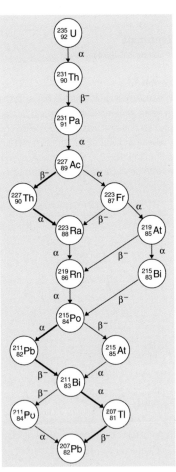

Uran-Actinium-Reihe.

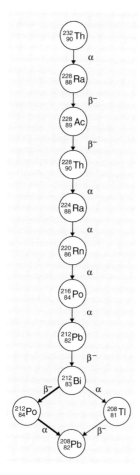

Thorium-Reihe.

zerstörungsfreie Prüfung

Prüfung zum Nachweis verborgener Fehler in Materialien mit Methoden, die die Prüflinge nicht beschädigen oder zerstören. Häufig werden Röntgenstrahlung, Gammastrahlung oder Ultraschall verwendet.

Zirkaloy

Legierung auf der Basis von Zirkon und Zinn, die als Werkstoff für Brennstabhüllen verwendet wird.

Zustand, angeregter

→angeregter Zustand.

Zufuhr
→Aktivitätszufuhr.

Zwischenlagerung abgebrannter Brennelemente
Nach dem Entsorgungskonzept für Kernkraftwerke sollen Abfälle
aus kerntechnischen Anlagen in Endlagern unbefristet und sicher
eingeschlossen werden. Diese Endlager stehen heute noch nicht zur
Verfügung. Daher sollten nach ursprünglicher Planung abgebrannte
Brennelemente aus den Kernkraftwerken in zentralen Zwischenlagern
bis zur Fertigstellung der Endlager gelagert werden. Um die damit
verbundenen Transporte zu minimieren, wurde entschieden, an den
Standorten der Kernkraftwerke Standortzwischenlager zu errichten,
in denen die abgebrannten Brennelemente bis zu ihrer Einlagerung
im Endlager für maximal 40 Jahren gelagert werden. Für diese Lagerung werden die Brennelemente in spezielle Transport/Lager-Behälter
(→Castor®-Behälter) verpackt, die sowohl zum Transport als auch als
Lagerbehälter dienen. Die 40 cm starke Wandung schirmt die Strahlung ab, an der Außenseite des Behälters angebrachte Kühlrippen

Zentrale Zwischenlager (ZL) Standort-Zwischenlager (SZL)	Genehmigte Masse SM [Mg]	Stell-plätze	Inbetrieb-nahme
TBL Ahaus (ZL)	3 960	420	Juni 1992
TBL Gorleben (ZL)	3 800	420	April 1995
TBL im ZLN Rubenow (ZL)	585	80	Ende 1999
AVR-Behälterlager Jülich (SZL)	0,225	158	August 1993
SZL Biblis	1 400	135	18.5.2006
SZL Brokdorf	1 000	100	5.3.2007
SZL Brunsbüttel	450	80	5.2.2006
SZL Grafenrheinfeld	800	88	27.2.2006
SZL Grohnde	1 000	100	27.4.2006
SZL Gundremmingen	1 850	192	25.8.2006
SZL Isar	1 500	152	12.3.2007
SZL Krümmel	775	80	14.11.2006
SZL Lingen	1 250	125	10.12.2002
SZL Neckarwestheim	1 600	151	6.12.2006
SZL Philippsburg	1 600	152	19.3.2007
SZL Unterweser	800	80	18.6.2007
SZL Obrigheim (beantragt)	(100)	(15)	–

*Zwischenlager für bestrahlte Brennelemente und hochradioaktive Abfälle. (BT-
Drs. 17/4329).*

gewährleisten eine sichere Wärmeabgabe der durch den Zerfall der Spaltprodukte entstehenden Wärme an die Umgebungsluft.

Zentrale Zwischenlager (Transportbehälterlager, TBL) bestehen in Ahaus (Nordrhein-Westfalen) und Gorleben (Niedersachsen). Im TBL Ahaus werden neben abgebrannten Brennelementen aus Leistungsreaktoren auch abgebrannte Brennelemente aus Forschungsreaktoren aufbewahrt. Für das TBL Gorleben besteht eine Genehmigung zur Aufbewahrung für die aus der Wiederaufarbeitungsanlage in Frankreich zurückgeführten hochradioaktiven Glaskokillen. Eine Erweiterung der Genehmigung zur Aufbewahrung von hochradioaktiven Glaskokillen aus der britischen Wiederaufarbeitungsanlage Sellafield ist vorgesehen. Die Rückführung von hochradioaktiven Glaskokillen aus Großbritannien ist ab 2015 geplant.

Zyklotron

Teilchenbeschleuniger, in dem geladene Teilchen wiederholt ein elektrisches Beschleunigungsfeld durchlaufen, während sie sich spiralförmig von ihrer Quelle im Zentrum der Maschine nach außen bewegen. Die Teilchen werden von einem starken Magneten in der Spiralebene gehalten. Ein Zyklotron ist nicht geeignet zur Beschleunigung von Elektronen. Wegen der relativistischen Massenzunahme mit wachsender Geschwindigkeit ist die mit einem Zyklotron erreichbare Maximalenergie auf etwa 400 MeV für Protonen begrenzt.

Anhang

Umrechnung von Längeneinheiten

	m	km	in	ft	yd	stat. mile	sm
1 m	1	0,001	39,3701	3,28084	1,09361		
1 km	1000	1	39370,1	3280,84	1093,61	0,621371	0,539957
1 inch (Zoll)	0,0254		1	0,08333	0,02778		
1 foot (Fuß)	0,3048		12	1	0,3333	0,000189	
1 yard	0,9144		36	3	1	0,000568	
1 statute mile (Landmeile)	1609,344	1,609344	63360	5280	1760	1	0,868976
1 Seemeile	1852	1,852	72913	6076,12	2025,37	1,15078	1

Umrechnung von Flächeneinheiten

	m²	a	ha	km²	cm²	in²	ft²	yd²	sq mile	acre
1 m²	1	10^{-2}	10^{-4}	10^{-6}	10^4	1550	10,7639	1,1956		
1 a (Ar)	10^2	1	10^{-2}	10^{-4}	10^6		1076,39	119,56		
1 ha (Hektar)	10^4	10^2	1	10^{-2}	10^8					2,47105
1 km²	10^6	10^4	10^2	1	10^{10}				0,3861	247,105
1 cm²	10^{-4}	10^{-6}	10^{-8}	10^{-10}	1	0,155	0,0011			
1 square inch					6,4516	1	0,0069			
1 square foot	0,092903				929,03	144	1	0,1111		
1 square yard	0,836127				8361,27	1296	9	1		
1 square mile			258,999	2,5899				3097600	1	640
1 acre	4046,86	40,4686	0,404686				43560	4840	0,00156	1

Umrechnung von Volumeneinheiten

	m³	cm³	in³	ft³	yd³	US fl oz	UK fl oz	US gal	UK gal	UK pint
1 m³	1	10⁶	61024	35	1,3	33814	35195	264,17	219,97	1759,8
1 cm³	10⁻⁶	1	0,061024			0,033814	0,035195			0,0288
1 cubic inch		16,3872	1			0,5541	0,5768			
1 cubic foot	0,0283168	28316,8	1728	1	0,03704	957,51	996,61	7,4805	6,2288	49,831
1 cubic yard	0,76456		46656	27	1			201,97	168,18	1345,43
1 US fluid ounce		29,574	1,805			1	1,0408	0,0078	0,0065	0,052
1 UK fluid ounce		28,413	1,7339			0,96075	1			0,05
1 US gallon		3785,4	231	0,1337		128	133,23	1	0,8327	6,662
1 UK gallon		4546,1	277,42	0,1605		153,72	160	1,201	1	8
1 UK pint		568,262	34,68	0,02		19,215	20	0,1501	0,125	1

Umrechnung von Masseeinheiten

	kg	g	t	oz	lb	sh cwt	cwt	sh tn	ton
1 kg	1	1000	0,001	35,274	2,20462				
1 g	0,001	1			0,0022				
1 t	1000	1000	1	35274	2204,62	22,0462	19,685	1,10231	0,98421
1 oz (ounce avordupois)		28,3495		1	0,0625				
1 lb (pound avoirdupois)	0,45359	453,5924		16	1	0,01	0,0089	0,0005	
1 sh cwt (short hundredweight, US-Einheit)	45,3592				100	1	0,8929	0,05	0,0446
1 cwt (hundredweight, brit. Einheit)	50,8023				112	1,12	1	0,056	0,05
1 sh tn (short ton US-Einheit)	907,185		0,90719		2000	20	17,857	1	0,8929
1 ton (brit. Einheit)	1016,05		1,01605		2240	22,4	20	1,12	1

1 ounce (avoirdupois) = 16 drams = 437,5 troy grains; 1 troy ounce = 480 troy grains = 31,103 g; 1 stone (avoirdupois) = 14 lb

Umrechnung von Druckeinheiten

	Pa	bar	kp/m²	at	atm	Torr	lbf/in²
1 Pa	1	10^{-5}	$1,019716 \cdot 10^{-1}$	$1,019716 \cdot 10^{-5}$	$0,986923 \cdot 10^{-5}$	$0,750062 \cdot 10^{-2}$	$145,038 \cdot 10^{-6}$
1 bar	10^5	1	$10,19716 \cdot 10^3$	1,019716	0,986923	750,062	14,5038
1 kp/m² = 1 mm WS	9,80665	$0,980665 \cdot 10^{-4}$	1	10^{-4}	$0,967841 \cdot 10^{-4}$	$0,735559 \cdot 1^{-1}$	$1,42244 \cdot 10^{-3}$
1 at	$0,980665 \cdot 10^5$	0,980665	10^4	1	0,967841	735,559	14,2233
1 atm	101325	1,01325	$1,033227 \cdot 10^4$	1,033227	1	760	14,69595
1 Torr	133,3224	$1,333224 \cdot 10^{-3}$	13,59510	$1,359510 \cdot 10^{-3}$	$1,315789 \cdot 10^{-3}$	1	$193368 \cdot 10^{-3}$
1 lbf/in² = 1 psi	$6,89476 \cdot 10^3$	$68,9476 \cdot 10^{-3}$	703,070	$70,3070 \cdot 10^{-3}$	$68,0460 \cdot 10^{-3}$	51,7128	1

Umrechnung von Leistungseinheiten

	kW	PS	hp	kpm/s	kcal/s	Btu/s	ft-lbf/s
1 kW	1	1,35962	1,34102	101,9716	0,238846	0,94781	737,562
1 PS (Pferdestärke)	0,735499	1	0,986320	75	0,1757	0,69712	542,476
1 hp (horsepower)	0,745700	1,01387	1	76,042	0,17811	0,70679	550
1 kpm/s (Kilopondmeter je Sekunde)	$9,807 \cdot 10^{-3}$	0,0133333	0,0131509	1	$2,342 \cdot 10^{-3}$	$9,295 \cdot 10^{-3}$	7,23301
1 kcal/s (Kilokalorie je Sekunde)	4,1868	5,692	5,614	426,939	1	3,96832	3088,05
1 Btu/s (British thermal unit/sec)	1,05505	1,4345	1,4149	107,586	0,251993	1	778,17
1 ft lbf/s (foot-pound-force/sec)	$1,356 \cdot 10^{-3}$	$1,843 \cdot 10^{-3}$	$1,818 \cdot 10^{-3}$	0,138255	$3,238 \cdot 10^{-4}$	$1,285 \cdot 10^{-3}$	1

Umrechnung von Energieeinheiten

	J	kWh	PSh	hph	kpm	kcal	Btu	MeV
1 J	1	$2{,}778 \cdot 10^{-7}$	$3{,}777 \cdot 10^{-7}$	$3{,}725 \cdot 10^{-7}$	0,10019716	$2{,}388 \cdot 10^{-4}$	$9{,}478 \cdot 10^{-4}$	$6{,}242 \cdot 10^{12}$
1 kWh (Kilowattstunde)	$3{,}6 \cdot 10^{6}$	1	1,35962	1,34102	$3{,}671 \cdot 10^{5}$	859,845	3412,'4	$2{,}247 \cdot 10^{19}$
1 PSh (PS-Stunde)	$2{,}648 \cdot 10^{6}$	0,735499	1	0,986320	$2{,}7 \cdot 10^{5}$	623,41	2509,62	$1{,}653 \cdot 10^{19}$
1 hph (horse-power hour)	$2{,}685 \cdot 10^{6}$	0,745700	1,013870	1	$273{,}7 \cdot 10^{3}$	641,186	2544,43	$1{,}676 \cdot 10^{19}$
1 kpm (Kilopondmeter)	9,80665	$2{,}724 \cdot 10^{-6}$	$3{,}70 \cdot 10^{-6}$	$3{,}653 \cdot 10^{-6}$	1	$2{,}342 \cdot 10^{-3}$	$9{,}295 \cdot 10^{-3}$	$6{,}122 \cdot 10^{13}$
1 kcal (Kilocalorie)	4186,8	$1{,}163 \cdot 10^{-3}$	$1{,}581 \cdot 10^{-3}$	$1{,}560 \cdot 10^{-3}$	426,935	1	3,96832	$2{,}614 \cdot 10^{16}$
1 Btu (British thermal unit)	1055,06	$2{,}931 \cdot 10^{-4}$	$3{,}985 \cdot 10^{-4}$	$3{,}930 \cdot 10^{-4}$	107,586	0,251996	1	$6{,}586 \cdot 10^{15}$
1 MeV (Mega-Elektronvolt)	$1{,}602 \cdot 10^{-13}$	$4{,}45 \cdot 10^{-20}$	$6{,}050 \cdot 10^{-20}$	$5{,}968 \cdot 10^{-20}$	$1{,}63 \cdot 10^{-14}$	$3{,}82 \cdot 10^{-17}$	$1{,}519 \cdot 10^{-15}$	1

Umrechnung von Krafteinheiten

	N	dyn	kp	lbf
1 N (Newton)	1	10^5	0,1019716	0,224809
1 dyn	10^{-5}	1	$0,019716 \cdot 10^{-6}$	$2,24809 \cdot 10^{-6}$
1 kp (Kilopond)	9,80665	$9,80665 \cdot 10^5$	1	2,20462
1 lbf (pound-force)	4,44822	$4,44822 \cdot 10^5$	0,453592	1

Einheiten der Aktivität und Dosis

Physikalische Größe	SI-Einheit	alte Einheit	Beziehung
Aktivität	Becquerel (Bq) $1 \, Bq = 1/s$	Curie (Ci)	$1 Ci = 3,7 \cdot 10^{10} \, Bq$ $1 \, Bq \approx 2,7 \cdot 10^{-11} \, Ci$
Energiedosis	Gray (Gy) $1 \, Gy = 1 \, J/kg$	Rad (rd)	$1 \, rd = 0,01 \, Gy$ $1 \, Gy = 100 \, rd$
Äquivalentdosis Organdosis effektive Dosis	Sievert (Sv) $1 \, Sv = 1 \, J/kg$	Rem (rem)	$1 \, rem = 0,01 \, Sv$ $1 \, Sv = 100 \, rem$
Ionendosis	Coulomb durch Kilogramm (C/kg)	Röntgen (R)	$1 \, R = 2,58 \cdot 10^{-4} \, C/kg$ $1 \, C/kg = 3876 \, R$

Präfixe für dezimale Vielfache und Teile von Einheiten

Präfix	Kurzbezeichnung	Faktor
Yotta	y	10^{24}
Zetta	z	10^{21}
Exa	E	10^{18}
Peta	p	10^{15}
Tera	T	10^{12}
Giga	G	10^{9}
Mega	M	10^{6}
Kilo	k	10^{3}
Hekto	h	10^{2}
Deka	da	10^{1}
Dezi	d	10^{-1}
Zenti	c	10^{-2}
Milli	m	10^{-3}
Mikro	γ	10^{-6}
Nano	n	10^{-9}
Pico	p	10^{-12}
Femto	f	10^{-15}
Atto	a	10^{-18}
Zepto	z	10^{-21}
Yocto	y	10^{-24}